- 四川省2021—2022年度重点图书出版规划项目
- 四川出版发展公益基金会资助项目
- 中国会馆建筑遗产研究丛书

山陕会馆

赵逵　李创　邵岚◎著

西南交通大学出版社

·成都·

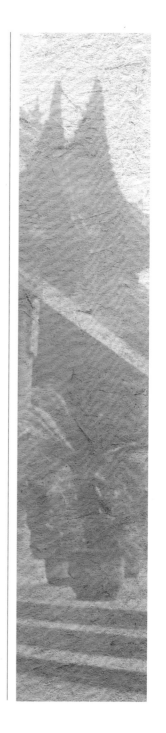

图书在版编目（CIP）数据

山陕会馆 / 赵逵，李创，邵岚著. -- 成都 : 西南交通大学出版社，2024.6. -- ISBN 978-7-5643-9873-6

Ⅰ. TU-092.2

中国国家版本馆 CIP 数据核字第 20249DM535 号

Shan-Shaan Huiguan

山陕会馆

赵 逵 李 创 邵 岚 著

策划编辑	赵玉婷
责任编辑	杨 勇
责任校对	左凌涛
封面设计	曹天擎

出版发行	西南交通大学出版社
	（四川省成都市金牛区二环路北一段 111 号
	西南交通大学创新大厦 21 楼）
邮政编码	610031
营销部电话	028-87600564　028-87600533
审图号	GS 川（2024）284 号
网址	https://www.xnjdcbs.com
印刷	四川玖艺呈现印刷有限公司

成品尺寸	170 mm×240 mm
印张	25.75
字数	357 千
版次	2025 年 1 月第 1 版
印次	2025 年 1 月第 1 次
定价	178.00 元
书号	ISBN 978-7-5643-9873-6

　　明清至民国，在中国大地甚至海外，建造了大量精美绝伦的会馆。中国会馆之美，不仅有雕梁画栋之美，而且有其背后关于历史、地理、人文、交通、移民构成的商业交流、文化交流的内在关联之美，这也是一种蕴藏在会馆美之中的神奇而有趣的美。明清会馆到明中晚期才开始出现，这个时候在史学界被认为是中国资本主义萌芽、真正的商业发展时期，到了民国，会馆就逐渐消亡了，所以我们现在看到的会馆都是晚清民国留下来的，现在各地驻京办事处、驻汉办事处，就带有一点过去会馆的性质。

　　会馆是由同类型的人在交流的过程当中修建的建筑：比如"江西填湖广、湖广填四川"大移民中修建的会馆，即"移民会馆"；比如去远方做生意的同类商人也会建"商人会馆"或"行业会馆"，像船帮会馆，就是船帮在长途航行时在其经常聚集的地方建造的祭拜行业保护神的会馆，而由于在不同流域有不同的保护神，所以船帮会馆也有很多名称，如水府庙、杨泗庙、王爷庙等。会馆的主要功能是有助于"某类人聚集在一起，对外展现实力，对内切磋技艺，联络感情"，它往往又以宫堂庙宇中神祇的名义出现。湖广人到外省建的会馆就叫禹王宫，江西人建万寿宫，福建人建天后宫，山陕人建关帝庙，等等。

很多人会问："会馆为什么在明清时候出现？到了民国的时候就慢慢地消失了？"其实在现代交通没有出现的时候，如没有大规模的人去外地，则零星的人就建不起会馆；而在交通非常通畅的时候，比如铁路出现以后，大规模的人远行又可以很快回来，会馆也没有存在的必要。只有当大规模人口流动出现，且流动时间很长，数个月、半年或更久才能来回一趟，则在外地的人就会有思乡之情，由此老乡之间的互相帮助才会显现，同行业的人跟其他行业争斗、分配利益，需要扎堆拧成绳的愿望才会更强。明清时期，在商业群体中，商业纷争很大程度上是通过会馆、公所来解决的，因此在业缘型聚落里，会馆起着管理社会秩序的重要作用。同时，会馆还会具备一些与个人日常生活相关的社会功能，比如：有的会馆有专门的丧房、停尸房，因过去客死外地的人都要把遗体运回故乡，所以会先把遗体寄存在其同乡会馆里，待条件具备的时候再运回故乡安葬；也有一些客死之人遗体无法回乡，便由其同乡会馆统一建造"义冢"，即同乡坟墓，这在福建会馆、广东会馆中尤为普遍。

　　会馆还有一个重要功能即"酬神娱人"，所有会馆都以同一个神的名义把这些人们聚集在一起。在古代，聚集这些人的活动主要是唱大戏，演戏的目的是酬神，同时用酬神的方式来娱乐众生。商人们为了表现自己的实力，在戏楼建设方面不遗余力，谁家唱的戏大、唱的戏多，谁就更有实力，更容易在商业竞争中胜出。所以戏楼在古代会馆中颇为重要，比如湖广会馆现在依然是北京一个很重要的交流、唱戏和吃饭的戏窝子。中国过去有三个很重要的戏楼会馆：北京的湖广会馆、天津的广东会馆、武汉的山陕会馆。京剧的创始人之一谭鑫培去北京的时候，主要就在北京的湖广会馆唱戏，孙中山还曾在这里演讲，国民党的成立大会就在这里召开。如今北京湖广会馆仍然保存下来一个20多米跨度的木结构大戏楼。这么大的跨度现在用钢筋混凝土也不容易建起来，在清中期做大跨度木结构就更难了。天津的广东会馆也有一个20多米大跨度的戏楼，近代革命家如孙中山、黄兴等，都曾选择这里做演讲，现在这里成为戏剧博物馆，每天仍有戏曲在上演。武汉的山陕会馆只剩下一张老照片，现在武汉园博园门口复建了一个山陕会馆，但跟当年山陕会馆的规模不可同日而语。《汉口竹枝词》对山陕会馆有这么一些描述："各帮台戏早标红，探戏闲人信息通"，意思是戏还没开始，各帮台戏就已经标红、已经满座了，而路上全是在互相打听那边的戏是什么样儿的人；"路上更逢烟桌子，但随他去不愁空"，即路上摆着供人喝茶、抽烟的桌子，人们坐在那儿聊天，因为人很多，所以不用担心人员流动会导致沿途摆的茶位放空。现今三大会馆的两个还在，只可惜汉口的山陕会馆已经消失了。

从会馆祭拜的神祇也能看出不同地域文化的特点。

湖广移民会馆叫"禹王宫"，为什么祭拜大禹？其实这跟中国在明清之际出现"江西填湖广，湖广填四川"的大移民活动有关，也跟当时湖广地区(湖南、湖北)的治水历史密切相关。"湖广"为"湖泽广大之地"，古代曾有"云梦泽"存在，湖南、湖北是在晚近的历史时段才慢慢分开。我们现今可以从古地图上看出古人的地理逻辑：所有流入洞庭湖或"云梦泽"的水所覆盖的地方就叫湖广省，所有流入鄱阳湖的水所覆盖的地方就叫江西省，所有流入四川盆地的水所覆盖的地方就叫四川省。湖广盆地的水可以通过许多源头、数千条河流进来，却只有一条河可以流出去，这条河就是长江。由于水利技术的发展，现在的长江全线都有高高的堤坝，形成固定的河道，而在没有建成堤坝的古代，一旦下起大雨来，我们不难想象湖广盆地成为泽国的样子。唐代诗人孟浩然写过一首诗《望洞庭湖赠张丞相》，对此做了非常形象的描绘："八月湖水平，涵虚混太清"——八月下起大雨的时候，所有的水都汇集到湖广盆地，形成了一片大的水泽，连河道都看不清了，陆地和河流混杂在一起，天地不分；"气蒸云梦泽，波撼岳阳城"——此时云梦泽的水汽蒸腾，凶猛的波涛似乎能撼动岳阳城，这也说明云梦泽和洞庭湖已连在了一起；"欲济无舟楫，端居耻圣明"——因为看不清河道，船只也没有了，做不了事情只能等待，内心感到一些惭愧；"坐观垂钓者，徒有羡鱼情"——坐观垂钓的人，羡慕他们能够钓到鱼。这首唐诗说明，到唐代时江汉平原、湖广盆地的云梦泽和洞庭湖仍能连成一片，这就阻碍了这一地区大规模的人口流动，会馆也就不会出现。而到了明清，治水能力有了大幅提升，水利设施建设不断完备，江、汉等河流体系得到比较有效的管理，使得湖广盆地不会再出现唐代那样的泽国情形，大量耕地被开垦出来，移民被吸引而来，城市群也发展起来，其中最具代表性的就是"因水而兴"的汉口。明朝时汉口还只是一个小镇，因为在当时汉口并不是汉水进入长江的唯一入江口。而到了清中晚期，大量历史地图显示，在汉水和长江上已经修建了许多堤坝和闸口，它们使得一些小河中的水不能自由进入汉水和长江里。当涨水时，水闸要放下来，让长江、汉水形成悬河。久而久之，这些闸口就把这些小河进入长江和汉水的河道堵住了，航路也被切断，汉口成了我们今天能看到的汉水唯一的入江口，从而成为中部水运交通最发达的城市。由于深得水利之惠，湖广移民在外地建造的会馆就祭拜治水有功的大禹，会馆的名字就叫"禹王宫"，在重庆的湖广会馆禹王宫现在还是移民博物馆。同样，"湖广填四川"后的四川会馆也祭拜治水有功的李冰父子。

福建会馆为什么叫"天后宫"？福建会馆是所有会馆中在海外留存最多的，国外有华人聚集的地方一般就有天后宫，尤其在东南亚国家更是多不胜数。祭拜天后主要是因为福建是一个海洋性的省，省内所有河流都发源于省内的山脉，并从自己的地界流到大海里面。要知道天后也就是妈祖，是传说中掌管海上航运的女神。天后原名林默娘，被一次又一次册封，最后成了天妃、天后。天后出生于莆田的湄洲岛，全世界的华人特别是东南亚华人，在每年天后的祭日时就会到湄洲岛祭拜。在莆田甚至还有一个林默娘的父母殿。福建会馆的格局除了传统的山门戏台，还在后面设有专门的寝殿、梳妆楼，甚至父母殿，显示出女神祭拜独有的特征。另外在建筑立面上可以看到花花绿绿的剪瓷和飞檐翘角，无不体现出女神建筑的感觉。包括四爪盘龙柱也可以用在女神祭拜上，而祭男神则是不可能做盘龙柱的。最特别的是湖南芷江天后宫，芷江现在的知名度不高，但以前却是汉人进入西部土家族、苗族聚居区一个很重要的地方。芷江天后宫的石雕十分精美，在山门两侧有武汉三镇和洛阳桥的石雕图案。现在的当地居民都已不知道这里为何会出现这样的石雕图案。武汉三镇石雕图案真实反映了汉口、黄鹤楼、南岸嘴等武汉风物，能跟清代武汉三镇的地图对应起来。洛阳桥位于泉州，泉州又是海上丝绸之路的出发点。当时福建的商人正是从泉州洛阳桥出发，然后从长江口进入洞庭湖，再由洞庭湖的水系进入湖南湘西。这就可以解释为什么芷江的天后宫有武汉三镇和洛阳桥的石雕图案，它们从侧面反映出芷江以前是商业兴旺、各地人口汇聚的区域中心。根据以上可以看出，福建天后宫分布最广的地段一个是海岸线沿线地区，另一个是长江及其支流沿线地区。

总的来说，从不同省的会馆特点以及祭拜的神祇就可以看出该地区的历史文化、山川河流以及古代交通状况。

中国最华丽的会馆类型是山陕会馆。中国历史上有"十大商帮"的说法，其中哪个商帮的经济实力最强见仁见智，但就现存会馆建筑来看，由山陕商帮建造的山陕会馆无疑最为华丽，反映出山陕商帮的经济实力超群。为什么山陕商帮有如此超群的经济实力？山陕商帮的会馆有个共同的名字：关帝庙，即祭拜关羽的地方。很多人说是因为关羽讲义气，山陕商人做生意也注重讲义气，所以才选择祭拜他。但讲义气的神灵也很多，山陕商人单单选关羽来祭拜还有更深层的含义。山陕商人是因为开中制才真正发家的。开中制是明清政府实行的以盐为中介，招募商人输纳军粮、马匹等物资的制度。其中盐是最重要的因素，以盐中茶、以盐中铁、以盐中布、以盐中马，所有东西都是以盐来置换。盐是一种很独特的商品，人离不开盐，如果长期不吃盐的话人就会有生命危险。但盐的产地是很有限的，大多是海边，除了边疆，内地特别是中原地区只有山西运城解州的盐湖，这里生产的食盐主要供应山西、陕西、河南居民食用，也是北宋及以前历代皇家盐场所在。关羽的老家就在这个盐湖边上，其生平事迹和民间传说都与盐有关。所以，山陕商人祭拜关羽一是因为他讲义气，二是因为关羽象征着运城盐湖。山陕会馆的标配是大门口的两根大铁旗杆子，这与山西太原铁是当时最好的铁有关，唐诗"并刀如水"形容的就是太原铁做的刀，而山西潞泽商帮也是因运铁而出名的商帮。古代曾实行"盐铁专卖"，这两大利润最高的商品都跟山陕商帮有关，所以他们积累下巨额财富，而这些在山陕会馆的建筑上也都有体现。

会馆这种独特的建筑类型，不仅是中国古代优秀传统建造技艺的结晶，更是历史的见证。它记录了明清时期中国城市商业的繁荣、地域经济的兴衰、交通格局的变化以及文化交流的加强过程。我们不能仅从现代的视角去看待这些历史建筑，而应该置身于古代的地理环境和人文背景下，理解古人的行为和思想。对会馆的深入研究可能会给明清建筑风格衍化、传统技艺传承机制、古代乡村社会治理方式等的研究，提供新视角。

2024 年 6 月写于赵逵工作室

前言

会 馆建筑中，建造最华丽、群体规模最大、艺术成就最高、保护和修复程度最好的非山陕会馆莫属，对此，过去中国实力最强、最富有的山陕商帮做出了不可或缺的巨大贡献。

中国历史上，山西和陕西是除河北以外最重要的长城边关，是历代王朝政权建立之处，也是关羽控制的盐池、其故乡运城所在地。自古以来，"盐"是人类生活中不可替代的必需品和最特殊的商品，通过长途贩运可获得巨大利润。而因明代"开中制"起家的山陕商帮，通过边关内外贸易，可以获得官方给予的"盐引"，从而得到长途贩运盐的权利。因此，与其他地区商帮相比，山陕商人拥有着极大的优势。通过换区贸易，他们进一步扩大商业版图，走遍全国。而在这过程中，山陕商帮不仅支持民生，在商业活动中逐渐形成了相对稳定的行销区域和运销路线，让各个重要物资如盐、铁、茶流通于各地，同时，也让自己的强大的实力反映在山陕会馆建筑中，把发源地的信仰传播到了各地，并将家乡的建筑技艺与当地建筑文化交融，从而形成了独特的会馆建筑群。

山陕商人的商业活动、建造活动和文化信仰，深深影响着沿线聚落的形态与格局：河东盐池一带是中国古代文明的重要发源地；万里茶道既是商道更是文化通道；山陕商人的关帝祭拜文化与山陕会馆建筑的传承、演变产生的联系不可分割；山陕会馆作为铁运、盐运、茶运等道上商人主体所建的最重要的建筑，是承载山陕商人文化的实体容器，更是展示沿线不同民族与地方文化的显示器。

本书将以河东盐运、万里茶道为出发点，通过考察相关现存文献、历史建筑、传统聚落，整理田野调查与建筑测绘等资料，关注沿线建筑与聚落的历史背景、空间格局、建造技艺与审美元素，对沿线山陕会馆建筑的形成原因、选址分布、信仰文化、建筑空间与形式等进行系统性的研究。探究其本源文化，分析从盐商、茶商老宅与其原乡关帝庙向会馆建筑的演变规律与源流关系，明晰盐、茶文化影响下的建筑文化边界，揭示山陕商人主体对沿线山陕会馆建筑的影响，诠释产生这种传承与演变的必然，论证商贸与文化线路对建筑与聚落影响的模式和结果。

本书的主体分为6个部分，即6章：

第一部分综述山陕会馆产生的历史背景，探讨山陕会馆的兴起与发展同河东池盐文化及万里茶道的关系，归纳山陕会馆的分类、职能、神祇崇拜等特征。

第二部分根据文献研究，分别分析以山陕商人为主体的河东池盐、万里茶道的行销线路与分布区域。并以万里茶道文化线路为例，将位于不同商品运销聚落的山陕会馆进行比较研究，对比位于不同转运节点聚落的山陕建筑形式的差异。

第三部分以山陕会馆建筑类型为出发点，通过对山陕会馆选址与布局、建筑与构造、装饰与细部六个方面的比较及案例分析，同时将山陕会馆建筑与其他建筑进行对比研究，宏观展现山陕会馆的建筑特点。

第四部分通过对河东盐运线路、万里茶道沿线各类建筑分类研究，以河南地区、山西地区、山东地区、安徽地区、四川地区、湖北地区及边关地区的典型建筑为案例，细致分析、探讨个案的传承与演化过程。

第五部分以文化线路为视角，对非河东盐区、非万里茶道沿线的山陕会馆建筑演化进行横向对比分析，更为全面地突显因商贸及文化传播导致的山陕会馆建筑的演变过程。

第六部分概述山陕会馆的现存状况及文化保护与文化发扬，探讨河东盐区、万里茶道上山陕会馆建筑的物质与非物质文化在当代的重要意义。

第一章
山陕会馆的
产生与分类

第一节　山陕会馆产生的历史背景

山陕会馆，即明清时代山西、陕西两省工商业人士在全国各地所建会馆的名称。山西和陕西，隔黄河而相望，春秋时期就有"秦晋之好"的佳话。明清时代，陕西、山西两省形成了驰名天下的两大商帮——晋商与秦商，其中最活跃、最有影响力的是茶商与盐商。当时，山西与陕西商人为了对抗徽商及其他商人的冲击，常利用邻省之好，互相支持，互相帮助，实现共赢，人们通常把他们合称为"西商"。山陕商人联合后，在很多城镇建造山陕会馆，遍布全国各地的规模宏大、气势磅礴的山陕会馆建筑群就是最有力的见证。

明清之际，山西商人凭借着自身区位、丰富资源尤其是政治上的优势，迅速而广泛地参与到国内外的贸易之中。盐与茶叶在中国历史上具有极其重要的作用，不仅关乎居民生活与日常饮食，而且与国家财政税收、边境安全与稳定密切相关，同时转运盐与茶叶还隐藏着巨大的商业财富。山陕商人掌控茶叶与盐等商品的长距离贸易，在这特殊的历史时期中迅速崛起，积累了巨大的财富。

本节主要从地理、政治、文化等方面探究山陕会馆产生的历史背景，同时也为研究山陕会馆的分布奠定基础。

一、区位优势创造商贸发达的物质基础

（一）"长城九边"与"太行八陉"视野下的内陆与边贸交通

中国古代王朝大多将政治中心放在北方地区，较为依赖黄河流域所创造的优质地理资源。北方的游牧民族政权往往会成为中原王朝的主要威胁，紧挨着游牧与农耕文明分界线的山陕地区就成为天下战略地的所在。该地区一方面紧挨着古代游牧民族与农耕民族分界线，另一方面又紧挨着黄河流域的中原腹地，故其本身成为战略主要通道。此外，山陕地区的地形在华北地区最为复杂——吕梁山脉与太行山山脉形成了一条天然的战略方向，而中间的汾河谷地联络三个平原地带又使得其不会像四川地区那样过度封闭。

从秦汉帝国开始，该地区开始作为重要的农耕民族与北方游牧民族对

抗和交流的门户地带，同时，这里的农耕民族与游牧民族错居杂处，在经济上具有较强的互补性，加之山陕商人的催化，极大促进了河东盐区的繁荣；到了明清时期，虽然两省并不产茶叶，茶商却凭借独特的地理位置，联结欧洲大陆与烟雨江南，"行水路，走江湖"，"行陆路，通漠北"，使得该地区成为万里茶道上无可替代的交通枢纽。

长城九边是明朝为抵御北方游牧民族而设的军事防线，也是山陕商人出关进入蒙古和西域的主要通道，其中：山西境内有大同镇，位于今山西大同，东起镇口台、西至鸦角山，还有山西镇的偏头关，地处今山西偏关，与宁武关、雁门关并称"外三关"；陕西境内则有延绥镇，也就是榆林镇，在今陕西榆林，东起黄甫川堡、西至花马池，镇北台是标志性关隘；以及固原镇，在今宁夏固原，明代后期成为防御重点。

太行八陉是山西与外界联系的核心通道网络，虽不全位于山西境内，但均以服务山西高原的对外交流为核心功能。其分布体现了山西"表里山河"的地理特征——既依托太行山形成天然屏障，又通过陉道实现与中原、华北、塞外的互联互通。山西境内包含了 4 个山口，分别是：保存着最完整茶马古道、有七十二拐和古栈道遗迹的白陉，位于今山西陵川；连通河南沁阳与山西晋城，太行关为重要节点的太行陉；连接河南济源与山西垣曲，可直抵运城威胁长安的轵关陉；北通河北蔚县，南接涞源、黑石岭为历代军事要冲的飞狐陉。其他如井陉虽以河北地名命名，但西端直接进入山西平定，是晋中物资外运的咽喉；飞狐陉的军事价值在于守护山西北部边疆，其山西段（灵丘觉山）是控制陉道的关键节点；蒲阴陉在河北，军都陉在北京，也都连通山西境内。它们既是古代军事防御关口，也是山陕商人与中原和北方文化、经济交流的重要通道。

（二）盐铁专卖的资源优势

山陕地区不仅通过对外贸易成为物品流通的重地，更因为山脉众多，拥有丰富多样的自然资源。历史上，该地区是著名的药材、铁矿与食盐产地，尤以河东盐池为甚。盐池的形成可以追溯到新生代初期，喜马拉雅山的构造运动，使得中条山一带发生大面积地层沉陷，盐池因此初具雏形，并积累了大量淤积层。在第四纪，地壳运动又使得中条山发生垂直升降运动，并形成了狭长的凹陷，自然积累山洪雨水形成水湖，由于这一地区比黄河低，湖水流不出去，只能靠蒸发达到平衡。此后漫长的岁月里，水中盐分与淤积层结合，经过长期蒸发沉淀，形成盐层，而盐层又通过地壳运动与湖水融合，最终使得河东盐池诞生（图1-1）。

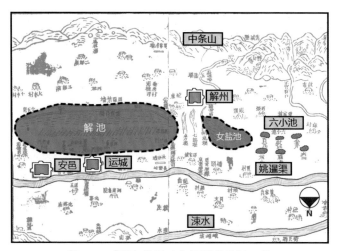

图 1-1 《河东盐法志》记载的盐池一带

（图片来源：根据《河东盐法志》自绘）

河东盐区的范围主要在山西、陕西、河南三省，河东池盐能够自然漫生，便于获取，因此对古代民生有重大意义。据《周礼》记载："祭祀共其苦盐、散盐。"苦盐即池盐，可见，池盐在周代有作祭祀用。此后自春秋战国时期开始，统治阶级愈加重视河东池盐，逐渐由官府严格把持河东盐业。到明代，主要供关中平原和洛河平原的皇族食用，且河东池盐直达北方最重要的边关——长城九边中的大同、太原两镇，明政府以盐引中茶、中粮、中马、中布匹等，为边关军屯交换各种物资，即明代起的开中制。山陕盐商也因开中制获得经营全国盐引的权利，成为中国最有钱的商帮。所以河东盐运对于中国古代中原的发展有着至关重要的影响。

二、边防制度、经济政策促进山陕商人崛起

（一）明代"长城九边"下的"茶盐开中"促进山陕商人崛起

由于自然条件与饮食习惯等原因，边关与西北地区民族对茶叶有极强的

依赖性，"番人嗜乳酪，不得茶，则困以病"①，因而，"以茶治边"成为中国古代最重要的边贸政策。自唐代起，西北、西南等地区开始用马匹与南方茶叶进行商品互换，被称为"茶马互市"。政府意识到茶叶既可以对边关地区军事产生抑制作用，又能增加国家经济和税收，茶叶也就逐渐成为历朝控制边疆稳定的重要货物，同时也是中国古代各朝税收的重要来源。《元史·食货志·茶法》记载："榷茶始于唐德宗，至宋遂为国赋，额与盐等矣。"②

及至宋雍熙年间之后，在河北、西北地区与辽、西夏之间边关战事频繁，政府不得不依赖商人完成军队补给。据《宋史》记载："河北又募商人输刍粟于边，以要券取盐及缗钱、香药、宝货于京师或东南州军，陕西则受盐于两池，谓之入中。"③商人将米输送至边关，政府视距离远近，给与相应数量的"茶引"、"盐引"作为补偿，使得商人得以参与至政府管控的茶盐贸易之中。"切于馈饷，多令商入刍粮塞下，……授以要券，谓之交引。至京师给以缗钱，又移文江淮荆湖给以茶及颗末盐。"④"乾兴以来，西北兵费不足，募商人入中刍米，如雍熙法给券，以茶偿之。后又益以茶、钱、香药犀齿，谓之三说。"⑤由于国家对茶叶与食盐的管控，茶盐经销利润极大，以茶为例："茶之利甚博，商贾转至西北，利当数倍"。北宋嘉祐四年（1059年），宋朝边关地区战况逐渐稳定，政府开始实行通商法，"自天圣以来，茶法屡易，嘉裕始行通商，虽议者或以为不便，而更法之意则主于优民"。⑥从事茶盐贸易的门槛降低，由官产、官运、官卖向官督、商运、商销转变，此时从事茶盐贸易活动的山陕商人增多，并逐渐与官府势力相联合。

明永乐年间皇都迁至北京，全国政治中心北移，为防止北方蒙古部落向南侵袭，明朝廷不断加强对于边关的防御，加固和修筑长城、设置军镇。由此而形成沿着长城的九个军事防御区，称为"长城九边"（图1-2）。

---

① 张廷玉：《明史》卷80，食货四《茶法》。

② 宋濂：《元史》卷94，志第40，四库本。

③ 脱脱等：《宋史》卷175，《食货上三》。

④ 脱脱等：《宋史》卷183，《食货志》。

⑤ 脱脱等：《宋史》卷136，《食货志下五》。

⑥ 脱脱等：《宋史》卷184，《食货志》。

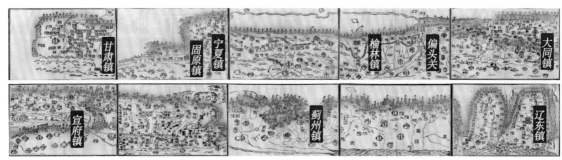

图 1-2 明代九边位置图

（图片来源：自绘，底图来源于《皇明九边考》）

《明史》中记载："初设辽东、宣府、大同、延绥四镇，继设宁夏、甘肃、蓟州三镇，而太原总兵治偏头，三边制府驻固原，亦称二镇，是为九边。"① 随着军事矛盾的影响，随后又增加真保镇、昌平镇、山海镇和临洮镇，成为"九边十三镇"。大量的军队驻扎在北部边疆地区，为保障军队粮食及生活物资的补给，政府采取了各种政策，其中就包括"屯田制"与"开中制"。"屯田制"是汉以后历代政府为取得军队给养或税粮，利用士兵和无地农民垦种荒地的制度，明代屯田制的效果并不理想。北方寒冷的天气条件使得粮食产量很低，军用物资需求量巨大，屯田制难以满足需求，而民运粮又给农民带来巨大负担，《明实录》记载"道路一千余里，民苦鞭运，负欠累年"②，因此开中制的实施就成为北方军需物资的主要来源。

明洪武三年（1370 年），开中制从山西开始实行。开中制的一般流程是，先由边镇官员提出开中请求，在皇帝批准后由户部出榜招商，并明确纳粮地点、仓口、数额和纳粮后可获取的盐引、茶引类别及数量，之后商人向指定的边镇卫所纳粮或纳钱，相关官员将粮钱数额和支盐茶的数额填写在勘合和底簿上，勘合给与商人，而底簿则送往相关盐茶运司，商人至盐茶运司处出示勘合，两者对照无误后即可领取盐引、茶引，到政府指定地点支取盐茶，再到指定引地贩卖；商人们还可以"盐引""茶引"换粮食、

---

① 张廷玉等：《明史·兵志》，卷 91。

② 杨士奇、蹇义：《明实录·仁宗昭皇帝实录》。

马匹、布帛等各物品。开中制实行以后，"召商输粮而与之盐，谓之开中。其后各行省边境多召商中盐以为军储"。[①]占据河东盐池之便的山西商人捷足先登，占据北方边境主要贸易市场，成为其中主要的商人团体。

　　九边之中以山西镇、大同镇、宣府镇最为重要，是北下进入京师的重要屏障，同时也是与北部游牧民族进行商品贸易与文化交流的重要区域。"山西、河南、正定、保定、临清等处军民客商往大同、宣府输纳粮草军装，及贩马、牛、布、绢、香茶、器皿、果品⋯⋯"[②]山西商人抓住地理上的优势，在高额商业利益的诱导下，参与远距离茶马贸易的积极性增加。从隆庆五年（1517年）至万历十一年（1583年）间，宣府、大同、山西三地马市贸易额激增，宣府马市贸易额从占这三地马市贸易额总数的28%迅速增加至67%[③]，使得宣府的张家口成为北部茶马贸易的重镇，山西茶商也成为活跃在张家口的主要客地商人。开中制的实施极大地促进了茶叶与食盐销售，大批的山陕商人开始抢占全国重要的茶叶与盐业产区，如解州盐池、淮盐、长芦盐及南方茶叶产区等，运销范围逐步扩大，以至于俗语说"有麻雀的地方，就有山西商人"（表1-1）。

表 1-1　部分开中制实施表

实施日期	场所	盐引总额（万引）	米谷纳入量（各 1 引）	米谷纳入总量（万引）
成化八年（1472 年）十一月	辽东	两浙盐 20	米 9 斗	18
成化八年（1472 年）十一月	辽东	长芦盐 3.01	米 4 斗	1.2
成化八年（1472 年）十一月	辽东	河东盐 20	米 3 斗	6
成化十二年（1476 年）十月	辽东	两淮盐 5	米 1 石 2 斗	6

表格来源：节选自寺田隆信《山西商人研究》。

---

① 张廷玉等：《明史》卷 80，《食货四》。

② 《明英宗实录》景泰四年十二月辛亥条。

③ 丰若非：《清代榷关与北路贸易：以杀虎口、张家口、和归化城为中心》，北京：中国社会科学出版社，2014 年版，第 38 页。

商品经济还带动了集市和城镇的发展，给山东商帮行商经营提供了广阔的平台。集市是商品贸易交往的重要场所，山东在明清时期形成了密集的农村集市网络为商品流通转运行销提供了强有力的空间载体。商业城镇主要分布在西部运河沿岸和东部沿海地区，在商品贸易中发挥着枢纽的重要作用。

（二）"茶引制"催生了巨贾富商的涌现

因此，开中制的实施就成为北方军需物资的主要来源。

在开中制的基础上，明清政府还推行了"茶引制"。《明史·食货志》记载的茶叶贸易分为官茶与商茶两种："有官茶有商茶，皆贮边易马，官茶间徵课钞，商茶伦课，略如盐制。"[①]在官茶、商茶之外，巨大商业利润的诱惑，使得民间小商民铤而走险，进行私茶贸易。私茶的猖獗使得茶马互市大受影响，马价大涨，茶价大跌，从边关茶马互市获取的马匹数量变少，如《明史·食货志》记载"近者私茶出境，互市者少，马日贵而茶日贱"[②]，严重影响国家财政税收和所得战马数量。为避免私茶贩卖对边关茶马互市的影响，历代都对私茶出境贸易严加管控，"律例私茶出境与关隘失察者，并凌迟处死"，"凡犯私茶者与私盐同罪，私茶出境与关隘不讥者，并论死"。[③]明清时期实行"茶引制"制度，不仅对产茶地茶园、茶树加以围守，不许民众破坏，还对茶商行销路径、行销数额有较为明确的规定。明代规定"有茶无引或引与贩运的茶额数量不符者，皆定罪"。《清史稿》也记载："令厂查往来民人，凡携带私茶十斤以下勿问，其驮载十斤以上无官引者，论罪。"[④]

茶法的设立从一方面讲，虽然限制了明清时期民间茶盐经济的发展，

---

① 张廷玉等：《明史》《食货志》。
② 张廷玉等：《明史》卷80，《食货四》。
③ 张廷玉等：《明史》卷80，《食货四》。
④ 《清史稿》，卷124，《食货五》。

但从积极的方面看，由于限制小商小贩进入，又成为山西茶商发展壮大的保护措施。茶盐贸易是以长途运输为主的商品贸易形式，尤其以茶叶最为突出，非茶商巨贾不能胜任。这使得茶盐贸易集中在少数、较大的商人团体手中，形成了专业经营的行业大贾，富商愈富，财富迅速积累，成为明清时期山西商人崛起的重要因素。

在茶叶贸易领域里成功的商人中以山西茶商最具代表性，其行销线路贯穿万里茶道全线（图 1-5）。而山西茶商的定义是一个广义的概念，就其经营物品而言，茶商将茶叶运输至蒙古及恰克图地区，销售完成之后，必然不会空手而归，会与当地及外国商人进行商品互换，以茶叶换取毛皮、杂货、药材、牲畜等返回至内地进行销售，所谓"我以茶来、彼以皮往"，故而茶商的经营种类也非茶叶这一种商品而已。在历史发展过程中，许多的山西商人在经营茶叶致富之后，也会将业务逐渐拓展，如与票号相结合，而将此类商号称为"茶票商"。例如：山西祁县乔兰生在 1880 年之后将茶庄改为"福达生"票号；山西太谷商帮榆次常家的常立训将茶庄改为"大德玉"票号。茶号、票号兼营的形式较为广泛，茶叶经销所产生的资本可以直接存入本部票号，而票号也可以在茶叶资本回收周期之间为其提供经济支持，两者相辅相成、共同促进与发展。所以山西茶商是一个总称，是指涉及茶叶采购或运销的山西籍商人，其中以山西祁县渠家、乔家、太谷曹家、榆次常家等最为著名。

伴随着商人们不断开疆拓土，明清时期出现了众多富甲一方的商业大贾，为了在异地的商业活动更加便利，有实力的商人纷纷在商业活动地建筑行业会馆，同时借以彰显财富，赢得尊重。因此，山陕会馆也遍布全国各地，成为山陕商人辉煌的见证。

第二节　山陕会馆的兴起与发展

一、山陕会馆的起源与产生

　　与其他地区的会馆一样，山陕会馆的产生，最初是由官员倡导，为举子提供食宿的科举会馆。

　　唐宋时期，各地已出现会馆建筑。早期的会馆建筑功能通常比较单一，比如京城的会馆，主要是接待本籍举子来京应试，以及本籍官员来京下榻，被称为"公车会馆"。最初，官员往往是单身到京城赴任，来自同一地域的官员住会馆里，互相监督，促成官员们正直廉洁的良好形象。随着科举制度普遍推广，同乡官绅开始重视本乡试子求取功名，使科举制度有了更多的呼应者。"靖安宅里当窗柳，望驿台前扑地花。两处春光同日尽，居人思客客思家。"（唐白居易《望驿台》）对家乡的思念让在京的同乡举子于会馆佳节相聚、聊家乡话、相互鼓励、共同进步。通过科举步入官员阶层后，曾经居住于本籍会馆的学子，为回报昔日会馆对他们的情谊和帮助，常捐资修葺或增建会馆。因此，随着科举制度的确立推广，会馆建筑日趋富丽堂皇起来。

　　山陕会馆的创建者商人，特别是在外四处奔走经营贸易的商人，是传统社会里的一群见多识广的精灵，即使是封建时代，他们也能迅速地察觉到社会中各种商业行为，不能脱离文化支撑，更不能脱离拥有丰富文化知识的官员的庇护。因此，同籍商人与同籍官员通过会馆而迅速地联合起来，商人们的财力保证会馆馆舍辉煌的同时，官僚们竭力维持商业秩序，甚或在政策条款中维护商人利益。政商两方的结合，为当时政治的稳定和社会的进步创造了相对和谐共生的局面，也迅速促进了会馆的产生。

　　而真正使"公车会馆"走向商业会馆的原因，主要有时代变迁、经济利益、心理认同和精神庇护等四个方面：

　　第一，时代变迁导致流动人口增多，促使会馆诞生。明清时期是漫长的中国封建社会中全国范围内人口迁移、流动最频繁的时期。造成这样的局面，与时代的变迁有密切的关系。首先，赋役制度不断改革，使封建社会中人身依附关系松动，从而为人口的流动增加了可行性；其次，科举取士制度的不断普及，官吏易籍就任制度的不断发展，促进了人口流动；再次，封建政府为了恢复因战争而衰退的经济、巩固国防和开发边疆，鼓励移民政策；最后，地少人多的压力亦驱使着起初的务农者开始为求生求富，在全国范围内频繁地迁移、流动。

在这样的时代背景下，会馆成为社会中整合流动人口和物资的有效工具，因此，会馆也是社会变迁的产物。明清时期，商帮和会馆互为表里，会馆是为商帮办事的标志性建筑，而商帮是会馆的组织形式（一般称为陕商大会）。对于山陕会馆是否属于商业组织，长久以来未达成共识。随着会馆的研究不断深入，有人将会馆的认识推进到"易籍同乡士人在客地设立的一种社会组织"[①]的高度，会馆的性质与作用至此达到了一定程度的共识。商品经济发展、交易形式转换和迁徙流寓人口的增加，是会馆产生的基本条件。商品经济在明清时期发展到历史上的最高峰，其中标志性的变化，是商人远距离贩卖的商品从奢侈品变成普通民生日用品。这些民生日用品都是诸如盐、棉、麦等与庶民生活息息相关的商品，涉及面广、用量大，而当时交通运输相对落后，大宗的商品贸易需动员大量人力物力参与其中。因此，大批商民在利润驱使下，形成商人在区域间移动的"经商大浪潮"。例如，陕西商人垄断了西部贸易，他们从江南贩运巨量的商品到西部，路遥事繁，大量陕西商民参与其中，经商格局遍布东西南北。

明清时期，工商会馆主要源起于物质诱因、利权维护，然而实质上它又超越功利，是财富表征与精神隐喻合璧的结晶。在会馆生活中，本地文化与异地文化交相辉映，艺术氛围与宗教伦理水乳交融。为在异乡树立起竞争求胜的精神支撑，同时寄托自己对故乡的情怀，山陕商人在建造会馆

---

① 见王日根所著《乡土之链——明清会馆与社会变迁》。

建筑时极力彰显乡土文化，极力铺陈故乡文化的优越，以在客地营造一个故乡文化的氛围。例如，陕西商人在四川营建陕西会馆时，采取北方建筑风格，布局严谨对称，将家乡的四合院移植到蜀地。建筑群中，房屋构架为梁柱式，斗拱累叠，正殿为重檐歇山顶，以黛色筒瓦覆盖，正脊两端以龙形兽物装饰。这些鲜明的北方建筑风格，极力表现了与蜀地不同的文化特色。在河南舞阳北舞渡镇山陕会馆建造过程中，发生了有趣的插曲，据该会馆《创建牌坊碑记》中记载说，"镇南筑山陕会馆，宫殿墙腰已臻尽美，就是少牌坊一座，当事者为之四顾踌躇焉，而未能满志也"，于是商人又捐资修建了美轮美奂的牌坊这一能"彰其美"的标志性构造物，以寻求心理上的乡土文化皈依。因此，会馆是同籍商人的乡情归宿。在封建社会小农经济背景下，在浓郁的乡土亲情观念驱使下，这些"同在异乡为异客"的流动人口自然而然地以"乡土"作为纽带聚集并团结起来。从事涉远经营的商人背井离乡，身处异地，风俗不同、语言不通。白日里，商人们不仅要启门售货，送往迎来，心苦脸笑，还得面对强势逼凌，尔虞我诈。夜晚时，当他们开始思念远在故土的家乡父老，一种"举头望明月，低头思故乡"的乡愁便萦绕心间，不免产生"断肠人在天涯"的失落情感。在这种境遇下，为抚慰商人的情亲失落和精神孤寂，为在情感上"触摸"家乡文化，为弘扬乡土文化，会馆便诞生了。

例如，修建西秦会馆的目的是："客子天涯，表稀里散，情联桑梓，地据名胜。剪棘刊茅，遽壮丹台，则又怀睦亲以敦本，于礼协，于情安……此西秦会馆关帝庙所由建与。"[①] 这说明了陕西商人修建会馆的目的就是让商人们"怀睦亲以不忘故土，联桑梓以去游子之愁"。由于山西商人与陕西商人多联手做生意，所以他们也多联手共建山陕会馆。资料记载中表达得细致入微："山陕古秦晋姻好之国也。地近而人亲，客远而国亲，适百里见乡人而喜，适千里者，见国人而喜，适异域者见之国人而亦喜。"[②] 同时，

---

① 摘自《西秦会馆关圣帝庙碑记》。

② 见《汉口山陕会馆志》。

流寓商人常常背井离乡只身一人，很难融入当地社会文化氛围。会馆成为一个替商人分散乡愁、感受家乡文化的场所，使商人们在听戏观舞的过程中以解乡愁。因此，几乎所有会馆都有可容纳上百人的戏场和精美绝伦的戏台（图1-3）。甚至，听戏观舞成为某些山陕会馆的主要功能，例如安徽亳州山陕会馆也名"花戏楼"。以上事例均说明明清山陕商人建造会馆的直接目的，就是给商人提供一个化解乡愁的地方，使流寓商人能够他乡遇故知，不至于陷入形单影只的孤苦境地。

（a）半扎山陕会馆的山门戏楼

（b）亳州山陕会馆戏台

（c）社旗山陕会馆的山门戏楼

图1-3 山陕会馆的戏楼戏台

　　第二，市场经济带来的利益共同体，促使会馆形成。商帮形成是由于"市场经济因素"影响，而明清时期的工商会馆的产生则是在"市场经济因素"的历史条件下的必然结果。这一时期的工商会馆的建立，必然会超越"他乡遇故知"的精神层次的情感需求，朝着经济利益共同体的功利目的方向发展，是同籍商人利益的庇护所。

　　一方面，商品经济市场竞争激烈，促进了商业利益共同体的形成。一家一户的经营规模狭小，商人们不得不将小规模经营的商户，以地缘乡土关系为纽带聚在一起组成联合。例如，众多陕西商人也因经营的地域不同被冠以不同的名字：户县的商人由于多在打箭炉经营茶叶，故户县商人多被称为"炉客"；陕西径阳、三原的商人由于大多在甘陇经商，被称为"陇客"；渭南的商人由于多经商于四川，他们互相联引，被称为"川客"[①]。以地缘乡土关系为纽带的商帮（也称集团化商人），以对抗当地人和其他地方的流寓人口的欺压、竞争，在实施谋求生存、自我管理的基础上拓展事业。另一方面，商界自身存在的矛盾，促进了利益共同体的形成。商业行为运行的过程中，形成了以包括土客矛盾、客客矛盾、客内矛盾"三大矛盾"为主的多重矛盾。为解决商界存在的"三大矛盾"，治理市场主体的违规行为，制定行规业律来规范市场行为，会馆成为解决商务纠纷的仲裁机构。

　　第三，社会与文化的心理认同感，促进了会馆形成。千百年来的"重农抑末"思想，使财力雄厚的商人长期处于社会的最底层。据资料记载，明清时期某些"公车试馆"不允许商人停留居住，一些仕宦文人也不齿与商人为伍。而客帮商人更是始终处于社会边缘化的地位，还会受到本地商民的侵害欺侮。这些歧视与欺辱带来的压抑情绪，使他们在愤恨中产生心理反弹。商人们利用自己雄厚的经济实力，以手中的金钱作为武器，从"公车试馆"中分离出来，聚资兴建恢弘壮丽的会馆。规模宏大、富丽堂皇的会馆建筑，既可以向社会展示强大的经济实力，又可以求得社会大众的心理认同。山

---

　　① 见宋伦《明清工商会馆的产生及其社会整合作用——以山陕会馆为例》。

陕商人在各地兴建的会馆，动辄耗资千百万两白银，多成为当地著名的标志性建筑。不仅如此，商人还会用雄厚的财力对会馆进行不间断的修缮维护，这便是众多会馆中只有工商会馆仍能基本完好保留至今的重要原因。例如，始建于乾隆十一年（1746 年）的社旗山陕会馆，曾于咸丰年间损毁，但商人们在光绪年间又重新修建，直到今天还基本保存完好，成为著名的历史名胜旅游景点，供后世人参观。

第四，立身动荡市场的精神需求，促进了会馆的形成。这是会馆形成诸多原因中极其重要的一个方面。今天我们注意到，山陕商人无不祀拜关公，山陕会馆亦多称为"关帝庙"。究其原因，商品经济的不断发展导致市场风险进一步加剧，商海潮起潮落，风险迭出、贫富无常、富贵不定、祸福不测、逆顺难料，使商人常常心怀恐惧，会馆设置的"神灵崇拜"便成为商人们安放不稳心灵的唯一归宿。人们祈望通过祭祀神灵来缓解市场风险所造成的心理压力，抚平与风险博弈带来的精神创伤，同时祈祷生意和顺。山陕商人之所以祀拜关公，是因为山西运城是关公的故乡，关公是他们的乡土神。在社旗山陕会馆《铁旗杆记》中记载："帝君亦浦东产，故专庙貌而祀加虔。"随着山陕会馆的不断建立，商人将更多的愿望寄托于他们的乡土神"关帝"。"秦晋人商贾于中州甚多，凡通都大邑巨镇皆曾建关帝庙……抑去父母之邦，营利千里之外，身与家相睽，财与命相关，祈灾患之消除，惟仰赖神灵之福佑，故竭力崇奉。"[①]"太平之民贸易于兹土者，人既多，生理日臻茂盛，莫不仰沐神庥，咸被默裕也。"[②]从这些文献记载，可以看出山陕商人之所以祀祠关公还为求财免灾。此外，在物欲横流的现实世界，商人们常常会为追逐金钱而丧失本性，"无奸不商"是人们蔑视商人的主要理由，而诚商良贾并非天之造化，需要后天教育。而关公身上所体现的"忠义"、"仗义"精神与诚信的市场规则相吻合，山陕会馆祀祈关公，正是感化商人仁中取利，义先利后。所以，山陕会馆还是山陕商人施行教化再造人格的圣坛。

---

① 见河南沁阳山陕会馆《重修关帝庙碑记》。
② 见开封山陕甘会馆《增制宝幔奎仪碑记》。

二、山陕会馆的发展

山陕会馆的整个发展过程，可以说是山陕商人的商业发展到全国各地乃至世界各地的过程，同时也是山陕商人将本地文化与地方特色播散到四面八方的辉煌历史，而山陕会馆建筑见证并承载了一段特殊的会馆历史。会馆成立后，能够不断发展，也是由多种因素综合影响的结果。

首先，最重要的当然是经济因素。山西、陕西商人的商业贸易规模不断发展，促使会馆不断发展。山西和陕西一衣带水，隔黄河相望，早在春秋时期就有"秦晋之好"的佳话；到明清时期，陕西、山西两省形成了驰名天下的两大商帮：晋商与秦商（通常合称为"西商"）。在五个多世纪里，山陕商人从"食盐开中制"政策获得机遇，商业开始起步。随着商帮的不断发展，各地的山陕商人分别开设了各种商业行会，包括杂货业、木制业、皮货业、成衣业、理发业、锻制业、钱庄业、银行业、当铺业、油漆业、生肉业、酒饭业、医药业、修鞋业、毡毯业、碾米业、面粉业等等，涉及种类之广之多，前所未有，山陕商人凭借强大的经济实力雄踞一方，促使行会飞速发展。山陕商人在很多城镇建造山陕会馆（也称西商会馆），连结起了秦晋地域的商人和众多的行业商，在维护同乡和同业商人利益、调解商业纠纷方面都起到了积极的作用。山陕商人依托故里，贸易扩展到全国各地的关隘重镇、商埠都会的繁华集市，在鼎盛时期，甚至将贸易扩展到蒙古、俄罗斯、朝鲜等邻近国家和地区。

其次，明清时期的社会诸多因素促进了山陕会馆的发展，其中最重要的，是社会人口流动增速。由于早期商人是流动人口中的大多数，会馆起初的性质属于交通运输需要的服务场所。从明代末期到清代初期，经济和商业贸易以及交通运输的发展较为迅速，地区性的商品交流大量增加，进一步提升了会馆的服务功能。与此同时，明末清初时的战乱引起大量的人口迁移流动，这样，就使得商业性和地域性的会馆在各地蓬勃发展起来，甚至延伸到一些比较偏远的地区。

从总体上看，对会馆发展的研究，我们既要把握时间上的维度，也要把握空间上的维度。

从时间维度来看，山陕会馆的发展经历了 3 个阶段。总体来说，会馆始于明代，盛于清代，衰落于民国。山陕人士在异地建立会馆，最早的始于明朝隆万时代。据《藤荫杂记》卷六《东城》载："尚书贾公，治第崇文门外东偏，作客舍以馆曲沃之人，回乔山书院，又割宅南为三晋会馆。"当时的会馆规模较小，其功能主要是作为在京的晋籍士人的聚会场所。明代实施开中法以来，晋商以"极临边境"地理优势，捷足先登，渐成为明代最有势力的商人群体。京师是全国政治、经济、文化中心，晋商为活动方便而设会馆于京师。《晋冀会馆碑记》记述了原初设会馆之起因："历来服官者、贸易者、往来奔走者不知凡几，而会馆之设，顾独缺焉。……虽向来积有公会，而祀神究无专祠，且朔望吉旦群聚类处，不可无以联其情而冷其意也。议于布巷之东蒋家胡同，购得房院一所，悉毁而更新之，以为邑人会馆。"[①]据此可知，晋商会馆创始最早年代，约明中后期。

入清以后，晋商设立的会馆有了蓬勃发展，大体上前后在京师设会馆有 40 处以上，与此同时，在国内名商埠集镇也先后设立了晋商会馆。在同治年间，各地会馆的互助功能逐渐扩展于同乡之外并涉及区域建设的若干事项。到清光绪年间，政府推行"新政"，受到地方公益事业次第兴办的影响，会馆的公益机关功能逐渐弱化，自身组织形式亦开始变化。清朝灭亡以后，从民国建立到抗战的约 20 年中，是会馆陆续转为同乡会组织的时期。会馆扮演了区域建设中坚力量的角色。民国以后政府功能的加强和改善、新的行政法规与社团组织的出现、客居异乡的商贾人士的本地化以及民族意识的勃兴等诸多因素，加速了会馆组织的衰落。会馆这种产生于特殊时代经济背景下的组织形式，逐渐只遗留下建筑的躯壳。在今天看来，即便会馆在历史的变迁中发生着急剧的变化，在众多会馆中，山陕会馆的建筑

---

① 李华《明清以来北京工商会馆碑刻选编》。

从数量、质量、规模上始终是其他会馆不能匹敌的。虽然，随着岁月的更替，许多山陕会馆已不复存在，但仍有相当数量的山陕会馆保存完好，成为具有历史价值、艺术价值和文物价值的珍贵的文化遗产。

以上是山陕会馆在时间纬度上的发展过程，其空间上的发展也同样具有研究意义。据统计，遗留下来基本完整的、残留部分的以及一些已拆除但还有资料表明存在过的山陕会馆共有 637 个 ①。这个庞大的数据基于近几十年各领域学者的不断研究与发掘。依据现今存在的有关山陕会馆建筑的各相关资料，可以清晰地还原历史。而山陕商人何时、何地、为何在此时此地修建山陕会馆的思考，也让学者可以证实这一段有关会馆以及商业、文化的历史。在清代，山陕会馆的发展达到顶峰，山西商人与陕西商人的足迹到哪里，哪里就会有山陕会馆，全国各地几乎无处不有山陕会馆。但是，从空间上看，由于受到不同地域经济、政治及地理条件等诸多因素的影响，在全国各省、市、县，会馆的发展是不平衡的，会馆建筑不仅在数量、规模、风格上存在不同，在性质上也具有明显差异。但是，无论是大都市还是偏远之地，商人们都竭力修缮会馆的宗旨不会变。例如古都洛阳如今已经失去全国京都的辉煌地位，然而在明清两代，洛阳是河南府治。洛阳地处中原，西接陕、甘，东达齐、鲁，北抵燕、晋，南通吴、楚，直到清末民初京广、陇海铁路通车前，这里仍然是全国水陆交通的重要枢纽。洛阳是晋商南下的必经要地。当时洛阳的交通运输，主要是靠"两京大道"②和"晋楚孔道"③。同时，洛河的水量，民国以前比现在大得多，向北可乘船水运入黄河，向东连京杭大运河而达江南苏杭地区。潞安在今山西长治市，离洛阳约 200 千米。泽州在今山西晋城市，离洛阳约 120 千米。这两地都位于晋东南，

---

① 见山陕会馆在全国的分布情况列表。

② "两京大道"，即洛阳通往西安的大道，向西沿古"丝绸之路"可达青海、新疆，向东可达山东沿海。陇海铁路基本上与这条大道相合，是商周以来东西交通的千年古道。

③ "晋楚孔道"是从山西渡黄河（经风陵渡、茅津渡、白鹤渡）过洛阳，向南经汝州、鲁山、南阳，而达湖、广、江、淮地区。

与洛阳隔河相望。因此，清代潞、泽两州两地商人在洛阳营建同乡会馆，作为越王屋、渡黄河后，南下经略江淮的重要馆舍，潞泽会馆就此诞生。由此不难看出，山陕会馆发展的空间轨迹与山陕商人的商业发展轨迹有着直接的联系。目前洛阳完整保留下来的山陕商人建立的会馆有两座。一座是始建于清康熙年间的山陕会馆，为山西、陕西两省富商大贾集资所建，俗称"西会馆"。另一座是始建于乾隆九年（1744 年）的潞泽会馆，为山西潞安、泽州两府同乡商人集资兴建，俗称"东会馆"。这两座会馆现如今基本保存完好，从建筑庞大的规模和精美的细部不难看出山陕商人当时在洛阳商贸繁荣。在实地考察调研中，按照习惯性思维来讲，在大城市出现山陕会馆并不奇怪。然而，一些如今看起来并不重要的小县城，甚至村落，也同样有着美轮美奂的山陕会馆。而几乎所有这样所谓的"小地方"都处在江、河、湖水岸，处于水陆交通的重要枢纽或转折点，充分体现了商人们在馆址选择上的智慧。

第三节　山陕会馆的分类与职能

一、山陕会馆的名称类别演变

（一）山陕会馆命名的类别

这里所说的"山陕会馆"，非狭义上的山陕会馆，即名字确定为"山陕会馆"的会馆建筑。这里说的"山陕会馆"实际上是一个统称，即为山西、陕西两省商人建立的会馆。明清是山陕会馆发展的重要时期，从明代中叶起到清代末年的近 400 年时间里，由于信息传递的限制，以及会馆建造的地域和时间差异等因素，会馆命名的方式不尽相同。虽然若细分起来，命名的方式不下百种，但山陕会馆命名最为典型的是"会馆"之前加上"地名"或者"行业名"以及其他别称或者俗称。依据各资料汇总后的山陕会馆现状总体情况列表，命名方式可以细致分为以下三类。

1. **以省地或其简称命名**

这其中也分为几种情况：有以单个省地名为会馆命名的，如内蒙古多伦山西会馆、张家口山西会馆；也有以各省内部县市地区名为会馆命名的，如太原会馆、太谷会馆、祁县会馆、河南洛阳的潞泽会馆；也有多省联合而建的会馆，"山""陕"在其命名中的排序，由当时当地的山西商人以及陕西商人的势力和地位决定，势力较大、地位较高的往往排在前列，如河南洛阳的山陕会馆、河南开封的山陕甘会馆等。另外，还有湖南湘潭的"北五省会馆"，是清代康熙年间，由山西、河南、甘肃、山东、陕西北五省的旅潭商人集资合建，故称"北五省会馆"。

2. **以会馆中神祇或信仰命名**

这类会馆名称本身不含"会馆"二字，而是以"庙"命名。如"山陕庙"、"关帝庙"、"三义观"、"财神庙"等。这样的建筑虽不具会馆之名，却承会馆之实。通常这样的名字为俗称。山陕商人以关羽作为其乡土神，所以在外地建造会馆时会与关帝信仰联系起来，将其作为会馆的命名方式。如汉口山陕会馆也称"关帝庙"、内蒙古山西会馆也称"伏魔宫"[①]、湖北安化山陕会馆也称"陕山庙"。河南宝丰县大营关帝庙《重修山陕会馆拜殿月台碑记》中写道："汝南大营镇有崇山峻岭……秦晋上多居于此。国初创建关圣帝君庙，名曰'山陕会馆'，是庙也。"[②]有些地方的"关帝庙"虽没有被称为"山陕会馆"，但是沿途山陕商人仍在此处进行酬神、唱戏、集会、商议行业要务等活动，显然已具有了会馆的功能和属性，这里也将其列入山陕会馆一类。

3. **根据其所经营的行业命名**

以行业名称命名，即从会馆名称直接反映商人所处行业。如北京的"颜

[①] 关羽在明朝万历四十二年（1614年）被封为"三界伏魔大帝神威远镇天尊关圣帝君"，故山陕会馆常以"伏魔宫"命名。

[②] 宝丰县大营关帝庙外《重修山陕会馆拜殿月台碑记》。

料会馆"、浙江甘肃兰州"骊陕会馆"、西安的"药材会馆"、湖南安化的"陕晋茶商会馆"、陕西龙驹寨的"船帮会馆"和"马帮会馆"等。

除了以上这些会馆，还有一些会馆命名带有特殊性。如在内蒙古自治区的所有山陕会馆均以"社"命名，并采用的是"地名"前缀，这些地名基本是县级地名，如"盂县社"、"介休社"、"宁武社"等。还有一些特殊的命名在此不一一列举。

对山陕会馆命名方式进行梳理可以发现，其命名主要有以下几种方式（表 1-2）。

表 1-2　万里茶道上山陕会馆命名方式

命名方式		举　例
以省地或其简称命名	以单省或省际联合命名	内蒙古多伦山西会馆、河南洛阳山陕会馆、河南开封山陕甘会馆
	以省内各区地域命名	太原会馆、太谷会馆、祁县会馆、河南洛阳潞泽会馆
以会馆中神祇或信仰命名		关帝庙、伏魔宫、陕山庙
根据所经营的行业命名		湖南安化陕晋茶商会馆

山陕会馆名称具有多样性的原因很多。有的是因为地方实力的增强。以山西、陕西地区州县为单位的小地域范围的官员、举士子及商人的实力不断增强，推动了州县会馆的发展，各州县仅凭借自身力量即可承担会馆建筑群建设的全部开销。有的是因为行业兴盛。由于明清时期社会商品发展，推动了众多行业的兴盛，由同乡经营同一行业的商人建成同业会馆，这些行业会馆以行业名称直接命名，更有助于商业规模的进一步扩大。由此，商业行业的多样性必然直接导致会馆名称的多样性。有的是因为神祇崇拜。基于封建社会这一历史背景之下，从"庙"到"馆"演变促进激发会馆名称的多样性，而对于山陕会馆具体而言，则是基于对关帝的崇拜。

（二）山陕会馆命名的演变

从山陕会馆发展历程的角度，我们可以看到其命名具有从"庙"到"馆"，从"馆"到"市"的独特的变迁过程。这类命名多见于"以庙为馆，馆庙结合"的会馆，如陕西丹凤的"船帮会馆"又称"花戏楼"、河南朱仙镇的"关帝庙"、新疆乌鲁木齐的"关帝祠"[①]、河南叶县的"山陕庙"、宁夏银川的"三义观"、湖北郧阳的"山陕庙"等。我们可以从这些变化里，明显感受会馆命名具有从"庙"到"馆"，从"馆"到"市"的独特的变迁过程。命名的变化，其实就是会馆发展的反映。

首先，在会馆建设之初，许多山陕商人以当地现存的关帝庙为基础，在其之上重建或扩建成会馆，称为"借庙为馆"，故而就一直保存着"关帝庙"的名称。或逐步从"关帝庙"转变为"山陕会馆"，如襄樊山陕会馆，康熙三十九年（1700年）由山陕商人建设，被称为"关帝庙"，康熙五十二年（1713年）重修，改称为"山陕庙"，乾隆二十五年（1760年）又重修，才逐步建设成为现在的"山陕会馆"，会馆名称经历了从"关帝庙"到"山陕庙"，再到"山陕会馆"的三次变化过程，从侧面反映出山陕商人在襄樊的势力逐渐加强。

其次，由于不同省份商人团体的加入或所占势力的变化，也会导致会馆名称发生改变。如河南开封的山陕会馆于乾隆年间修建时称为"山西会馆"，后由于陕西商人加入，会馆名称改为"山陕会馆"，至光绪年间又由于甘肃商人的加入改为"山陕甘会馆"，经过了数次名称的变化，说明山西、陕西、甘肃三地商人在开封逐渐走向团结，商业合作增加。

从会馆名称由"庙"到"馆"与不同地区简称之间的变化调整，可以窥见会馆所在地各商人团体之间势力变化情况，同时也可以展现出该地山西、陕西商人之间合作与竞争的关系。

---

① 又名晋陕会馆。

关帝庙与山陕会馆的相互融合与转化推动了之后，山陕会馆发生的另一个变化——从"庙"到"市"。中国明清之际最大的变化就是有了现代化的经济萌芽，标志是大商帮的兴起。[①]山陕会馆的市场化进程可以从陕西与青海以及河南山陕会馆的体变化中得到印证。每年农历五月十三日关帝诞辰，会馆均有大型庙会活动，成为定期集市。史料记载中还有多个这样转化为市场的山陕会馆或关帝庙，比如周至关帝庙，每年关帝诞辰日举办大型庙会活动，塞外商贾云集，交易量很大。另有西安长乐坊山西会馆，每年关帝诞辰，城内不少剧院借会馆戏楼演戏，大商小贩云集，成为当地有名的经贸活动中心。

总而言之，本节中的"山陕会馆"是对明清时期由山陕商人所建会馆的统称，并不是明清山陕商人所建会馆的真实而统一的命名。山陕会馆的命名方式多种多样，从名称的变化折射出更多的是山陕会馆的历史变迁。"山陕会馆"并非叫作"会馆"。除了以上原因引发了会馆名称的多样性，山陕会馆名称的变异则是形成其名称多样性的一个重要原因。

商人们走到哪里，就把对故乡的思念带到哪里，把关帝庙修建到哪里，他们对关帝的祭祀与崇拜，使得关帝的精神得到宣传、不断发扬。

总的来说，山陕会馆是从关帝庙发展而来的原因，主要有四个方面。

首先，经济能力要满足物质需要。修建建筑自古以来就是费财费力的事情，对于到异地来经商的山陕商人来说，兴建会馆更是需要一笔很大的开销。虽然山陕商人从大范围的平均水平来说，算得上实力雄厚，但是由于各行业、各地域商贾贫富相对不均，或者因为初期经商的周转不济，便就地取材，将原来的庙宇修复利用，满足了需要会馆这一组织形式的迫切要求。也有一些关帝庙因为当地政府无力出资修缮保养，山西商人集资以财力支持，使得关帝庙逐渐转化为山陕会馆。

其次，封建迷信神灵庇佑是思想根由。在明清两代，封建社会虽已达

---

① 吴承恩先生的观点。

到鼎盛时期，但还是存在各种社会制度不健全的现象。并且在封建社会中生产力极度落后的情况下，人们在社会中缺乏基本保障，对自然、社会及自身认识不够，将希望寄托于神灵的庇护以寻求心理上的慰藉，由此产生封建迷信思想。出于统治的需要，关羽在明清时代的社会声望日渐高涨。在乾隆时期，关羽被封为"三界伏魔大帝"。在民间，关羽被誉为能给人带来金钱财路的财神爷。同时，更重要的是，关羽本为山西人，山西商人选择关帝庙改建或者扩建为山西会馆合情合理。也有一些行业会馆祭拜其他神灵，如西安的药材会馆供奉的是药王孙思邈，但其仅是作为行业神灵，有一定局限性。而祭拜关公，在山陕会馆中存在普遍性。

再次，忠义思想能够教化精神。将关帝庙作为山陕会馆的前身，并一直沿用关帝庙这一名称，对于经商也有非常重要的教化意义。关羽以"忠义"著称，在明万历年间，被封"协天护国忠义大帝"。崇拜关帝的山西商人深知经商必讲诚信，是在异地立足之根本，是得以长远发展的良策。另外，"桃园三结义"的故事家喻户晓，讲义气并互帮互助这一精神一直鼓励着来自山西陕西各地的商人团结互助。关帝庙有关的精神文化层面的意义，与会馆设立的初衷不谋而合。

最后，借庙为馆是为了突破建筑等级制度限制。封建社会对各阶层建筑的式样、规格有着严格的规定。明清时期，根据居住者的官品及身份的等级差别，官民住宅房屋的屋顶样式、构件规模以及细部雕刻也有明显的等级差异。如洪武二十六年（1393 年），规定官员营造房屋，不许歇山转角、重檐重拱及彩绘藻井。甚至对单体房屋构件也有规定，每个厅堂规模不能超过三间五架，否则以违法处置。明代初期，还有规定禁止官民房屋雕刻古帝后圣贤人物。另外，对关于观庙建制也有规定："（庙）南向，庙门一间，左右门各一，正门一间，前殿二间，殿外御碑亭二，东西房三间，东庑南燎炉一，庆北斋重三间，后殿五间，东西庑及燎炉与前殿同，东为祭品库，西为治生间，各三间，正殿金黄琉璃瓦，余为简瓦。"在明中叶，平民获得了修庙祭祖的权利，为他们利用建庙扩大建房规模、提升建房等级提供了机会。同样，山陕会馆以庙、观命名，便可以突破建筑式样上的等级限制，也为建筑高屋华构，富丽堂皇的会馆存在提供了可能。

关帝庙成为山陕会馆，而山陕会馆也继承了关帝庙的全部内涵与功能。在关公是商人们的财神爷，是陕西和山西商人的共同的乡土神 [1] 等等多种原因的驱动下，更多新建的山陕会馆一般也都祭祀关公。可以说，在关帝庙变成了山陕会馆的同时，更多的山陕会馆变成了关帝庙。

二、山陕会馆的职能

在前文中，谈到有关山陕会馆的起源与发展，已经可以逐步明晰山陕会馆的主要功能，但是缺乏系统的梳理。谈到有关山陕会馆的功能，在发现的资料史实中就有相当多的记载，"联乡谊、报神恩、诚义举"可以说是对山陕会馆职能的基本认知，而随着研究的不断深入和发展，本书将从三个方面全面地分析山陕会馆的职能，包括经济方面、社会方面、文化方面。山陕会馆这一建筑类别数目之多、范围之广，足以影响个体和群体社会、经济、文化等各个层面，所以每个方面又将细分为个体和群体的两个层面。

（一）经济功能

在上文的分类中可以明显看出，大部分的山陕会馆是商业会馆，商业贸易的功能是山陕会馆扮演角色中最突出的主要部分。山陕会馆所承担的经济功能有利于个体商户的利益维护，同时对整个山西、陕西商人这个群体商户来说，也有着重要意义。

1. 个体经济功能

正如史料中所描述："创建会馆，……以叙乡谊，通商情，安旅故，询为盛举。"对于个体商户，山陕会馆最重要的功能之一就是"通商情"。"商

---

[1] 关羽出生于山西，改姓于陕西。

会之设，原所以联络同业情谊，广通声息。中华商情向称散涣，不过同业争利而已。一人智慧无多，纵能争利亦无几何，不务其大者而为之。若能时相聚议，各抒所见，必能得巧机关……通力合作，以收集思广益之效。……如同业中有重要事宜，尽可由该号将情告知商会董事，派发传单随时定期集议。"① 可见，山西、陕西商人是从来自不同区域、不同行业的小商贩聚集起来并不断发展，成为一个大的利益团体的。清代北京山西票号商人曾这样记载："一人智慧无多，纵能争利商无几何……若能相聚议各抒己见，必能得巧机关，以获犀利。"由此可见，山陕会馆建筑群体中出现的各式殿堂就是商贩们聚集起来议事的场所，山西、陕西商人在历史上创造的商业辉煌印迹离不开山陕会馆这个承载社团行业组织的建筑。

2. **群体经济功能**

会馆的群体经济功能包括以下两个方面。

首先是对商品经济行为的约束。明清时期，封建社会制度制约社会经济发展，再加之政府各项管理规范并不健全。在此利益驱使之下，商品的生产和流通的自发性和盲目性逐渐体现出来。在各行业中，出现了不正当竞争行为，扰乱市场次序，而官府的放任政策无法抑制这种市场混乱。于是，西商团体依靠山陕会馆保护西商团体利益，一致抵抗外籍商人的不正当商业行为。这些规定中涉及商业行为中的很多细节，例如，河南社旗山陕会馆有规定："称足十六两，等以天平为则，庶乎较准均匀者，公平无私，俱各遵依。"河南舞阳山陕会馆有规定："买卖不得论堆，必须邀亲过秤，违者罚银五十两；不得在门外拦路会客，任客投至。"②

其次是对商品经济行为的仲裁。除了要通过制定一些规范抵制山陕商人与其他省籍商人的矛盾，山陕会馆还需要协调山陕商人的内部矛盾，对他们在商业行为中产生的利益纠纷进行仲裁。例如，河南社旗山陕会馆就有规定，行规由"各行商会同集头等齐集关帝庙公议"。另外，山陕会馆

---

① 在山西票号章程中描述。

② 见河南舞阳山陕会馆碑文。

还有别的地方的商人加入，例如在光绪年间甘肃商人加入开封山陕会馆，形成山陕甘会馆。还有重庆的八省会馆，包含了山西、陕西、广东、浙江、福建、湖广、江西等各地商人，而会馆的角色更像一个容器，将所有的来自不同行业、不同地域的商人收纳起来，使得他们能和谐共存，实现利益共赢的局面。

（二）社会功能

山陕会馆所承载的社会功能，其实是解决山陕商人除了商业活动以外的其他方面的问题，也就是作为社会个体和群体的最基本的心理和生理需要。总体来说，山陕会馆对于社会的贡献在于完善了社会保障事业，并维护了社会的平衡发展，填补了明清时期因为时代和条件限制而让社会保障事业处于较低水平的缺憾。

1. 个体社会功能

山陕会馆的社会功能对于个体来说，主要有三个方面的帮助。首先，养老善终。山陕商旅大多长年久居在外地，又因交通落后而不能返回家乡。山陕会馆为商旅养老善终是解决商旅的后顾之忧，从而有更多的山陕商人加入到山陕会馆这个社会团体中。其次，由山陕会馆最初的起源来看，还具有助学济困的功能。商人在追求经济利益的基础上，为了提高自身政治地位，给予科举学子经济资助，资助包括很多方面，例如特别辅导、开办私塾、提供食宿等。清道光年间，山陕会馆出资兴办了所谓"四大义学"①，同治七年（1868 年）以后，私塾进一步发展。他们对子弟教育，除四书之外，还教授珠算、五七言千家诗、《幼学琼林》、尺牍（需要考证）等。旅蒙商还对学徒进行俄罗斯语、蒙古语、维吾尔语的培训，提高商人的语言适应能力。他们又通过师徒关系进行业务教育，提高年青商人的业务能力。再次，给有特定经济困难的人提供帮助，这些困难包括待业、破产、

---

① 旧时免费教育的学校。亦称"义塾"。

周转不济等问题。可以说，随着山陕会馆的不断发展，它们在社会生活中扮演了越来越重要的角色，在鼎盛时期，甚至还超越了地缘与业缘的限制，对外籍流寓人员和士子官宦也提供了生活各方面的帮助，成为当时社会的公益慈善事业机构。

2. 群体社会功能

山陕会馆维护了大量个体商人的利益，并且解决了大量流域人口的生活问题，从宏观的角度来说就是维护了社会秩序的安定，弥补了当时明清政府的管理空缺。具体来说，主要有这样两个方面的社会作用。首先，山陕会馆运用了因由地域性特征而具有的亲和力和凝聚力，成为联络广大西商的强有力的纽带。将流寓人口团结起来，让商旅们颠沛流离、居无定所，从心理和生理上给予依托。其次，山陕会馆整合了社会财富和资源，已产生更大的群体经济利益，这也是当时的封建社会的巨大进步。更重要的是山陕会馆在社会的平衡发展中起到了重要作用，是社会运行体系中的重要环节。从这一点上来说，相对于其他的建筑类别，如民居、庙宇、宫殿、府衙等，具有更加重大的社会意义。

（三）文化功能

建筑的文化功能是虚无的，但是也是最本质的。山陕会馆的文化功能体现在两个主要方面：戏曲和供奉。与建筑层面相关的也就是几乎所有山陕会馆都有两个不可或缺的组成部分：戏台和拜殿。而本章的重点就在于探讨山陕会馆与建筑文化的渊源，这里从功能的角度进行简单描述。

1. 个体文化功能

山陕会馆对个体文化的功能主要是对个体精神层面的影响。会馆能够形成的根本原因是基于商旅的思乡这一情感需要，是可以承载乡土亲缘的物质表现。一方面，商旅为了能够听到乡音乡语，定期聚于山陕会馆听戏曲和戏剧。另一方面，商旅寄托对故乡的思念之情与对关帝的崇拜。而这两者之间又是密不可分的，因为"演戏"本身就是"酬神"活动中的一项。

从本质上来讲，也是基于山陕商人精神层面的需求。

2．群体文化功能

追溯整个中国封建社会历史，山西、陕西是有着极其丰厚的历史文化底蕴的地方。从戏曲的角度来说，山西就被称为"戏曲之乡"，在全国的300多个剧种中，山西就占了六分之一，最著名的是山西的四大梆子戏：晋剧、蒲剧、北路梆子和上党梆子。会馆承载了山西深厚的戏曲文化，将其播撒到全国各地。就晋剧来说，主要流布于山西中、北部及陕西、内蒙古和河北的部分地区，这种发扬和提升与晋商的直接参与不无关系，与山陕会馆的戏台更是有着千丝万缕的联系。另外，关羽在山陕会馆未出现以前只能算得上乡土之神，随后被山陕商人奉为"财神"，成为商人们供奉的行业神。在明代，关羽的地位只不过和人间帝王平起平坐，而到了清代，关羽就成为与皇帝共管天上人间诸事的至高无上的权威，至此，对关公的祭祀已经从乡土观念上升为国家观念。各省商人祭拜的神灵各不相同，唯有山陕会馆祭拜的神灵达到了这一高度，这与山陕商人雄厚的经济实力、山陕会馆强大的号召力以及山陕士人在官场上广泛的影响力有非常密切的关系。或者可以说，正是随着山陕会馆的不断壮大，对关帝的崇拜也在各地不断传播开来。同时，对关帝的崇拜也促进了山陕商人的商业发展，两者之间有着相辅相成的关系。

三、山陕会馆的特征

此前，我们从追溯山陕会馆的起源与产生，再到细数发展与演变，然后罗列山陕会馆的分类与职能，现在，我们将从宏观的角度对山陕会馆的特征进行总结。

将山陕会馆作为一个整体，对其性质、构成、内涵三个方面的特征进行总结，据此，我们将对山陕会馆这一特殊建筑类别进行定性分析。

（一）山陕会馆性质的统一性与多样性

相对于其他建筑类别来说，学者对会馆的研究起步较晚，对山陕会馆这一特定研究类别的研究也尚处于起始阶段。很多史学家、经济学家长期致力于山陕会馆的研究之后，给山陕会馆的性质做出了一个结论。正如前文所说，鉴于山陕会馆所处的特殊时代背景，即当时的社会、文化、经济氛围，山陕会馆的性质可统一作为一个"利益团体"，其实物载体是山陕会馆建筑，其人群组成是山西、陕西等地商人群体。有关山陕会馆的这一性质研究，学者们基本达成共识。中国古代城市以及建筑的发展，就是一条遵循等级分明、尊卑有序的道路。在封建时代，会馆是区别于宫殿、府衙、宗教建筑的一个公共性建筑的特例。在这一点上，学者们也基本赞同。

在目前收入统计数据的六百多个山陕会馆中，由于会馆的建筑年代、所建地域、创建者和使用者存在差异，山陕会馆的个体之间又有多样化这一特征。单从山陕会馆的命名方式，就能直接地看到这一点。山陕会馆性质的多样化，反映了山陕会馆这一建筑类别在长达数百年的发展历程中产生了适应性的变化，具有高度的研究价值。

（二）山陕会馆构成的秩序性与特殊性

山陕会馆属于公共性建筑，而中国古代的公共性建筑的首要特征就是讲究秩序。山陕会馆的构成充分地体现了这一特征。山陕会馆与其他很多公共性建筑有着相似的构成方式，这不仅是因为建筑的风格逃离不了时代的大背景，更是因为这些公共性建筑之间没有明确的界限，它们的使用功能会因为时间的推移而产生变化，例如关帝庙和山陕会馆就是这样一组典型的例子。山陕会馆的构成方式在第四章中将有详细的研究和陈述。

山陕会馆的构成有其特殊性，其相对于其他公共性建筑的特殊性是由于使用功能的特殊性而产生的，例如几乎所有的山陕会馆都设有戏台，很多大型的山陕会馆甚至设有多个戏台。而在山陕会馆个体之间的构成性也存在差异，山陕会馆形式多样。和其他建筑一样，根据建筑所在的地点、气候、环境等诸多因素影响而产生变化，还有一些社会或者人为因素影响，例如最典型的影响在于"馆"与"庙"的结合方式。这一部分也会在后文中详细探讨。

（三）山陕会馆内涵的广泛性与指定性

山陕会馆的起源和发展，同样适用于会馆这一集合的起源和发展，这说明山陕会馆的内涵具有广泛性。山陕会馆和其他所有会馆一样，有着特质人群文化传统、风俗习性的异化表征，同时包容了雅俗文化、城乡文化、土客文化、海陆文化、中外文化等全方位文化的交融。会馆几乎所有特征都能在山陕会馆中淋漓尽致地表现出来，并更为强化和明显。

山陕会馆作为规模最庞大、地位最重要的会馆之一，也具有鲜明的特征。文本研究的内容就是抓住有关山陕会馆特殊的祭拜文化这一指定性特征。山陕会馆就是因所归属聚群传统文化渊源与角色性质的差异性而建构了具有不同于其他建筑、其他公共性建筑、其他会馆的内涵特性。有关山陕会馆内涵的指定性将在后文有关山陕会馆文化的讨论中进行更明晰的陈述。

四、山陕会馆对商帮的意义

前文中，阐述了山陕会馆和山陕商人的互动发展的关系。更深入来说，从社会经济发展的角度来说，会馆的建构与商帮的构建是同步的。会馆组织的建构和发展，是贩运商人通过"笃乡谊，祀神祇，联嘉会"的文化组带以及"利"、"义"契合实现群体整合的过程，同时也是商人在自我建构和发展过程中把社群认同和国家象征结合起来的结果。以下通过文化组带、利义契合、国家认同三个方面来详细论述。

（一）文化组带

不少哲学家、社会学家、人类学家、历史学家和语言学家一直努力，试图从各自学科的角度来界定文化的概念，但终究没有给"文化"二字一个确切的定义，更没有达成确切的共识。笼统地说，文化是一种长期形成的社会现象和历史现象，是时间和空间的沉积物。具体来说，文化是指一个国家或民族或群体的历史、地理、风土人情、传统习俗、生活方式、文学艺术、行为规范、思维方式、价值观念等。可以说，山陕会馆数百年的发展历程，已经形成了其独立的"会馆文化"，这个文化包含了有关山陕商帮的各个层面。"商帮"这个特殊的群体奠定了会馆文化形成的基石。之所以会如此独立地将商帮的概念提炼出来，是因为这和当时社会背景息息相关。

对于特定的地方社会讲，外地来的商旅是一个外来的群体，是本就不属于这个社会的。在重视宗族血缘关系的中国来说，侨居商人阶级与当地社会形成隔阂，甚至产生纠纷和冲突。在作为商旅群体本身，同处于社会边缘地位的心理让他们互相认同，极力凸显他们的共同身份。于是，就有了"商帮"。通常意义上，能提到"文化"层次的，除了少不了的时间和空间的积淀，所描述的对象往往是国或者民族，而"商帮"这个群体则可以被定义为一个特殊的"族"群。

属于山陕商帮的独特的会馆文化同时包含了前文所描述的"文化"涵盖的各个层面。首先，商帮与会馆一同丰富了明清时期的历史，特别是辉煌的商业历史。其次，商帮将会馆带到全国各地，对古代地理的考究起到了一定作用。再次，商帮因其在客地的特殊身份，既保留有他们原本的风土人情、传统习俗、生活方式、思维方式和价值观念的同时，又被客地的生存环境影响，这一点在他们所修建的山陕会馆的建筑风格中也大有体现。最后，商帮也同时将他们特有戏曲文化、祭拜文化传播到各地。由此看来，山陕会馆成为这一会馆文化纽带的载体，是商帮形成其特有文化的见证物。

（二）利义契合

商人经商的目的就在于赚取商业利润，而利润的实现，需要克服诸多障碍，特别是对于在客地的商旅。商人会馆的建构，恰恰迎合了商人的"利"。

这里的"义",指的是公正合宜的道理或举动,是儒家道德的"五常"之一。同一地区或同一行业的商人就在会馆的旗帜下团结起来,凝聚为一个整体,共同面对诸种外部性的障碍。商人们凸现出"义""利"契合的理念,呈现了把商人个人利益和集体利益结合起来的价值取向,形成了对会馆这一媒介和组织的认同。

经济学家梁小民考证有云:"晋商的出现是由于山西拥有自己独有而别人离不开的盐,而盐池则成为晋商和中国商业的原始起点。了解晋商要从运城那一片浩瀚的盐池开始,那里是晋商的起点。"在调研过程中,笔者有幸到达了山西运城的盐池(图1-4),也就是山西商业的起点。盐在中国古代商业中的重要地位也可以由山陕会馆中的一些牌匾看出。如山东阿城的山西会馆大门两边分别嵌有两块方石,上面刻着"运司会馆"。运司是清政府在阿城设的专理盐务的盐运使署的简称。在完成了通过盐业形成的资本积累以后,山陕商人扩大了经营范围,这一切也是围绕山陕会馆展开的。例如,在河南平顶山地处中原腹地,豫西山地与黄淮平原的交接地带,自然条件优越,物产极其丰富,交通便利,自古就是南北、东西商品贸易的中转枢纽。到了明清时期,平顶山境域的区位优势更为善于经商谋富的山西、陕西两省商人所重视,他们几乎垄断了钱庄、当铺、丝绸、烟酒、粮食、干果、杂货、药材、茶叶等生意。在同一城镇经商的山陕商人,为了联络感情,互助互济,筹划义举,沟通商情,共谋商利,大多成立商会,推举会首,共捐经费,建起会馆。明清两代山陕商人在平顶山境域建起的山陕会馆有十四五座。进入清末,社会动荡,商业萧条,山陕商人相继离开河南回乡避难。保存到今天的仅剩两座,一座是半扎山陕会馆,一座是郏县山陕会馆。

为了实现"义""利"的契合,以会馆为依托的商业行帮在分割商贸范围、规范经营方式、控制商品零售价格、协同行内商人利益等方面制订了许多行规。这些规定除了包括一些对经济行为的控制,还包含了对商帮内个人的言行加以规范。商帮健全的组织、严谨的号规和行之有效的管理办法更

图 1-4　山西运城盐池

加令人惊叹。据记载，各商号、票号对可能发生的陋习劣迹都有成文的规定。如宿娼纳妾、酗酒赌博、吸食鸦片、接眷外出、擅自开店、投机取巧、私自放贷、空买空卖、款借亲友、懈怠号事、涣散无为、苟且偷安等等，都在严禁之列。违者当依规处罚，直至开除。这样，贩运商的行帮化，对于原来发散性的商人经营来说，它是一种制度的创新。这种制度创新是有重要经济意义的，因为在商帮内部形成了社会网络、信任和规范以及集体行动技巧，这是商人群体整合的一大进步。由此可以看出，对"利"与"义"的平衡是西商商帮能持续兴旺数百年不衰的原因。

（三）国家认同

商品经济的活跃和发展，主要依靠的是远距离贸易的贩运。但是，在传统的中国，尤其是明中叶以前，贩运商的贸易活动甚至各种商业活动往往被封建政府所压制。直到明朝中叶，虽然重农抑商仍是官方正统的话语，仍是儒家学者、士大夫正统的说教，而在实际运作过程中则变了样。在实际的运作过程中，虽然没有重商主义，但是商人和商业活动获得了官方某种程度的认同，商人的经营和发展获得了更大的自由空间。行商要在异乡它域取得经营发展的合法性或正统性，有赖于官府的认同。在这里，会馆则起到了联结国家和商人的媒介作用。

从商人的角度来看，通过对国家正统资源的模仿和移用，更能获取自身的合法性。商人会馆的出现，可以说是对官绅会馆的一种模仿和移用。会馆的最初形成是官绅会馆，主要是作为同籍在职官吏的聚集之所，而并没有太多的商业利益相关的功用；每逢春闱秋闱，也作为接待应试子弟的场所。封建官吏倡导和资助会馆的创设成为地缘文化实力的象征，创建会馆几乎衍成时尚。随着明中叶商业的发展与流动商贩的频仍，由商人设置专门服务于商业的会馆也纷纷出现，并成了会馆的主流。

从会馆的管理方式看，商人们致力于在与官府合作与互补的基础上实现自我保护，求得自我发展。如前述，会馆有会首和值年，负责领导会员，处理日常事务，如制定规则，排解会馆内部或会馆之间发生的纠纷，为会馆众人谋利，组织演戏、看戏等娱乐活动等，形成社区化的社会基层管理。这实际上弥补了官方管理机构在这一界域中的薄弱控制。会馆在这里作为行政管理之外的又一种社会管理体制，发挥着与乡约、族规等相同的作用。

从封建政府看，传统的政治体制适用于管理安土重迁、户籍严明、士农工商各安其业的社会格局。而对流动着的农、工、商，固有的社会管理体制就显得束手无策，特别当这种流动成为经济性的行为时，封建政府就不得不绞尽脑汁来寻求对其施以管制的新途径。会馆的成立使一切都改观了，由于流动人口有所统属，不会危害社会稳定。可见，商人在建构会馆的过程中充分运用了国家的认可，甚至是弥补了政府管理体制中的疏漏，会馆使贩运商日益具有主流社会认可的、正统的社会地位。

可见，伴随着这种正统化的过程，会馆又成为封建政府治理下的又一社会基层自治组织。这也为商人们的经营活动营造了良好的社会规范和外部环境。在中国传统社会"官""民"二元的组织系统中，会馆组织也逐渐成为具有同样性质的自治社团，它起到协调商人团体内部关系，维护商帮整体利益以及管理流动人口的重要功能。

第四节　山陕会馆与神祇崇拜

　　中原人们的神祇崇拜由来已久，主要是源于对自然的敬畏。在中国的封建社会中，在自然经济占主体的社会里，个人改造世界的力量还很小，风雨不时、欠丰难料的不确定因素，使人们常会陷入极大困境，处在希望和恐惧的摇摆之中，他们会盼望神灵给他们带来机运消弥灾祸。特别是在山西和陕西这样的地区，更加依赖于自然环境和条件。这种对自然环境的恐惧心理和寄托于神灵的封建思想是神祇崇拜文化的最本质的起源。

　　而山陕地区商人们信奉的繁多神祇，则是特定历史时期的产物。明清时期出现了资本经济的萌芽，在早期市场经济条件下，面对利益机制刺激下的不正当竞争行为，神灵又成为束缚人们行为、被人所感知并与人对立的异己力量。人们既希望神灵给自己带来机运，所谓"吉星高照"，又盼望神灵能够去恶扬善，抑制不规范不道德行为，维系市场机制下人们心理机制的平衡。因而，人们常把违背人伦道德的行为视为"人神共愤"，以"三尺之上有青天"来召唤正常的市场行为。也就是，人们对神灵之于道德的鼓励和约束愿望，推动了神祇崇拜文化的传播。

　　物资商贸转运线路上交通环境恶劣，商人们又需长时间旅居客地，或在商路上来回辗转漂泊，为祈祷商旅平安、商路顺畅，同时也为化解乡愁，寻找心灵寄托，所以在各地建设的会馆之中均存在神祇空间。会馆中神祇信仰除受到商人本族文化影响之外，还受到商品转运途经的各地方民族信仰与其他行业商帮信仰的影响，所以会馆中神祇信仰之多，有明显的多样性特征（表1-3），如周口山陕会馆就有9个祭祀神，分别为关公、药王、太上老君、财神、瘟神、河伯、炎帝、酒神、马王，汉口山陕会馆也有关帝、韦陀、天后、财神、吕祖、文昌君、七圣等。这些配祀神按功能及所辖领域可以分为：以水神崇拜为主的天后、龙王、吕祖、杨泗信仰，以行业神崇拜为主的马王、药王、鲁班信仰，以福禄神崇拜为主的财神、韦陀信仰，以星辰崇拜为主的文昌信仰，以城隍神为代表的的岳王信仰，以火德星君、太上老君为代表的火神信仰等。

表 1-3　山陕会馆神祇信仰多样性特征

会馆名称	神祇信仰情况	资料来源
汉口山陕会馆	大殿祭拜关公，配殿供奉韦陀、天后、财神、吕祖、文昌、七圣等	《汉口山陕西会馆志》
襄樊山陕会馆	大殿祭拜关公，大殿之左有三官殿、药王殿，之右建荧惑宫，奉祀火德星君、平水明王、增福财神	《重修山陕会馆并初建荧惑宫碑记》《樊镇西庙三官殿碑记》
北舞渡山陕会馆	正殿祭拜关公，配殿供奉火神及财神，会馆东侧祭拜老君	《敬献工器与买地碑记》《创建老君圣庙碑记》
社旗山陕会馆	大殿祭拜关公，配殿祭拜药王、马王	《社旗山陕会馆》
周口山陕会馆	大殿祭拜关公，配殿供奉药王、老君、财神、瘟神、河伯、炎帝、酒神、马王	《周口文史资料选辑》
郏县山陕会馆	大殿祭拜关圣帝君和大神之王河伯	《重修大殿暨庙门碑记》
洛阳山陕会馆	馆中正殿五间，祀关圣帝君	《东都山陕会馆碑记》

一、盐池神崇拜

河东池盐的生产最初完全依赖于自然现象，阳光曝晒、南风吹拂对于池盐的生产意义重大，在古人未尝了解河东池盐的形成原理之时，他们很自然地将池盐视作神的恩赐，因此盐池一带很早就出现了鹽宗崇拜。《河东盐法备览》记载："昔宿沙氏煮海为盐，故海盐即以宿沙氏为神，河东鹽盐池也初称神曰鹽宗，闾阎祷之，未崇祀典。"这说明鹽宗类似沿海地区的盐宗宿沙氏，对其的崇拜流传于百姓之间，官方并没有将鹽宗封神正式祭祀。《增修河东盐法备览》记载："……旧称神曰鹽宗，而不详其所自昉，唐以前，未崇祀典，至大历丁巳秋，池中红盐自生，度支韩滉请加神号，诏锡池名曰宝应灵庆，始置祠焉。"这一段话讲述了唐代大历丁巳年（777 年）秋盐池产出红盐，被认为是吉兆，进而获封的事件。从这时起，盐池被正式神格化，不再是神物或是神迹，而是作为神祇本身受到崇拜。此后盐池神又多获封。宋崇宁年间，东西两池分别获封，东池获封资保公，西池获封惠康公。大观二年（1108 年），盐池甚至进爵为王。元代盐池封号更加杂乱，直到明代洪武年间，盐池神才得以正号为"盐池之神"。万历十七年（1589 年），盐池神获庙号灵佑。万历十九年（1591 年），御史蒋春芳大修盐池神庙，终于将东西两池合祀，并将中条山神与风洞神配祀两旁，盐池神崇拜最终定型。

盐池神崇拜不同于沿海地区的盐宗崇拜与盐母崇拜，盐宗与盐母都是发现或者生产盐的人物升格为神的形象，而盐池神则是盐池本身升格成神。在漫长的历史时期里，从官方到民间长久而热烈的盐池神崇拜，体现了河东盐池对于当地民生与全国经济的极大重要性。

古人也修建了祭祀池盐生产相关神祇的神庙（图 1-5）。最早的盐池神庙选址与形态现已不可考，运城南部的盐池神庙始建于唐大历十三年（778 年），"大历丁巳…… 冬十月诏锡池名曰'宝应灵庆'，兼置祠焉……其明年，因其农隙，创此神寝"。[1] 后在金代末期，池神庙遭到较为严重的破坏，因此在皇庆二年（1313 年），元朝官方组织在旧庙西侧另建新庙，"皇庆二年前都转运使阿失铁木儿乃相故庙西墉卜地爽塏，中缔正殿，周阿重簷翼，东西庑，前敞其闳，后营寝室"。[2] 此时的神庙是前殿后寝的形式，与现存的池神庙形制有所不同。至明代，嘉靖癸巳（1533 年）秋至甲午年（1534 年）池神庙经历了一次大规模修整：

---

① 李昉等纂：《文苑英华》卷八百十五，张濯《唐宝应灵庆池神庙记》。

② 觉罗石麟总纂：《初修河东盐法志（雍正本）》卷十二《艺文》，王纬《重修池神庙碑》。

　　"其为殿三，其妥神五，中殿神二，东西盐池之神，左殿神二，曰条山风洞之神，右殿神一，曰忠义武安王之神……中为穹殿三间……雷前小亭易为厦屋五间，城而石栏，为十有七丈，左右为殿……各少穹间，前岩廊今为间，四十有八，为乐台一，为二门三，角门二，为间五扁，仍旧曰洪济，外左右为神厨，为土地庙，各五间，大门为岑楼，间五扁，曰海光，外为盐风亭一……外折道为坊门三，后埧为官厅二，有厢，池南为南禁楼一……"①

（a）　　　　　　　　　　　　　　　（b）

图 1-5　河东盐池神庙

二、关帝崇拜

　　除了盐商崇拜的抽象的盐池神外，山陕商人无不信奉关帝。

　　山西运城是武圣关羽的故乡，关羽在同刘备、张飞举兵起事前从事的是贩盐行当，而且贩卖的是运城的池盐，主要运给各地皇族食用。于是后世山陕盐商将关羽和盐池联系在一起，再加上关羽讲义气、武艺高强的特点，他便成了盐业商人信奉的祭祀神。著名元代戏曲《关云长大破蚩尤》演绎的故事就是关羽大战阻碍盐生产的蚩尤神。山西是关羽的出生地，在《三

---

　　① 觉罗石麟总纂：《初修河东盐法志（雍正本）》卷十二《艺文》，马理《河东盐运司重修盐池神庙记》。

国志》中曾记载："关羽，字云长，……河东解人也。"而陕西又是关羽的改姓氏之地，关羽也就成为山西、陕西两省的共同的地方神祇。

中国数千年的文明发展，造就了独特的哲学思想体系。其中，以孔子为代表的儒家学说在伦理道德领域及其理论基础上，是最为典型的中国哲学思想体系的一部分。关公文化是中国传统文化的一部分，属于伦理型文化，也是儒家文化的一部分。关公文化的产生，是关羽身后，特别是自宋代以来，中国封建社会中思想、道德、宗教、政治等多方面的因素相互作用形成的结果。人们建立了许多用来奉祀蜀汉昭烈帝刘备的忠臣关羽的祠庙，历史上各地的关帝庙有多种称谓，常见的有关庙、关帝庙、关圣庙、缪侯庙、显列庙、忠义庙、老爷庙等，也有称关帝庙为寺或者宫的。"在清代和民国时期，晋商在立足经营的地方建立的'会馆'关帝庙的格式建造，主祭关帝，对外则称'某某会馆'"，这样的论断其实是简单地把"会馆"归为关帝庙的一种变体。事实上，在明清时期，关公崇拜达到全国为之疯狂的程度，关帝庙的建设达到空前的规模和程度，其中的根本原因其实是山陕会馆的发展和壮大。

关帝崇拜文化作为中国民族文化的一部分，与整个文化传统有着不可分割的历史联系。它和中国其他传统文化一样，既包括物质文化方面如建筑、牌匾、碑刻等，也包括非物质文化方面如制度、习俗、心态等。

（一）物质文化形式

首先，物质文化包含了建筑与建筑细部装饰。山陕会馆是关帝庙的建筑实体的直接传承，在形制和风格上和关帝庙如出一辙。例如，开封的山陕甘会馆照壁沿界面上就写着"圣地"二字（图1-6），而照壁的内墙面上写着"忠义仁勇"四字（图1-7），关帝崇拜文化由此体现得淋漓尽致。而位于社旗山陕会馆最南面的是琉璃照壁，壁面以彩色琉璃砖镶嵌而成，面北立面正上方为四个金色大字"义冠古今"，为会馆敬奉关公开宗明义。辕门北侧各建三间马厩，分别塑有关公的"赤兔马"和刘备的"的卢马"，

图 1-6　开封山陕甘会馆外立面　　　图 1-7　开封山陕甘会馆照壁上的题字

充分体现了建筑中的关帝崇拜文化。关帝崇拜文化还影响了建筑的单体，
比如很多山陕会馆都有春秋楼，这个名字也来源于楼内关公夜读《春秋》
的神像。另外，在建筑细部装饰上也有所体现，装饰雕刻题材中往往以关
羽生平事迹为场景展现。在供奉关羽的大殿往往还会写上"供奉忠义神武
关圣大帝君之神位"，在社旗山陕会馆供奉关帝的龛阁前放置雕花神案，
上面有锡铸香炉一尊，香筒一对，蜡台一对，右角有一个铁铸钵钟，两侧
放置金瓜、钺斧、朝天镫等全副帝王仗仪后置黄罗伞，可惜龛阁后来被毁。
再如，四川自贡西秦会馆建筑中的"二十四孝"砖雕，河南山陕甘会馆建
筑正殿屋顶悬鱼上写的"公平交易"、"义中取财"等都反映了商人深受
关公影响的伦理道德观念。

　　除了建筑相关物质文化，还有大量的碑刻也体现了关帝崇拜文化。在
社旗山陕会馆现存碑刻9块，其中4块记载了山陕会馆的建筑及集资情况。
其中的《创建春秋楼碑记》阐明了春秋楼的名字由来就来源于关羽读春秋。
在会馆中还有一些碑刻，如《同行商贾公议星称定规概》、《公议杂货行
规》、《过载行差务碑》等详细记载了会馆中的商业规则和奖惩制度，可
以从侧面体现关公的忠义、诚信精神。可体现关帝崇拜文化的物质还有很多，
可以说这些物质文化作为载体，大大丰富了关帝崇拜文化的内涵，也留下
了可供世人考察研究的基础资料。

（二）非物质文化形式

关公的制度文化属于关公崇拜文化中的非物质文化形式，包括了庙制和祀典两个部分。在西周时，周公创立的一套体系完整、等级严格的宗法制度中，就包含有关公宗庙制度和祀典制度。庙制对于庙建筑的建造有明确的规定："南向、庙门一间，左右门各一，正门三间，前殿三间，殿外御碑亭二、东西庑各三间，东庑南燎炉一，庑北斋室各三间，后殿五间。东西庑及燎炉与前殿同，东为祭品库，西为治牲间，各三间，正殿覆黄琉璃瓦，余为简瓦。"[①] 短短几十字，可以说对庙建筑的结构、功能、材料都做了明确规定，在关帝庙向山陕会馆演化的过程当中，并非完全依照上述所说的标准，山陕商人将建筑做了适应性的改善。祀典是国家的祭祀活动，各代王朝都对祀典有明确严格的制度规定，清政府尤为典型，他们以此作为维系封建王朝长治久安的精神支柱。而对关帝的祭祀是祀典中非常重要的一环，到清朝时，这种制度已经非常完善和成熟。

关公的祭祀其实分为官祀和民祀，上文提到的祀典属于官祀，而民祀也就是有关关帝的民间习俗。在各地都有独立的风俗，如在山西运城地区，在祭祀时间和祭品等等细节上与其他地区相比都有所差异。并且相较于其他地区，运城地区的民祀更为盛行，"每岁四月八日，传帝于是日受封，远近男女，皆刲击羊豕，伐鼓嘯旂，俳优巫觋，舞燕娱悦。秦、晋、燕、齐、汴、卫之人肩摩毂击，相与试枪棒、击拳勇，倾动半天下"。[②] 这种风俗在运城地区直到今天还有保留。

由于对关羽的崇拜已经达到了全民动员的程度，所以关公崇拜文化是一种大众化的、世俗性的文化。最深层次的文化体现在关羽的思想、道德和精神，深深影响了百姓的思想和行为。毫不夸张地说，他的"忠、义、仁、智、信、礼、勇"的精神深深影响了我国古代封建社会后期整个社会的生

---

① 摘录自《清会典》。

② 见《关帝圣迹图志全集》。

存和发展。

（三）关帝崇拜文化的内涵

这里所要讨论的关帝崇拜文化的内涵事实上并不是广泛意义上的文化内涵，而是针对从关帝庙到山陕会馆的传承和演化过程进行的文化内涵探究。有关关帝崇拜的普通意义上的文化内涵是隶属于宗和庙体系下的文化内涵，而这里所进行的探讨，是在特定的社会环境和历史背景之下进行的。

首先，关帝崇拜文化恰好迎合了封建统治阶级的需要，以及统治阶级的正统思想。特别是康熙和乾隆两位皇帝出于巩固清王朝统治地位的目的而推崇关公，各地官府自然趋之若鹜。可以说，商业发展离不开各地官府保护与支持，而宗教信仰更是离不开官府的保护和支持。山陕商人把山陕会馆建成敬奉关公的庙宇自然得到各地官府的大力支持，同时，规模庞大如宫殿建筑的关帝庙和山陕会馆也成为接待官人等的重要场所。在关帝崇拜文化融入了社会主流的同时，商业活动也自此融入了主流社会。

其次，关帝崇拜文化极大提升了山陕会馆的精神高度。会馆的建造者们巧以供奉盛名圣德的关公为宗旨，创造了一个鼎盛的儒佛道结合的道德教育场景，把中华民族的绘画雕刻艺术运用得潇洒而精妙。关帝崇拜文化让商业活动从被排斥的状态，变成被社会认同和接纳。

最后，关帝崇拜文化填补了山陕商帮的心理和行为需求。在前文关于山陕会馆的功能中对此观点已经有所提及。对关帝共同的崇拜是商帮的信仰纽带和精神支柱。商人们在经营活动中，经常会遇到各种困难、疾病甚至灾祸，而求助于神灵并不能解决实际问题，但是可以从心理上得到慰藉。在商言商，商人这个群体比起普通的社会群体，更具功利心。从某种意义上说，从关帝庙到山陕会馆的演化过程，和关帝从"乡土神"到"财神"的演化过程是同步的。这一点足以说明关帝崇拜文化在明清时期，在商业贸易迅速发展的时期，已经产生了变化，从功利的角度弥补了山陕商帮的心理和行为需要。

第二章
山陕会馆的
传播与分布

第一节 山陕商贸的主要传播路线

山陕商人的经商轨迹与文化的传播路线决定着山陕会馆的分布特征。追溯山陕商人的兴衰史，可知中国山陕地区的边关商贸通道，北有长城九边，东有太行八行。而长城九边的大多数边关都分布于山西、陕西境内；另外，山陕商人的前往山西之东，与胡人进行生意和物资交换活动时，便需跨越太行山这一地理分界的八个出口。在这样得天独厚的地理环境和频繁的商贸活动走向中，山陕商人从盐铁专卖又进一步控制了茶叶贸易。由此，我们通过这段历史，能够非常清楚地感受到"河东盐业"和"万里茶道"这两个商业核心的存在。山陕商人以这两个核心为出发点，依托黄河和山间峡谷的交通优势，北通塞外异域，南抵江南水乡，东达渤海之滨，形成了极其漫长的商业和文化传播路线。

一、河东盐运分区与盐运古道线路

河东池盐集中在山西运城一带生产，销往陕晋豫三省部分地区（图2-1），河东盐法志中将盐运线路按省份分为三部分，又为防止盐商刻意绕路逗留、私贩盗贩，盐的运输工具、线路与日程都有严格规定，"河东运盐惟陕西有水程，其余皆系陆程……河东旧志将三省州县各序路程，核其道里，定以时日……车户船户牛车每日约三十里，驴骡每日约五十里，船则每日约五十里"。[①] 具体的运销线路在《盐法志》的运程部分有精确到地点与时间的详细描述（图2-2）。除河东池盐的行销区域以外，陕、晋、豫三省内还有多种其他食盐销区：山西省内还有山西土盐区、蒙古盐区；陕西省内还有花马池盐区；河南省内还有长芦盐区、山东盐区和淮盐区。

---

① 觉罗石麟总纂：《初修河东盐法志（雍正本）》卷四《运程》。

盐区的划分在历史上多有变迁,最终在清代形成了稳定的格局。

山西除了运城盐池一带出产池盐以外,其中北部还出产土盐,《汉书》记载"太原郡,秦置。有盐官,在晋阳"[①],"楼烦,有盐官"[②]。晋阳即今太原一带,楼烦即今宁武一带,这都表明山西土盐在汉代即受到国家管理;《新唐书·食货志》记载的"幽州、大同、横野军有盐屯,每屯有兵有丁岁得盐二千八百斛,下者千五百斛"[③]则表明了唐代时山西北部军屯生产土盐自给自足的状况;在宋代时土盐生产规模扩大,"鬻碱为盐,向并州永利监,岁鬻十二万五千余石,以给本州及忻、代、石、岚、宪、辽、泽、潞、麟府州,威胜、岢岚、火山、平定、宁化、保德军,许商人贩鬻,不得出境"[④]讲述的即是宋代在官方管控下生产大量土盐,甚至侵占了河东盐销售的泽潞等地。元明两代官方为保证河东盐的销售,都对土盐采取了增税或禁止等抑制措施,但运城盐池到山西中部的太、汾、沁、辽等地路途遥远、山路崎岖,贩运困难,使得明代中后期官方不得不放宽土盐政策;至清代,土盐的销区进一步扩大,南至沁州,北至宁武府的山西中部均食当地所产土盐。

在这样的分区下,山西和陕西的商人们创造性地开辟了毛细血管般丰富的行销线路。

(一)山西商人的行销线路

河东池盐在山西省销往晋南和晋东南地区,晋南地区盐道主要为古代山西大驿及其周边支路,晋东南地区盐道主要为从大驿分出的两条分别通往泽州府、潞安府的较长驿道及其周边部分支路。

---

① 班固:《汉书·地理志第八》。

② 班固:《汉书·地理志第八》。

③ 宋祁、欧阳修等:《新唐书·食货志》。

④ 脱脱、阿鲁图等:《宋史·食货志》。

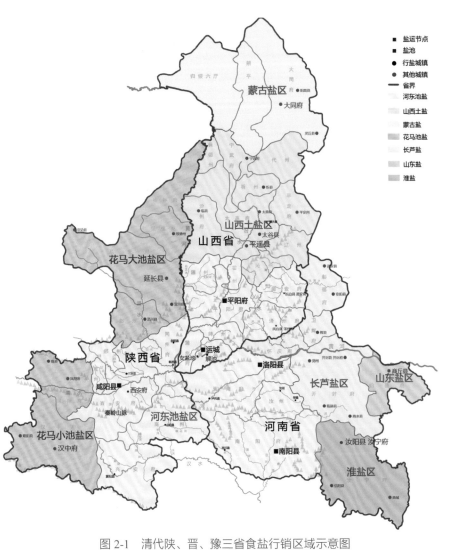

图 2-1 清代陕、晋、豫三省食盐行销区域示意图

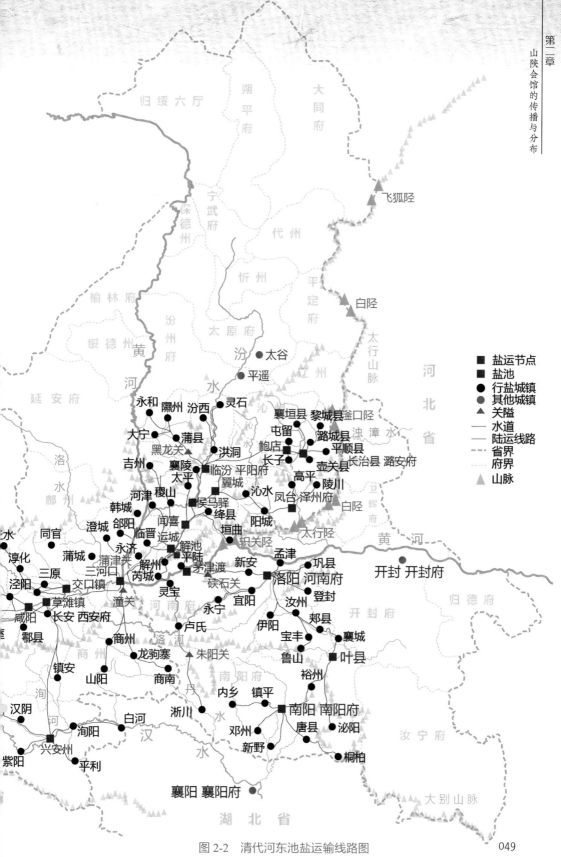

图 2-2 清代河东池盐运输线路图

注：仅在陕西境内有水路运输，山西、河南境内只有陆运。此图为笔者根据《初修河东盐法志》改绘。

1. 山西大驿部分

山西大驿自井陉始，经平定到太原，再经平遥、灵石、临汾到侯马、闻喜，之后经猗氏到永济，河东盐道主要利用了其闻喜到灵石的一段（图2-3）。

池盐在运城掣验装车后，经陶村、水头镇到闻喜，小部分池盐从闻喜运往绛州等地，大部分则运上山西大驿，此后沿着汾水一路北上，经侯马到临汾。临汾是河东池盐一大集散地，在此部分池盐继续北运，经赵城、霍州，最终运往灵石；另一部分则经化乐镇、蒲县运往隰州等地。

图2-3 山西大驿与河东盐道

山西大驿南端的永济、猗氏、临晋等地也食河东盐，但这些地区因距运城较近，盐运不需要经过山西大驿，可直接从运城运往。此外，还有一条支路从猗氏经稷山运往吉州等地。

2. 山西泽潞部分

泽潞部分盐道是从大驿分出的两条较长支路，运往泽州一带的池盐从侯马东行，经翼城、沁水、阳城到泽州府，并再分发周边的高平、灵川等地；运往潞安府一带的池盐从临汾东行，经鲍店镇到长治（潞安府），并分发周边的潞城、黎城、壶关等地。如图2-4。

图2-4　通往泽潞两地的两条驿道

（二）陕西商人的行销路线

河东池盐在陕西省主要销往关中与陕南地方，运输方式兼有水运、陆运，因此较为复杂，池盐从运城出发，先运往永济下马头或是临晋黄龙镇上船，之后过黄河，根据不同的目的地有多个起旱点，包括草滩镇、交口镇、三河口、咸阳、凌口镇、潼关等地以及临晋对岸的同州多处（图2-5）。盐运线路根据运输特征与方位分为以下三部分。

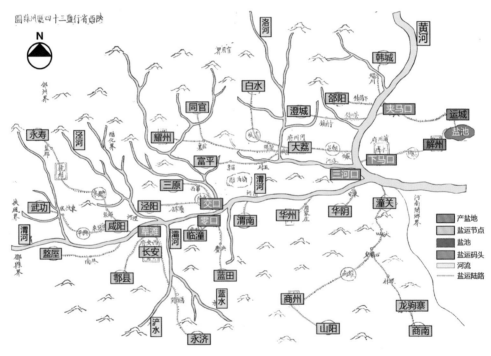

图 2-5　河东池盐陕西省行盐图

（改绘自：《增修河东盐法备览》）

1. 渭水、泾水部分

该部分的特征是池盐运过黄河后继续走水路，进入渭水，沿途运往华州、渭南、临潼，进而运往关中腹地，主要的起岸点有交口镇、草滩镇、咸阳等地（图2-6）。在交口起岸的池盐沿着泾水走陆路，运往高陵、三原、泾阳、淳化、三水等地。

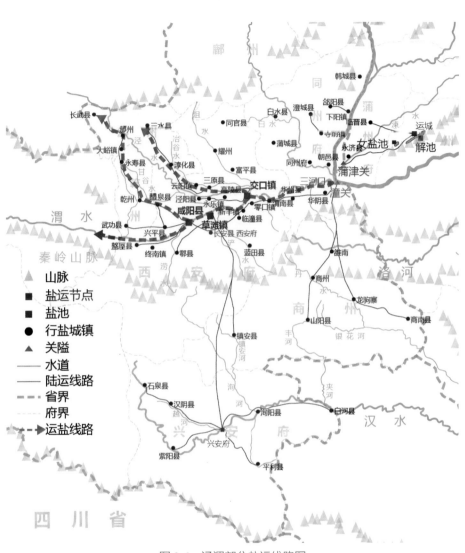

图 2-6　泾渭部分盐运线路图

2. 黄河西岸同州府一带

同州府东靠黄河，与永济、临晋相望，因此发往此地的池盐过黄河后便即起岸，起岸点在朝邑、下阳镇、营田镇、缁川等地均有分布，在下阳起岸的池盐就近运往郃阳，在营田镇起岸的池盐经寺前镇运往澄城，在缁川起岸的向北运往韩城，在朝邑一带起岸的会西运至同州、蒲城、白水、同官、富平、耀州等地（图 2-7）。

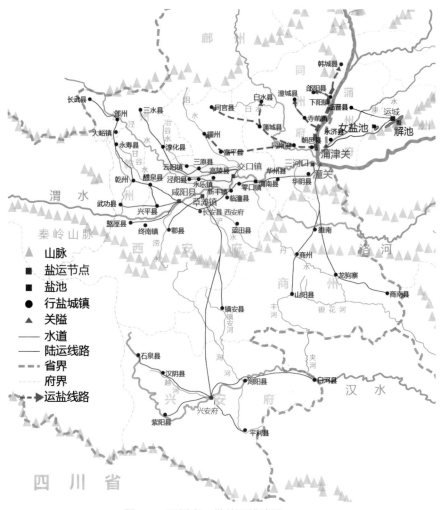

图 2-7 同州府一带盐运线路图

3. 丹水、汉水部分

发往汉水一带的池盐首先船运至草滩镇起岸，之后陆运南行，到达集散点兴安州，并分发周边的洵阳、白河、汉阴、石泉、紫阳、平利等地；发往丹水一带的池盐过黄河后在潼关即起岸，之后南行，一部分到雒南、商州之后运往山阳，另一部分南行至丹水后走商於古道，至龙驹寨，最终运往商南。如图 2-8。

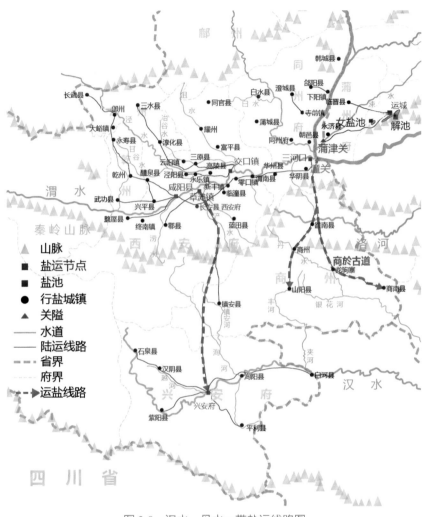

图 2-8　汉水、丹水一带盐运线路图

二、万里茶道的形成与主要线路

　　万里茶道狭义上指现在学术界普遍公认的，从 1689 年中俄《尼布楚条约》签订后，由晋商开辟的自福建崇安下梅开始，沿水陆和陆路，从江西、湖北、湖南、河南、山西、河北、内蒙古后至恰克图、俄罗斯及欧亚大陆的贸易商道。但广义上讲，除上述主线之外，由于历史上万里茶道的不同发展阶段、茶叶运输主体的差异等原因，万里茶道还包括数条支线，例如自《中俄陆路通商章程》签订之后由俄商主导的从汉口、上海，海运至天津、北京，后至张家口、恰克图、俄罗斯的茶叶贸易线路，或山西长裕川茶庄所走过的经周口、朱仙镇、开封、大名县、馆陶县、临清、郑家口、德州、东光县、沧州、青县、杨柳青至北京、张家口的线路等。主路与支线共同构成了中国茶叶向外运输的贸易网络，但由于主要线路申报是山陕商人活动最为频繁的线路之一，沿线山陕会馆现存也最多，所以是本书研究的主要对象。

明代时，茶叶向北贸易以边关地区及蒙古民族部落为主，输俄茶叶数量较少。在清代《恰克图条约》签订之后，山西商人快速抢占恰克图市场，茶叶才开始大量向俄国出口，并逐渐形成了以茶叶贸易为主的万里茶道（图2-9）。

恰克图至内地茶叶产地之间的商人往来密切，特别以山西商人为代表的茶商，形成了采茶、生产、运输、销售一条龙服务链，从福建武夷山至北部恰克图边境，基本垄断了恰克图的茶叶贸易出口，在1847年至1851年间，恰克图茶叶出口总额占对俄出口量的95%[1]，其大部分也均由山西商人运输。据《刘坤一选集》记载："中国红茶、砖茶、帽盒茶均为俄国人所需，运销甚巨，此三种茶，湘鄂产居多，闽赣较少，向为晋商所运。"[2] 从茶产地至茶销地，线路跨越距离之长，人员流动总量之大，商品转运总量之雄厚，为沿线城市兴起与繁荣做出了巨大的贡献。山西茶商垄断北输俄国的茶叶线路，并在沿线兴建了数量众多的山陕会馆，为往来同乡商人提供商业活动与栖身之所。

万里茶道向南一直延伸到福建。万里茶道上茶商所经过的线路分为主线和支线两部分。主线即从南方茶叶产区至汉口、襄樊、社旗、山西、张家口、恰克图线，此条线路是北上恰克图的山西茶商活动最频繁也最为稳定的线

---

① 阿·科尔萨克著，米镇波译：《俄中商贸关系史述》，北京：社会科学文献出版社，2010年版，第197页。

② 《刘坤一选集·奏疏稿》，卷一中《王先谦复议华商运茶、华船运货出洋片》。

图 2-9　1802—1850 年中国输俄主要商品贸易额与茶叶贸易占比情况

路，茶商参与修建的山陕会馆也大多沿此条线路进行分布，是万里茶道产生和繁荣的建设性商道，对沿线城市和经济的发展都起到了不可磨灭的作用，是本书研究的重点。而其他支线，线路多而复杂，持续时间相对较短，如经过海上运输的汉口—上海—天津—北京—恰克图线路，在这里只做概述，不作为本书研究的主要方面。

　　万里茶道主线线路分为水运线路及陆运线路两种（图 2-10、表 2-1）。大致以河南南阳社旗为界，以南为长江水系及其支流为主的水运线路，以北为畜力车、马运、驼运为主的陆运线路。水运和陆运方式的区别，也是在我国地理环境与南船北马的基本交通格局之下产生的，据史料《行商遗要》开篇中讲道"行水路，走江湖，跋涉艰难……水陆路，运生疏，最忌相伴"，提醒茶行伙计不同交通方式运茶应当注意的事项，同时展现出其商路的艰辛。

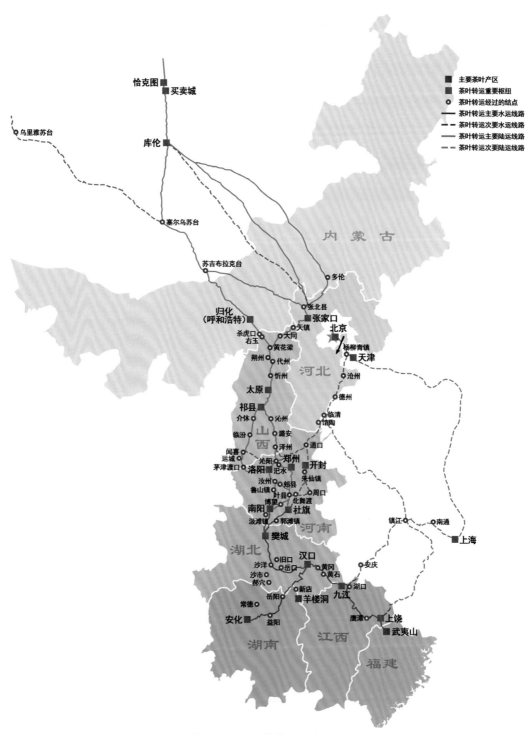

主要茶叶产区
茶叶转运重要枢纽
茶叶转运经过的结点
茶叶转运主要水运线路
茶叶转运次要水运线路
茶叶转运主要陆运线路
茶叶转运次要陆运线路

恰克图　买卖城

乌里雅苏台

库伦

塞尔乌苏台

内蒙古

苏吉布拉克台

多伦

张北县

归化
（呼和浩特）

杀虎口
右玉　大同
黄花梁
朔州　代州
忻州

太原

祁县
介休　沁州
临汾　潞安
泽州

闻喜　沁阳
运城　洛阳
茅津渡口
汝州
鲁山镇
博望
南阳　社旗
汲滩镇　郭滩镇

樊城

旧口
沙洋　岳
沙市
郝穴
常德　益阳
安化

张家口
镇
北京
杨柳青镇
天津
沧州

河北

德州
临清
馆陶

道口

郑州
开封
汜水
朱仙镇
郏县　周口
叶县
北舞渡

河南

镇江　南通

上海

汉口　黄冈
黄石
湖口
安庆

新店
岳阳　羊楼洞　九江
鹰潭　上饶
武夷山

湖北

湖南

江西

福建

图 2-10　万里茶道主要线路图

表 2-1　万里茶道主要线路说明

运输方式	说明	线路	经过省区
水运	武夷山茶叶运输路线	崇阳溪—分水关—铅山河—信江—鄱阳湖—长江线	福建、江西、湖北
	羊楼栋茶叶运输路线	新店鄱河／源潭河—黄盖湖—长江线	湖北
	安化茶叶运输线	资水—湘江—洞庭湖—长江线	湖南、湖北
	从茶园地至南阳	长江—汉水—唐白河线	湖北、湖南
陆运	从南阳至豫北	宛洛古道（南阳—洛阳／郑州／开封线）	河南
	从豫北至晋南	晋豫通道（以白径、轵关径、太行径为主）	河南、山西
	从晋南至晋北	晋省南北沟通线（泽路—祁县—太原—黄花梁或闻喜—祁县—太原—黄花梁）	山西
	从晋北至口外	黄花梁至外线路（以黄花梁—张家口—库伦—恰克图线和黄花梁—杀虎口—库伦—恰克图线为主）	山西、河北、内蒙古

（一）"行水路，走江湖"之水运线路

1. 崇阳溪—分水关—铅山河—信江—鄱阳湖—长江线

福建盛产茶叶，尤其以武夷山地区最为著名。福建东部沿海，西边又有武夷山山脉阻隔，在一口通商时期，福建与内陆省份之间的物资传输与交通通道就显得格外重要。以闽江支流建溪、富屯溪、沙溪为主的水系贯穿福建，成为福建与内省交通的主要通道。福建茶叶向外运输就以这几条水系为主要线路。凭借建溪—崇阳溪—分水关—铅山河—信江水运线路的方便，从延平府至建宁府、建阳、崇安，后至江西河口的线路，成为福建通往内陆邻省的主要通道之一（图2-11），而这条线路也曾是历史上福建与省外物资运输、商业贸易、信息往来的交通要道与驿路。如道光《重纂

福建通志》卷三十二《邮驿》中记载："自三山驿起,至建宁府建阳县建溪驿,六百二十五里,由建溪驿分路五十里至崇安县兴田驿,四十里至裴村驿,三十五里至长平驿,五十里至大安驿,四十里至江西广信府铅山县交界。"①《明代驿站考》南京由铅山河口至福建路也记载:"……十里至沿山河,陆路至分水关,十里至赤土铺,十里杨源铺,十里黄柏铺,十里渭墩铺,十里紫溪,十里方竹桥,十里车盘驿,十里乌石街,十里分水岭。巡河,十里黄连铺,十里大湾街,十里大安驿……"②可见此条线路的重要性。

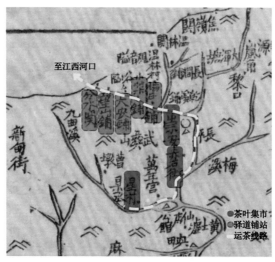

图 2-11   《福建全图》中的运茶线路与茶叶市场

凭借着良好的交通环境以及茶叶资源,明清时期大量的山西茶商前来武夷山地区购茶、制茶。《行商记略》记载:"星村下梅此二处办茶之地,

---

① 《中国地方志集成·省志辑·福建 3》,《道光重纂福建通志一》卷三十二《邮驿》,第 718 页。

② 杨正泰:《明代驿站考》增订本,第 323-324 页。

办小种并工夫大箱茶可在星办买；办嫩庄可到下梅办买。"[1] 民国《崇安县新志》记载："下梅邹姓原籍江西之南丰。顺治年间，邹元老由南丰迁上饶。其子茂章复由上饶至崇安以经营茶叶获资百余万，造民宅 70 余栋，所居成市。"[2] 这说明山西茶商南下至下梅办茶，不仅促进了当地茶叶经济的发展，而且还定居于此，进行房屋建设，开办茶厂，并由此逐渐发展成为聚落与市集，明清时期各地茶商蜂拥而至，热闹非凡。《茶市杂咏》记载："清初茶市在下梅，附近各县所产茶，均集中于此，竹筏三百辆，转运不绝。茶叶均西客经营，由江西转河南运销关外，西客者山西商人也。"[3] 崇阳溪—分水关—铅山河—信江—鄱阳湖一线，成为万里茶道源头的武夷山茶的主要转运线路（图 2-12）。

图 2-12　崇阳溪—分水关—铅山河—信江—鄱阳湖—长江线

---

① 《行商记略》，转引自范维令编著：《万里茶道劲旅·祁县茶商》，太原：北岳文艺出版社，2017 年版，第 18-19 页。

② 刘超然，吴石仙修：《崇安新志》，地方志出版社，2013 年再版。

③ 衷干：《茶市杂咏》。

2. 新店潘河/源潭河—黄盖湖—长江线

新店潘河与源潭河是蒲圻一带羊楼洞茶叶为主的运输线路（图2-13）。羊楼洞茶叶兴盛的原因是太平天国导致福建茶叶北上运输线路受阻，如文献记载"崇安为产茶之区，又为聚茶之所，商贾辐辏，常数万人。自粤逆窜扰两楚，金陵道梗，商贩不行，佣工失业"[①]，以山陕商人为主的茶商逐渐转向两湖地区，另辟茶叶产地，羊楼洞便成为万里茶的重要茶源地之一。清同治《崇阳县志》记载："往年，茶皆山西商客买于蒲邑之羊楼洞，延及邑西沙坪……出西北口外卖之，名黑茶。"[②]大量茶商在羊楼洞开设茶行，据《行商遗要》《壬子年两湖洋庄各埠家数计录》中记载，"羊楼洞二十三家"，在1912年羊楼洞的茶号仍有二十三家，说明清中后期在羊楼洞开设的茶号数量更多，其中著名的"大盛魁"商号开设的三

图2-13 新店潘河/源潭河—黄盖湖—长江线与资水—湘江—洞庭湖—长江线

---

① 王懿德：《王靖毅公年谱》卷上，咸丰三年，四月纪事。

② 高左廷、傅燮鼎等纂修：《崇阳县志·物产》，清同治五年刻本影印，第6页。

玉川、巨盛川、大盛川茶庄，祁县渠家长裕川、长顺川、长源川，榆次常家大涌玉、大昌玉等茶庄，均在羊楼洞设有分号。明清时期羊楼洞成为湖北茶叶贸易的中心，现今聚落中还遗存有青石板老街及沿街茶叶商铺。

3. 资水—湘江—洞庭湖—长江线

安化是湖广地区的主要茶叶产区之一，自 1595 年起，安化黑茶就被用作官茶。同治《安化县志》卷三十三《时事记》载："二十三年丙子，巡抚陈宏谋奏定茶商章程，通志陕甘两省茶商需领引采瓣官茶，每年不下数千百万斤，皆于安化县采瓣，以供官民之用。"[1] 其中"二十三年"为乾隆年间，即 1756 年，说明陕甘茶商至少在明末清初就已经进入安化地区办茶。《湖南通志·物产（174 卷）》中记载"清初，茶产安化者佳，充贡而外，西北各省多用此茶，而甘肃及西域外藩（需）之尤切。设立官商，做成茶封，取官茶以充市赏、赏请蒙古之用，每年商贾云集"，[2] 使得安化茶叶贸易迅速发展（图 2-13）。

太平天国运动使得安化"茶中滞数年"，"同治初，逆魁授首，水面肃清，西北商亦踵至"。山陕茶商的到来，使得大量安化茶叶被转运至北方恰克图边境地区，而后至俄罗斯，安化也成为万里茶道的重要茶源地之一。

在安化茶叶市场往来的客帮茶商不仅包括山西、陕西商人，还包括广东粤商、福建闽商等，然而其中以山陕茶商势力为最大。如同治《安化县志》中记载："国初，茶日兴，贩夫贩妇，逐其利者常八九。远商亦日至，曰引庄，曰曲沃庄，曰滚包庄……皆西北商人也。"[3]《湖南之茶叶》中也记载："客帮来相制茶以闽商为早，宋元时代已有其踪迹，次之为陕西山西两帮，但西帮纪律之整肃，资本之雄厚，组织之严密，其势不可漠视。"[4] 各地茶商往来络绎不绝，使得安化茶叶市场热闹非凡。"每年春夏，晋、广、

---

① 清同治《安化县志》，卷三十三《实事记》，第 15 页。

② 《湖南通志·物产》，第 174 卷。

③ 同治《安化县志》，卷 33，《时事记》。

④ 《湖南茶叶调查》，《工商半月刊》卷七，第十一号。

湖南商人入山，共约七八十号，其资本各自一二万至三四万不等。江南东坪、硒洲、乔口、黄沙坪其市场之最大者也"。①沿线数量众多的茶商迁移与往来，极大地促进了古道沿线聚落与建筑的发展和成熟。

安化线路也可由汉水至沙洋，再从沙洋至常德，从常德转乌江装货至益阳，再从益阳至安化边江（图2-14）。如《行商遗要》中《益阳至边江水陆顺序》记载："由沙洋分路搬堤至便河坐挖扁，每只运搬堤行李至沙市船钱三四千文不等，沙洋十五里至高桥，五十里至黄家档……五十里至沙市。沙洋至沙市水陆合计二百二十里"；"沙市赴常德坐襄扁一百零五里至常德，沙市至常德水陆合计四百九十里。……由常德坐船，从乌江装货至益阳……三十里至沙头，三十里至益阳。此段水陆合计三百四十里"。②

大量的山陕茶商来安化经商，开设茶行，并于此处建立山陕会馆，成为同乡与同业商人活动的重要处所，如安化陕晋茶商会馆。在同治《安化县志》中对山陕茶商兴建的陕山庙有明确的记载："陕山庙在县北百二十里一都老鸦溪。"③只可惜现今已无存。

图2-14 安化—益阳—常德—沙市—沙洋茶叶运输次要线路

---

① 朱自振：《中国茶叶历史资料续辑》，南京：东南大学出版社，1991，第99-109页。

② 《行商遗要》手抄版。

③ 同治《安化县志》卷14，第30页。

4. 长江—汉水—唐白河线

长江—汉水—唐白河是河南与湖北、湖南、江西等长江流域地区进行联系的主要水运线路，也是万里茶道往北运输最便利的通道。《行商遗要》记载："如唐河小早起，三天半至樊。若河内有水，赊十五里至埠口……赊至樊计水路三百四十五里……樊至汉计水陆一千二百一十五里。"[1] 这详细地展示了从社旗至汉口的水运线路（图2-15）。山陕茶商水运货物至唐河上赊店镇（今社旗）换乘，转陆路运输，使得社旗成为明清时期的"豫南巨镇"，如光绪《南阳县志》记载："地濒赭水，北走汴洛，南船北马，总集百货，尤多秦晋盐茶大贾。"[2] 在《行商遗要》中《赊镇发货总论》中记载："世处码头，百货皆聚，陆路为首。在彼发货之人，更宜精细活便，不可值滞，而道路甚多，脚价涨、吊不等。"在此，山陕茶商还一同建设了规模宏伟的社旗山陕会馆，留存至今。

图 2-15 长江—汉水—唐白河线

---

① 《行商遗要》手抄版。

② 光绪《南阳县志》卷3，《建置·镇店》。

（二）"行陆路，走漠北"之陆运线路

陆运线路主要包括从河南南阳至洛阳的宛洛古道、从河南北部至山西南部地区的晋豫通道、从山西南部至山西北部朔州黄花梁的晋省南北沟通线、从山西朔州黄花梁达贸易地点恰克图的口外贸易线，这四条主要线路及其延伸支线是万里茶道南北陆路物资转运、运销的重点线路。

1. 宛洛古道

宛洛古道是河南南阳至洛阳之间的主要通道，由于地理环境的影响，宛洛古道分为"三鸦道"和"方城道"两条。方城道，顾名思义是通过方城的通道。方城位于伏牛山与大别山形成的豁口之间，其间地势较为平坦，社旗—方城—叶县一线成为联系南阳盆地至中原地区的枢纽。由于良好的地理条件优势，明清时期，方城道不仅用于商业往来，同时也是一条重要的军事和信息要道，沿线设置众多驿站，向北可连接中原、京师，向南可达湖广、云贵。"长裕川"南下办茶就以汜水—郑州—石固—叶县—方城—南阳一线进行，"过黄河南岸汜水县，四十里荥阳，六十里至郑州，五十里郭店驿，四十里至新郑六十里十固镇……五十里至社旗镇"。[①] 除了方城道之外还有三鸦道。三鸦道连接白河，此道商人往往将货物沿白河水运至石桥镇，舍船登陆，经汝州、鲁山而至洛阳，此条线路也是洛阳与南阳之间行程距离最短的线路。宛洛古道线路如图 2-16。

万里茶道河南段以宛洛古道及其延伸支线成为山陕茶商进行南北商品货物转运的重要商道。《行商遗要》中《赊发货走西路作秤例底》《赊发各埠店用栈力例底》《赊发汝州、禹州、襄县西箱牛车例底》等都显示出从赊店转运至北方各地，宛洛古道就为其中最重要的线路。

---

① 《行商遗要》手抄版。

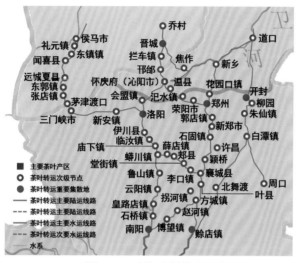

图 2-16　宛洛古道线路示意图

2．晋豫通道

河南至山西既有黄河横断，又有中条山、太行山脉阻隔，从山西至河南的陆路运输就显得格外困难，山脉之间谷地形成的晋豫通道也就成为往来联系的主要商道。就万里茶道而言，以运城至洛阳道、由潞泽至郑州或洛阳所经过的太行八陉之太行陉、轵关陉、白陉和滏口陉为主（图2-17）。《行商遗要》中就记载茶商从太行陉至河南的线路："由泽州过太行山六十里至拦车，四十五里至邢郼，五十里至郭村，二十五里温县，由彼早起二十五里至氾水北岸。"[①]

运城至洛阳道，是明清时期山西解州盐池的河东盐向南运输的主要通道，以山西运城为起点，经东郭、张店、八政，经茅津渡过黄河至会兴镇，后可达河南洛阳等地，也是万里茶道上茶商的运输线路。

---

① 《行商遗要》手抄版。

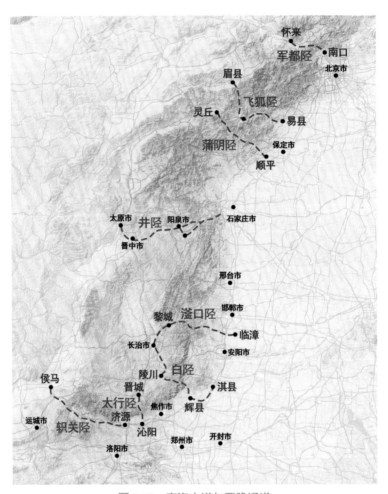

图 2-17 宛洛古道与晋豫通道

3. 晋省南北沟通线

万里茶道进入山西之后，主要可分为两条线，以沿汾水水系为主的汾水线和经泽潞至太原线，这两条线路于祁县汇合之后，一路向北至朔州黄花梁为止，构成了万里茶道晋商南北沟通线的主要部分（图2-18）。

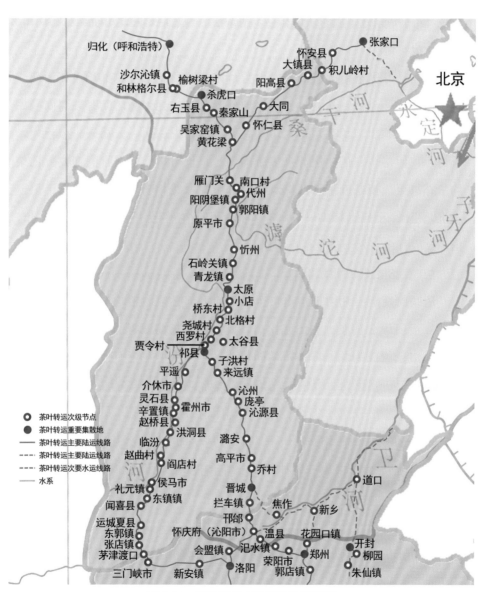

图 2-18　茶叶运输山西省南北沟通线

汾水线为轵关道与运城—闻喜—侯马线汇合之后，沿汾河北上，经临汾、赵城、介休可达平遥、祁县。泽潞至太原线由太行陉北上，可达泽州、潞州、虒亭、沁县、来远、太谷，达祁县。两条线汇合之后，向北可至原平、代州、山阴、黄花梁。

山西是万里茶道上茶商的大本营，许多茶商及票号总部均设在山西，其中以平遥、介休、祁县、太谷等地最多。以祁县为例，就有茶商商号如长顺川、长源川、长裕川、大玉川、大德诚、大德川、大德兴、宝巨川、天恒川、巨盛川、亿中恒等众多茶商商号。长裕川商号《行商遗要》记录的从祁县至泽州茶叶运输线路就与泽潞至太原线相吻合。"祁县三十里至子洪，四十里至来远打尖……六十里至泽州府宿。祁至州计陆路五百八十里，由泽过太行山，六十里至拦车宿"。[①]

4. 黄花梁至口外线路

清政府规定：凡由直隶出口至口外商人，必须在察哈尔都统或多伦诺尔同知衙门领取部票；由山西出口，则由绥远城将军领票。[②] 杀虎口、张家口、多伦就成为北上口外贸易的重要站点。从黄花梁至口外，就形成了经过杀虎口、张家口、多伦的三条重要线路：

（1）大同—天镇—万全—张家口—库伦—恰克图线。

（2）杀虎口—归化—武川—二连浩特—库伦—恰克图线。

（3）张家口—多伦—锡林郭勒—察哈尔—呼伦贝尔—东臣汗部—土谢图汗部线。[③]

此三条线路有两条都经过张家口，又由于其离京师较近，张家口就成为茶商往来的枢纽城市，清人松筠《绥服纪略》载："所有恰克图贸易商

---

① 《行商遗要》手抄版，《祁至安化水陆路程底》。

② 丰若非：《清代榷关与北路贸易：以杀虎口、张家口和归化城为中心》，北京：中国社会科学出版社，2014年版，第172页。

③ 王尚义：《山西商人商贸活动的历史地理研究》，社会科学出版社2004年版，第89页。

民皆晋省人。由张家口贩运烟、茶、缎、布、杂货，前往易换各色皮张毡毛等物。"[1]清代秦武域所著《闻见瓣香录》记载，张家口"为南北交易之所，凡内地之牛马驼羊多取给于此。贾多山右人，率出口以茶布兑换而归，又有直往恰克图地方交易者"[2]。在复杂的交通网络中，可以窥见张家口在万里茶道口外贸易线路上的重要性。山西茶商在张家口与多伦城中都建有规模宏大的山西会馆，是历史上该地商贸繁华的重要见证。

以上为茶叶行销的主线，实际上还有"长江—汉水—洛阳—兰州—伊犁"等其他支线，这里不再赘述。山陕商人全面参与至茶叶的产、运、销过程中，从茶叶产区到转运销售线路上，聚落与建筑迅速发展。大量的聚落因产茶而兴，或因运茶而盛，如武夷山茶叶产区的下梅村、星村、曹墩村、崇安县；两湖茶叶产区的赵李桥镇、羊楼洞、新店镇、临湘、聂家市、安化县、江南镇、小淹镇、桃江镇、益阳、汉口；在运输线路上的襄樊、南阳、社旗、洛阳、郏县、张家口、库伦、杀虎口等。

除了这些聚落之外，沿线留存下来许多与茶叶种植、加工、运输、销售相关的建筑遗迹。以祁县为例，山西茶商所在祁县昭馀古城老街上遍布茶票号店铺铺面（图2-19～图2-22），使其成为万里茶道上茶商的集散地，祁县也因此被称为"晋商故里，茶商之都"。而在河北张家口经商的大部分商人都是山西茶商，其中较大的如大德常、大德玉、三晋川、大涌玉、巨祯和、长裕川、复泰谦、三玉川等茶商字号均在此进行茶叶贸易，堡子里至今还存有山西祁县常家茶票商常万达旧居、大美玉茶商旧址、大玉川茶庄等建筑遗存（图2-23、图2-24），成为山西茶商在张家口活动的最好见证。

---

[1] 中国商业史学会明清商业史专业委员会：《明清商业史研究》，北京：中国财政经济出版社，1998年第124页。

[2] 秦武域：《闻见瓣香录》，丛书集成续编，上海：上海书店，1994年版，卷37，恰克图互市。

图 2-19　祁县老街茶庄遍布

图 2-20　祁县茶庄

图 2-21　祁县乔家"亿中恒"茶庄

图 2-22　祁县"裕和昌"茶庄

图 2-23　张家口旅蒙茶商常万达旧居

图 2-24　张家口常家"大美玉"商号

沿线建筑遗产众多，根据其与茶叶转运之间的关系可分为以下四类：茶叶运输的交通类遗产，如桥梁、码头等；茶园、茶厂、货栈等茶业生产、储藏类遗产；会馆、茶商办公楼、茶商住宅等商住建筑；与茶商信仰相关的宗教庙宇类建筑等。可以说万里茶道建筑及文化遗产十分丰富，不仅能反映不同民族文化的融合，也代表了在明清时期，沿线不同地域、国家和地区之间人员流动与交往、信息交流、商品互换、文化互鉴的过程，是一条名副其实的文化线路。

茶商在四处奔走销售茶叶活动的同时，在沿线参与兴建了数量众多的山陕会馆。据笔者不完全统计，仅主线附近八省内历史上存在的山陕会馆数量达 74 个之多（见附录一）。其中大多都有茶商进行活动的身影，如在《汉口山陕西会馆志》上记载的 1 128 家商号中，绝大多数都是山西商人，而其中给汉口山陕会馆捐献匾额的茶商就有如以大昌玉、大德玉、大泉玉、三德玉、保和玉、慎德玉、三和源、大顺玉、泰和玉、独慎玉商号为主的山西榆次常氏众茶商，以达顺成、乾泰魁、兴泰隆、天顺长、聚兴顺、大德玉、祥发永、久成庆、裕庆成、兴隆茂、宝聚公、大昌玉、大升玉、大泉玉、独慎玉等商号为主的山西太汾红茶帮，以祥泰厚、富泰谦、天聚和、协成公、臣贞和、裕盛川、集生茂、大涌玉、大德常、德慎恒、义生合、大德兴、长盛川、乾裕魁、谦泰兴、天顺长、兴隆茂、德巨生、长裕川等商号为主的山西盒茶帮；再如位于万里茶道上的重要转运结点的社旗山陕会馆，从会馆中现存的 3 个碑记中可以看出，山西、陕西两地在此经商的商号数量约为 1 225 家，而其中超过 2/3 的商号都是山西商人所开设，其中蒲茶社、盒茶社捐献金额更是占到绝大多数，也有如祁县兴隆茂、宏源川等茶庄的捐献记载。在《重修关帝庙正殿并修补各殿碑记》中也可见山西茶商"独慎玉"等茶号为北舞渡山陕会馆捐献的记载。同样在如洛阳山陕会馆、朱仙镇山陕会馆、河北张家口堡关帝庙、内蒙古多伦山西会馆等会馆中，也均可见山西茶商活动的身影，展示出万里茶道沿线商人主体与山陕会馆的密切联系。

以茶商为主兴建的山陕会馆遍布万里茶道全线，其宏伟的建筑体量与空间布局、装饰精美的建筑细部彩画及雕刻、具有代表性的会馆神祇信仰空间特征等，表现出山陕茶商雄厚的商业财富，代表着不同地域文化的交流与融合，也能折射出会馆所在地曾经的商贸与繁华情况，是万里茶道上最具代表性的历史建筑与文化遗迹。

第二节　山陕会馆的分布特征

通过上文对山陕商贸的主要传播路线分析我们可以发现，山陕商人的经商轨迹跨越我国南北多个省份。下文将以万里茶道上的山陕会馆为例（图2-25），分析山陕商人经商轨迹和文化的传播路线与山陕会馆的时间分布、名称与数量的空间分布之间的关系，最后结合山陕会馆与商品转运过程和聚落之间的关系，探讨会馆在不同聚落中选址的影响因素及其风格特征。

一、山陕会馆的地域分布特征

到目前为止，全国范围的山陕会馆共有 630 多个。这些会馆名称各不相同，细细分起来名称就达 200 多个，其中有一些会馆还有两个或者两个以上的名字。这 630 多个山陕会馆存在于全国绝大多数省、自治区、直辖市，其中河南省内的山陕会馆数量最多，有 90 个之多，其次是北京市，有 88 个，而山西省内部也有很多山陕会馆，有 68 个，数量在 50 个以上的省区还有内蒙古自治区和湖北省（图2-26）。

多伦山西会馆

张家口大境门关帝庙　　张家口孝义会馆
张家口山西会馆　　张家口太古会馆

大同榆次会馆

太原大关帝庙
太原诸县会馆

安阳水冶镇山西会馆

道口山西会馆
沁阳山陕会馆　　辉县山西会馆
洛阳潞泽会馆　　一斗水村关帝庙
洛阳山陕会馆　　开封山陕甘会馆
渑池县山陕会馆　　朱仙镇大关帝庙
半扎山陕会馆　　汝州山陕会馆　许昌山陕会馆
宝丰县山陕会馆　　禹县山陕会馆　襄城县山西会馆
颍川山陕庙　　郏县山陕会馆
鲁山县山陕庙　　平顶山山陕会馆　周口山陕会馆　　北舞渡镇山陕会馆
南召县山陕会馆　　叶县山陕会馆
南阳山陕会馆　　拐河镇山陕会馆　舞阳县山陕会馆
穰东镇山陕会馆　　社旗镇山陕会馆
汲滩镇山陕会馆　　唐河源潭山陕会馆
新野县山陕会馆　　唐河郭滩镇山陕会馆

襄樊山陕会馆

旧口镇山陕会馆
沙洋镇山陕会馆
荆州陕西会馆　　　汉口山陕会馆
公安山陕会馆　　沙市晋商会馆
　　　　　　　　　江陵山陕会馆　　黄梅山陕会馆
　　　　　　　　石首山陕会馆

安化陕山庙
安化陕晋茶商会馆　　　长沙关帝庙　　河口镇山陕会馆

图 2-25　历史上主要山陕会馆分布图

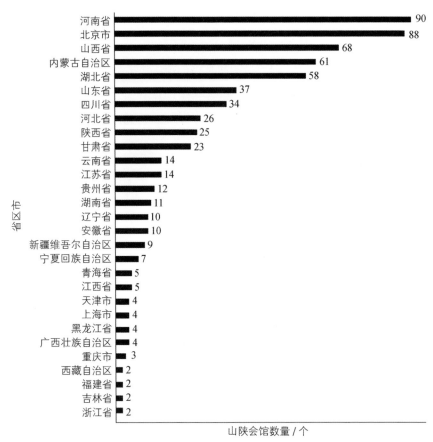

图 2-26　山陕会馆在各省区市分布统计（ 不含港澳台相关数据 ）

　　这些会馆有的分布于明清时期的商贸重镇，如汉口、洛阳、开封等，有的处于交通要道，如社旗、亳州等，还有的分布于地势或者河流险要处，商人路经此地稍作停留，如鹿泉、泰安等。就具体位置而言，山陕会馆常出于区域的中心商贸区域或者重要的商贸街巷中。这 600 多个山陕会馆中建筑年代分布于明代、清代和民国时期，其中有资料表明始建于明代的山陕会馆有 22 个，始建于清代的山陕会馆有 513 个，始建于民国时期的山陕会馆有 15 个，其余山陕会馆的始建年代待考。这些会馆的创建者中，有的是商贾，有的是商绅 [①]，有的是士商。但是这三者之间也没有明确的界限。

---

① 通过捐纳或捐输等途径，在地方获得权威和民众认可的商人为商绅。

从范围上来说，始建这些山陕会馆的商人有的是来自于同省同县同行业，也有来自于同省异县同行业，更多的还是不同省地不同行业的商人。而这些山陕会馆中只有少部分完整地保留下来，这一部分大多经过了数次的修缮；另有一些山陕会馆建筑群体中保留了部分建筑单体，这其中还有很多已经破损不堪急待修缮；还有一些只存有一些碑刻和文字记录，而实体的建筑已经毁于火灾、战乱或者人为破坏。以上是对山陕会馆总表的总结。

要研究和探讨山陕会馆在全国范围内的分布特点，就必须将山陕会馆放置于街巷、村落乃至区域性范围中的宏观环境中，换句话说，就是中国古代，何地会出现人群、出现建筑，才得以不断地扩张与发展形成现在的城市、县城和村庄。首先是要从人的社会关系开始入手，人的社会关系可以分为血缘关系、地缘[①]关系和业缘[②]关系。目前，血缘型村落得到了学者们普遍的认同，也是中国古代村落中最为常见的形式。而业缘型村落的说法却并不常见。业缘型村落往往是以商业为基础的村落。但凡形成一定规模的村落除了民居之外，还有相当于我们今天所说的"公共建筑"范畴，而由于等级没有达到官式建筑，同时又往往在中国古代建筑分类中被忽略。这类建筑包含了祠堂和会馆，血缘型村落往往存在祠堂，而业缘型村落往往存在着会馆。而会馆的建立是依靠同乡，也就是"地缘"关系。所以，会馆的布局特点在根本上是由人的社会关系所决定的。

与山陕会馆最为相关的是商业业缘型聚落，而大多曾有着繁荣的商业贸易的业缘型村落往往与水路、陆路交通有千丝万缕的联系，这点在会馆的选址中体现得相当充分。在经过对山陕会馆的地理位置进行研究之后，发现了以下分布的特点。

有的会馆出于人口集中、交通便利、商业发达、规模庞大的重镇。这些重镇往往是商人往来于各地的必经之地。如江苏徐州山陕会馆就出于徐州

---

① 地缘，即以共同或相近地理空间（环境）引发的特殊亲近关系，如同乡关系和邻居关系等。

② 业缘，即以曾经存在或正存在的职业、事业等原因引发的经常交往而产生的特殊亲近关系，这里着重指商业业缘。

这个"五省通衢"之地。早在清代，山西商人就看中了徐州优越的地理位置，在此经营药材、布匹、茶叶等商品。而徐州至今也是全国重要交通枢纽城市，华东地区的门户城市，江苏省第二大城市。拥有现存规模最大的山陕会馆的河南社旗也曾是一座历史悠久的商业古镇，地处南北九省交通要道，是当年福建茶叶北上的必经之地，记载有云："地属水陆之冲，商贾辐辏，而山陕之人为多。"足以体现在社旗出现如此辉煌的一座山陕会馆是在情理之中。河南半扎存有一处残损的山陕会馆，半扎自古是"南通楚粤，西接秦晋"的商道，南来北往的客商骆驿不绝。

有的会馆则是临近水上交通。如北京三家店山西会馆位于北京市门头沟的永定河畔，旧时三家店村是通往西山大道的起点。河北张家口太谷会馆位于张家口这一塞北重镇，历来为边塞门户，是汉蒙两民族互市之要地。安徽著名的山陕会馆，又称花戏楼，位于安徽亳州的涡河南岸。涡河是淮河第二大支流，淮北平原区河道，亳州出于涡河流域中段。涡河如今是一条并无名气的河流，但是在古代，涡河历来是豫、皖间水运交通要道。山陕商人沿涡河经商，到亳州停留，便在此建立了山陕会馆。而后，由于上游引黄灌溉而带来的大量泥沙未作沉沙处理等，涡河干流河道淤积，排水能力大为降低，涡河的重要地位就此削弱。

山东的大汶口山西会馆位于泰安县大汶口村，著名的大汶口遗址就在此。大汶河东西贯穿，将遗址分为南北两片。大汶河是黄河在山东的唯一支流。毫无夸张地说，大汶河是山东泰安地区的"母亲河"，也孕育和滋养了大汶口文化。而如今这条河的河沙开采率已超过50%，河将不河，已尽失其古时风采。山东阳谷县有两座会馆，一座位于阿城镇，黄河、金堤河流经镇东南部，而小运河①贯穿全境。另一座山西会馆则位于张秋镇，紧邻京杭大运河②，张秋伴随着运河漕运的繁盛而迅速发展成当时的重要商埠。

---

① 即历史上的会通河。

② 大运河贯通海河、黄河、淮河、长江、钱塘江五大水系，全长约 1 794 千米，开凿到现在已有 2 500 多年的历史。

同时因京杭大运河繁荣起来的还有位于京杭运河西安的山东聊城，位于京杭大运河东航段的东平县，而这两地都建有会馆，不同的是前者的山陕会馆保留完整，而后者的山西会馆毁于 20 世纪 60 年代的一场大火，只留下资料史实。河南省淅川县荆紫关同样也是水陆交通重地，荆紫关面临丹江，背负群山，地势险要，为"西接秦川，南通鄂渚①"之交通要塞。河南邓州一座山陕会馆位于汲滩镇，紧靠湍河，又是赵河入湍处，是邓州货运集散地，自古商业繁荣。

更多的包含有山陕会馆的业缘型村落出于河流交汇处。如河南漯河位于淮河流域重要支流沙、澧两河汇流处东南堤外。南阳也有山陕会馆，南阳处于长江、淮河、黄河三大水系交汇地带，其水运航程为"中国古代南北天然水运航线上最长盛者"。河南周口出于沙河、颍河、贾鲁河在市区交汇，三岸鼎立，古为漕运重地，布局和武汉相似，素有"小武汉"之称，周口现有保留基本完整的山陕会馆。河南舞阳县中部的山陕会馆位于北舞渡镇，此镇北靠沙河，西有灰河，南有泥河，三河环抱，同样为漕运重地。

还有一些会馆位于大型山体要道。河北鹿泉的晋鹿会馆位于"太行八陉"②之一的井陉东口，是山西通往京、津、鲁以及东北地区的门户和要津，也是商品物资出山、进山的集散地。山东泰安的山西会馆坐落于泰安天门坊盘山路起步处。

产生这样布局特点的原因有以下 3 个方面。首先，在商业重镇出现山陕会馆是最容易解释的现象。山西、陕西商人作为中国古代实力最为雄厚的商人，在全国范围内的商业重镇布置和建立商业据点，在此地修建规模宏大的建筑意在扎根于此地，以便商贸的不断延续和发展。其次，在一些地势平坦的商业路线中转站出现了山陕会馆，也是为了安顿长途跋涉的商旅，为他们提供生活上的便利。再次，在地势险要的地点或者在地势即将险要

---

① 秦川，泛指今陕西、甘肃的秦岭以北平原地带。鄂渚指今湖北鄂州一带。

② 太行山中多东西向横谷（陉），著名的有军都陉、蒲阴陉、飞狐陉、井陉、滏口陉、白陉、太行陉、轵关陉等，古称太行八陉，即古代晋冀豫三省穿越太行山相互往来的 8 条咽喉通道，是三省边界的重要军隘所在之地。

的地点建造山陕会馆，在提供商旅生活便利的同时，提供物资补给，以便为日后在险峻的地势中跋山涉水提供便利。地势险要主要分为两方面含义，包括水陆和路陆两个方面。路陆方面主要是大型的山体，而水陆则包含内容较多，有的是河流湍急的地方，有的是河道拐弯的地方，有的是两河交汇处，总之，是船只容易出现故障，或者需要暂时停泊的地方。

众所周知，水陆交通在中国古代的交通方式中占有极其重要的地位，随着历史脚步的不断迈进，现代文明的不断发展，科学进步的不断进步，汽车、火车、飞机等众多现代社会交通工具逐步取代了船只。虽然，水陆交通仍然被沿用至今，但是其地位已远不及会馆大量建设的明清时期。众多在明清时期商贸交通中扮演重要角色的江、河、湖、泊，已经不承担交通运输的重任。再加上地质变化、自然灾害和人为破坏的影响，需要河道都已经改变了当初的模样。因为以上种种原因，有很多山陕会馆都看似"隐藏"在偏僻的村落。近些年，得力于学术各界的不断调研，很多山陕会馆被统计出来，山陕会馆以及所有会馆的数目还在不断地壮大当中。通过分析和研究山陕会馆的地理位置所在，不仅可以追溯历史、寻求根脉所在，更可以按照此线索不断探寻更多未知的、被遗忘的山陕会馆。

二、以万里茶道线路上的山陕会馆为例看其兴建时间分布特征

要了解山陕会馆兴建时间的分布特征，就必须先梳理出各个会馆的明确的建设时期，但由于资料有限，有些会馆在县志及史料中没有明确的记载，尚不可知道其具体的兴建时间，这样的会馆如附录 1 中有 37 个，而其他 37 个会馆则记载较为明确，将其数据整理成如下柱状图（如图 2-27）。

从图中可以看到，康熙、雍正、乾隆年间建设的会馆数量为 30 个，占有明确的时间记载的会馆总数的 81.08%，可见康熙至乾隆时期为其沿线上山陕会馆的主要建设时期。

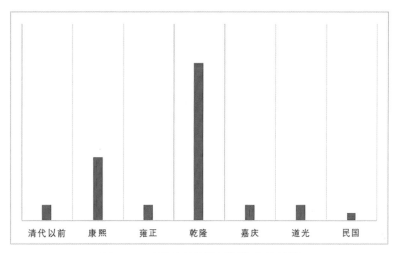

图 2-27　山陕会馆兴建时间分布柱状图

　　图中 20 个会馆都于乾隆年间兴建，占有明确时间记载的会馆总数的 54.05%。此时民间商品贸易迅速发展，山陕商人足迹遍及全国各地，尤其以北部恰克图市场及南部广州口岸成为国内唯一通往国外各地的贸易地点之后，大量的商人来往于这两地之间，也形成了较为固定的商贸线路。北部恰克图口岸的茶叶贸易基本被山西茶商把持，凭借着靠近边关的地理优势、开中制的政治促进、"皇商"的身份认定，他们逐步发展成为清朝最大、最富有的商帮，成为"明清十大商帮之首"。万里茶道上的山陕会馆就在此时的山西茶商参与下迅速建成，如社旗山陕会馆、多伦山西会馆、洛阳潞泽会馆、叶县任店镇山陕会馆、一斗水村关帝庙、开封山陕甘会馆、鲁山县山陕庙、辉县山西会馆、柘城县胡襄镇山陕会馆等。社旗山陕会馆中以山西茶商商号捐赠的钱财就占到大多数；内蒙古多伦山西会馆也因为茶商的参与和建设，成为北至恰克图销茶商道上的重要节点。

　　建于康熙至雍正年间的会馆也较多，有周口山陕会馆、北舞渡山陕会馆、朱仙镇大关帝庙、郏县山陕会馆、洛阳山陕会馆、汉口山陕会馆、邓州汲滩镇山陕会馆、洛阳城南关外的山陕会馆等。这些会馆大多集中在清朝时期的商贸集镇，以茶盐业兴起的山陕商人纷纷在这些商路沿途建设会馆建筑。在这些会馆重修碑记中则处处可以发现万里茶道上茶商的身影。如汉口山陕会馆，"毁于咸丰甲寅，粤匪蹂躏武汉，大肆焚掠，合镇皆成劫灰，而会馆亦烬矣"[1]，光绪年间重修之后，其捐献碑记中出现大量的山西盒茶商、红茶商等商帮。在洛阳城南关外的山陕会馆中，道光年间，对其进行重修的董事之中就有协盛玉及山西常家"大德玉"茶商商号分店"大聚隆"商号，咸丰年间再次修葺会馆中，也有常家的"大德玉"等多家茶商商号。北舞渡山陕会馆的同治六年（1867 年）《重建关帝庙正殿并补修各殿碑记》中也出现了山西茶商捐资的字号。

除了 35 个会馆都是在清代建立之外，还有少数建于清代以前，如山西太原大关帝庙、张家口堡子里关帝庙等，它们均以"关帝庙"命名，但在其营建之期，属于"庙宇"的祭祀功能可能大于"会馆"的集会、商议功能，投资建设以当地官府的资金与商人捐资共同合建为主，其所起的作用更多是为了宣扬关帝作为"武神"的作用，类似于地方营城体系中的"武庙"性质，后期才成为茶商所供奉的"财神"与会馆性质转变。如张家口堡子里关帝庙，在张家口堡城墙之内的鼓楼西街，现存院内双龙石碑之一的《重修关帝庙碑记》（图 2-28）记载："张家口为都城西北路繁阜之区，邑中祠立不下数处，然皆创……本朝前代所还者惟下堡内，关帝庙始于元二最著检令者也，放之碑前，明已属重修，我朝又

图 2-28　张家口堡关帝庙双龙石碑

---

[1]　《汉口山陕会馆志》。

屡经重修至嘉庆丁巳之重经也……以使当日区处之觕模隘窄者且豁然大观也，若天阐发幽光勤思往迹，铺族圣德之精深，杨厉神威之赫□。"[①] 这说明关帝庙始建于元，且在明清两代多次重修。碑记详细记载了咸丰三年（1853年）关帝庙重新修缮的各商号捐资情况，其中可见大美玉、大德玉、大德常、德巨生等大量山西茶商商号。关帝庙戏台还曾被山西会馆征用，成为张家口山西茶商的重要活动场地，关帝庙也逐渐向会馆功能转变。

综上所述，山陕会馆的兴建以乾隆时期为主，康熙、雍正年间为辅，其大量建设的时期与山陕茶商迅速发展的阶段相吻合。众多茶商都参与至沿线会馆的兴建与重修之中，尤其在乾隆和乾隆之后表现得最为明显，此时恰克图边境茶叶市场繁荣，茶叶大量外销，商道之上茶商往来贸易活动频繁，会馆大量建设与万里茶道发展和兴盛的时期相呼应。

三、以万里茶道线路上的山陕会馆为例看其名称空间分布特征

从其命名方式上来看，以黄河为界的南部地区，万里茶道沿线地区的会馆大多以"山陕会馆"命名；而北部地区，则多以"山西会馆"及以山西内部地区名称作为会馆的命名方式。 如图2-29。

具体来看，黄河以南，万里茶道线路上的河南的洛阳、社旗、郏县、朱仙镇、北舞渡、汲滩镇、颍川、南阳，湖北的钟祥、襄阳、汉口、岳口、黄梅等，湖南的长沙、安化，江西的铅山河口等地会馆都以"山陕会馆"命名，而仅有少数会馆如洛阳潞泽会馆、襄城山西会馆、沙市晋商会馆为"山西会馆"命名；而在黄河以北地区则少见以"山陕会馆"作为命名方式，如张家口山西会馆、多伦山西会馆、道口山西会馆、水治镇山西会馆等，均以"山西会馆"命名；而张家口太谷会馆、张家口汾阳会馆等，均以山西省内各地区命名。截然不同的会馆名称分布，展示出线路上商人主体的活动特点：

---

① 张家口堡关帝庙内《重修关帝庙碑记》碑文。

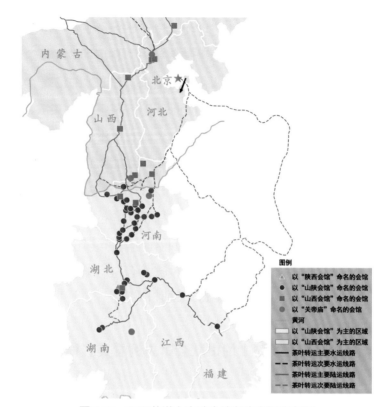

图 2-29　万里茶道上山陕会馆名称空间分布图

其一，反映山西茶商对北路茶叶贸易的把控。

黄河以北，以山西茶商的活动为主，其控制了北部口外边关地区及与俄罗斯的茶叶转运贸易，而陕西茶商则很少参与其中，显示出山西茶商一方独大的局面，故而黄河以北地区，以山西商人单独建设的会馆为主，同时体现出山西商人对万里茶道的垄断地位。

其二，反映明清时期山西与陕西茶商行茶轨迹的差异性。

陕西茶商则在湖广地区购茶后，经汉水将茶叶一直向西运往汉中、天水，而至西北各处；或沿丹水，过商於古道，而至陕西；或经河南沿黄河、渭河至西北各处。而山西商人除陕西经销的上述线路之外，还将茶叶经山西故土行销北上。故而在线路重合的河南与两湖地区"山陕会馆"密布，而黄河以北以"山西会馆"为主，形成以黄河为"分水岭"的山陕会馆名称分布特征,这种现象与山陕商人各自的运销线路有着密切的联系。

四、以万里茶道线路上的山陕会馆为例看其数量空间分布特征

第一,从万里茶道整体线路上看,山陕会馆数量分布呈现出南部多、北部少的趋势(图2-30)。南部地区以河南、湖北、湖南、江西、福建五省中会馆数量为57个,占全线山陕会馆数量的76%,河南与湖北两省的沿线会馆数量为52个,占全线山陕会馆数量的69.3%;北部以山西、河北、内蒙古省则为18个,仅占24%,有着明显的地域分布差异。

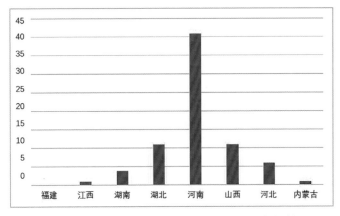

图2-30　万里茶道上的山陕会馆数量空间分布柱状图

"南多北少"的数量空间分布特征与山西和陕西商人的活动情况、在当地的商业竞争与合作的关系密切相关。河南及湖广地区,山西与陕西商人作为客商,强强联合,抢占交通便利的转运枢纽与商品产地资源转运必经之地建造会馆,一起联合起来对抗其他省市与客地商人,以取得对资源的垄断,南部会馆建设也就相对较多。北部地区商贸活动只以山西商人为主,建造会馆时没有了陕西商人的支持,资金财力不如联合时雄厚,建设的会馆数量也就较少,规模及装饰也不如联省会馆宏伟精美,这种情况在河南省内黄河南两岸会馆形制对比中表现得最为明显,体现出山陕商人的"分"、

"合"关系对会馆数量空间分布的影响。

第二，从局部地区上看，无论"山陕"或"山西"会馆均以河南向南北两侧逐级递减。仅河南一省，万里茶道沿线的会馆数量就达 41 个，占全线山陕会馆数量的一半以上。主要是因为，在湖北、湖南、江西等地将茶叶沿长江水系向北运过程中，运输方式较为方便，日行程距离远，故而茶商只需在沿水路的重要结点城市设置会馆，会馆数量也就相对较少。而从襄阳至河南之后，货物运输需从水运转为陆运，商人需要在此处停歇换乘，陆路方式运输困难，线路又复杂不一，再加上有陕西商人的联合，故而河南地区山陕会馆密布。不仅在交通转运枢纽建有会馆，线路之上的小村镇中同样如此，反映出水陆交通运输体系对沿线不同地区会馆数量空间分布的影响。

一般来说，某地合省会馆建造的数量越多，代表该地不同商人之间的结合越紧密，其商业中合作关系也越明显。反之，单省独建会馆数量越多，则表示该地商贸关系中竞争越发突出，且与其他客商之间的合作较弱。如图 2-31 以不同颜色深浅表示出各个省份内山陕商人之间的竞合关系强弱变化。可以看出，黄河以南，山陕商人以合作关系为主，且越往南，合作关系越发减弱。而黄河以

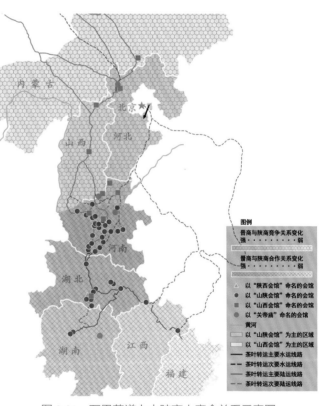

图 2-31　万里茶道上山陕商人竞合关系示意图
（底图来源《1857 唐土历代州郡沿革图 - 大清国道程图》）

北，则以竞争关系为主，反映出山西与陕西商人发展过程中相互关系的变化。

万里茶道上山陕会馆名称与数量空间分布特征是山陕商人之间相互关系、销茶线路差异、茶叶运输转运方式、自然环境、商业政治等因素共同作用的结果。

五、以万里茶道线路上的山陕会馆所在聚落类型看其单体选址特征

上文对山陕会馆群体分布上进行了较为宏观的分析，本节将从会馆所在聚落层面展开，对其建筑选址的原因及影响因素进行分析。商人们行销商品的线路跨越距离大，沿线会馆数量多，影响因素纷多庞杂，不能分别论述其选址的特点。故而，下文将结合万里茶道线路上的山陕会馆的具体案例特点，参考山陕会馆所在地聚落的成因和茶叶运输过程中转运结点层级，将沿线会馆分为以下三类：位于茶源地聚落；位于茶叶转运枢纽的商贸集聚落；位于茶叶转运结点之间的商贾驿站型聚落。以更深层次地探讨不同聚落类型中会馆建筑单体选址与形制的特点。

（一）位于茶源地聚落的山陕会馆

茶源地是指为万里茶道提供源源不断茶叶供应的地区，主要包括江西、福建、湖南、湖北等茶叶产区。这些茶叶产区之中的聚落与茶叶的生产、加工、收购等环节关系密切。大量茶商来此设立商号、茶行，并以此作为"根据地"，进入茶场进行茶叶采购、加工、打包制作等工序，以取得对茶叶资源的垄断，聚落也因外地茶商的到来而逐步发展。比较有代表性的如赤石村、下梅村、铅山河口镇、九江、汉口、羊楼洞、新店镇、黄沙坪、益阳、安化等，它们大多因产茶而兴，或是因茶叶集散而盛。

以河口镇为例，明清时期河口镇是福建、浙江、江西、安徽茶叶的重要集散与加工中心，"赣东之河口镇为内地红茶贸易之中心，举凡祁红、

宁红以及武彝茶叶，大多于此集散，运沪运粤视茶而定"。①清朝一口通商时期河口镇的茶叶商贸更为繁盛，全镇茶市林立，商人云集，山西商人也来到河口收购茶叶，如《茶市杂咏》记载："茶叶均西客经营，由江西转河南运销关外，西客者山西商人也，……货物往还络绎不绝。首春客至，由行东赴河口欢迎……"②山西茶商将茶叶运销关外及出口俄国，河口也成为盛极一时的商业重镇，如著名铅山诗人蒋士铨描写河口茶市盛况："舟车驰百货，茶褚走群商。扰扰三更梦，嘻嘻一市狂。"③可见当时的繁华景象。河口就有山陕茶商修建的山陕会馆。

再如汉口，有文献记载："汉口的茶叶市场每年旧历三、四月开始，七八月终结，其贸易总额二十年以前为一百万箱以上，其后渐次衰颓的状况，现在（1916年）一年七十万箱左右。"在汉口进行活动的茶商不仅捐资建立了汉口山陕西会馆，而且还于汉口河街成立了茶叶行帮，建立茶叶公所。根据1916年汉口茶叶公所的统计，从汉口输出的茶叶总额中三分之一为湖南茶，而其他三分之二为湖北、安徽、江西等地所产，且其中以红茶为最多。汉口也成为因茶叶集聚而兴盛聚落中的典型代表。

这些聚落大多邻近茶叶产区，且随处可见茶馆、茶楼、茶厂、茶栈、仓库、茶叶商铺等建筑。聚落一般毗邻水运河道，沿河排布众多码头，具有良好的交通运输条件。山西茶商来到茶源地聚落购茶，并与陕西商人一起在茶叶向外运输必经之处建立会馆，以取得对茶叶资源的掌控，其中如安化陕晋茶商会馆、安化一都陕山庙、汉口山陕会馆、铅山河口镇山陕会馆等（见表2-2）。在这些会馆中，茶商的贸易活动最为活跃，且大多将茶叶交易及茶商捐赠的厘金作为会馆建设及修复的资金来源。

只可惜由于茶道的萧条及军事战争的影响，这些会馆大多已不存，仅能通过地方志及会馆志书中才能窥见其当时盛况。如汉口山陕会馆"楼阁

---

① 《工商通讯》，1937年第一卷第13期，转引自《江西近代贸易史资料》，第222页。

② 隶干：《茶市杂咏》。

③ 蒋士铨：《河口》，《忠雅堂集》。

台殿，鳞次栉比，陂湖近枕桥，巷曲通隙壤外疏园亭，内织形势，闳阔梯栈，钩连繁称，不能竞者"，"国朝以来，繁盛称最，庙宇随在竞胜，金碧照耀惟西会馆"，成为汉口规模最大、装饰最繁丽的会馆之一。

表 2-2　古图中的山陕会馆及记载

会馆名称	古地图中的山陕会馆	志书记载或说明
汉口山陕会馆	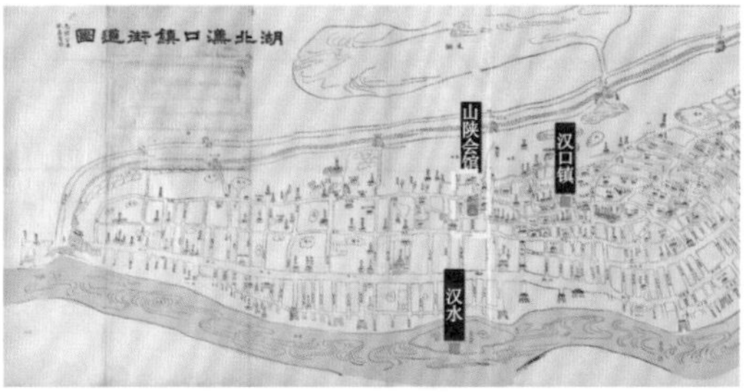	"西会馆在汉口西北隅巡礼坊境内，巷道不一，自沈家庙码头达太街焉。"（图为汉口山陕会馆位置图，自绘。底图来源于1877年《湖北汉口镇街道图》）
河口镇山陕会馆		"在河口一保后街，道光三年山陕客商重修，内祀关圣帝君。"（图为会馆所在的铅山河口镇位置图，自绘。底图来源于同治《铅山县志》卷一）
安华陕山庙	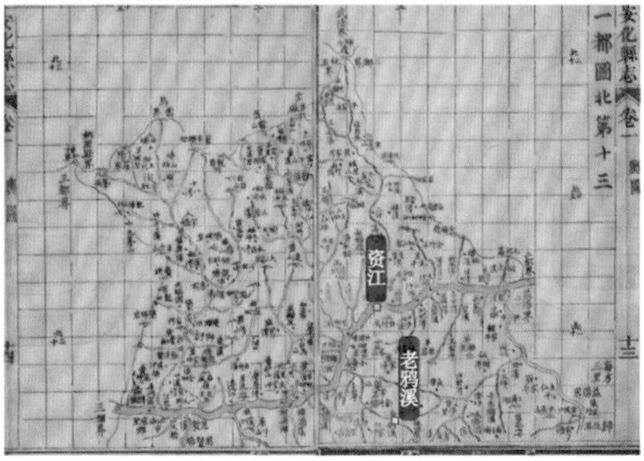	"陕山庙在县北百二十里一都老鸦溪。"（图为会馆所在安化一都老鸦溪位置图，自绘。底图来源于同治《安化县志》卷一）

（二）位于茶叶转运枢纽聚落的山陕会馆

茶叶转运枢纽是茶叶运输过程中，因交通运输方式发生变化或需在一些商贸发达的地区进行分线分流运输而发展兴盛的聚落。这些聚落往往凭借着良好的地理位置与环境，吸引了大量的商人来此经商，城市中商贸发达，除山陕会馆之外往往还建有其他各省行业会馆。

如社旗（赊店）山陕会馆《创建春秋新楼碑记》中说社旗"地濒赭水，北春汴洛，斯镇居荆襄上游，为中原咽喉，询称胜地"，在明清时期已经成为中原地区的商业重镇，成为南北水陆交通的枢纽。《南阳县志》记载"南来舟楫，从襄阳至唐河、赊旗、方城或从赊旗复陆行方城至开封、洛阳，是南北九省商品聚散地"。聚落之中除了山陕会馆之外，还有福建茶商建立的福建会馆，广东粤商所建的广东会馆，江西商人所建的江西会馆等。《行商遗要》中记载社旗次数不下数十次，茶叶运输至此需换乘小船或陆路继续向北，也形成多条分支，从社旗不仅可以达襄城、郑州、郏县、洛阳，也可至北舞渡、周口、朱仙镇、开封、道口，这里成为万里茶道上的重要转运枢纽。社旗山陕会馆《创建春秋楼碑记》就记载了捐献金钱的商号400多家，其中也可以看见如《汉口山陕西会馆志》中记载的山西榆次常氏茶商家族的大德玉、大升玉、大泉玉等商号，可见山陕茶商在万里茶道上的活动情况。

再如河北张家口，其建设之初本为长城九边上的军事堡垒，但由于茶马互市及万里茶道而逐渐发展，大量的旅蒙商及旅俄商在张家口进行集散，设立商铺、茶行，成为沟通恰克图、库伦、北京、大同的枢纽城镇，也成为著名的"张库大道"上的起点城市。其上往来商人货物不断，"百货坌集，车庐马驼，羊艓氄布缯瓶罂之居"[1]，"各行交易铺，沿长五里许，贾皆争居之"[2]。张家口由对边外的消极防御性"军堡"，发展成为积极贸易的商

---

[1] 杨继先：《张家口文史资料》（第十三辑），张家口：张家口日报社，1988.

[2] 陈梦雷：《古今图书集成·职方典》，北京：中华书局，1934：卷155.

贸型城镇"商堡"，最终成为明清时期北至蒙古和俄国地区的重要商贸口岸，是万里茶道上的茶叶转运典型的商贸聚集型聚落。张家口堡中现还保存着长万达茶商旧址与大美玉茶商商号旧址，在 1938 年张家口地图中张家口堡北部还建有山西会馆，是山西茶商在张家口经营活动存在的最好证明。这些位于茶叶转运枢纽的商贸集镇型聚落还有如襄阳、南阳、洛阳、郑州、开封、库伦、包头、多伦等。

在这些聚落之中的山陕会馆往往建筑规模宏伟，建筑等级较高，形制规整，装饰华丽。如社旗山陕会馆就位于潘河与赵河交汇之处的社旗县之中，会馆东西宽 62 米，南北长 152.5 米，建筑面积达上万平方米，有悬鉴楼、大拜殿、大座殿、马王殿、药王殿等建筑 20 多座，是现存山陕会馆规模最大的一座，被称为"天下第一会馆"，可惜位于后院的春秋阁和西院的大部分院落已经被损坏，只有大座殿之前的部分与西院的道坊院保存完好。开封山陕甘会馆虽说建筑的规模不如社旗山陕会馆，但其中木雕雕刻繁复，彩画色彩艳丽，也是现存山陕会馆中难得的精品。

这些会馆是山陕茶商择地取胜的典型代表，一般毗邻水运网络，或与陆运要道相近，抢占最好的交通枢纽或经济中心。如南阳山陕馆位于南阳县城南边的白河岸边，洛阳山陕会馆与洛阳潞泽会馆分别位于洛阳城南洛河边与洛阳城东的瀍河边，张家口山西会馆位于大境门之内的张家口堡与来远堡的驿道附近（表 2-3）。

表 2-3　位于茶叶转运枢纽聚落上的山陕会馆选址

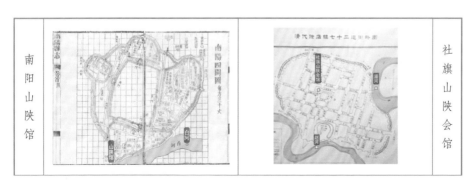

续表

南阳山陕馆	南阳山陕馆位于南阳县城西南角，与白河相邻（底图为《南阳县志》卷一中《南阳四关图》）	社旗山陕会馆位于南瓷器街北端，与潘河赵河相邻（图片改绘旗山陕会馆展览馆中《清代赊店镇七十二道街略图》）	社旗山陕会馆
洛阳山陕会馆与潞泽会馆	图中山陕庙为今洛阳山陕会馆，潞泽会馆为今洛阳民俗博物馆，分别位于洛水与瀍河边（底图为乾隆《重修洛阳县志》中《清代洛阳城关全图》）	图中为周口山陕会馆，位于颍水附近（底图为《河南分县新图》）	周口山陕会馆
张家口山西会馆	张家口山西会馆位于张家口堡北端，在通往来远堡与大境门的驿道附近。现今会馆不存（底图为《1938年张家口地图》）	多伦山西会馆位于多伦老城会馆街之上（底图为《多伦县公署年报》1938年版《多伦县最近街市图》）	多伦山西会馆

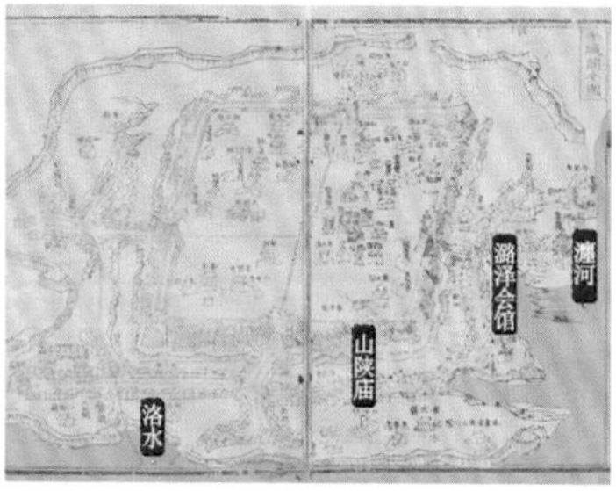

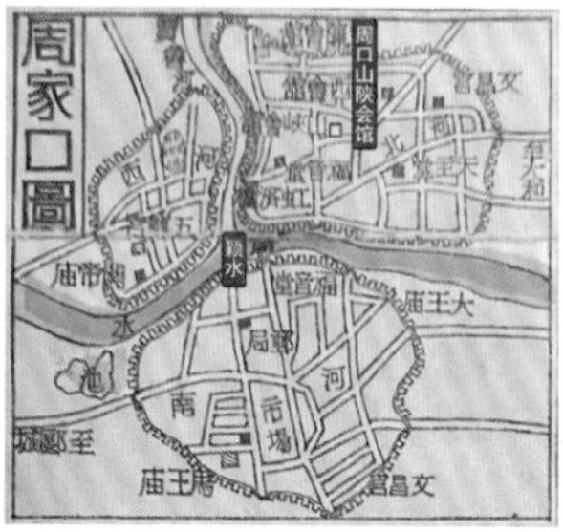

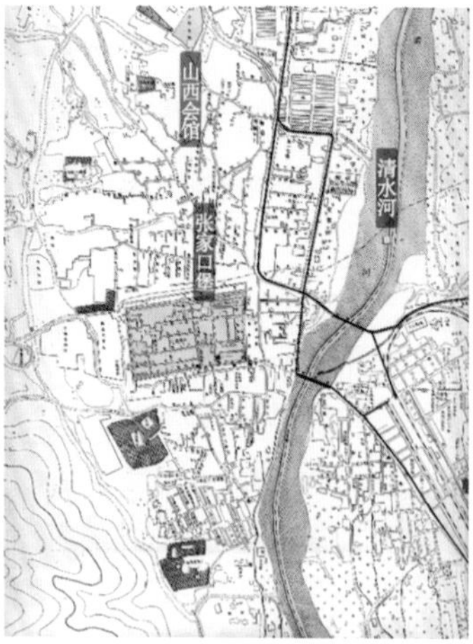

（三）位于茶叶转运枢纽之间聚落的山陕会馆

茶叶转运枢纽之间大多为商贾驿站型聚落，在这些聚落中，有些是在我国旧有驿站的基础上发展的，还有些是由于商路开辟之后才逐步形成的。

基于我国驿递制度发展而来的聚落，属于自上而下的形成过程。明清时期，驿递制度发展达到鼎盛，驿站伴随着驿道而产生，一般每隔一段距离，就会设置一个驿站。驿站与驿站之间还会设置站、台、铺、所等设施，为来往使客及商旅提供便利。驿站的铺设属于官方的建设行为，其主要目的是为官府传递军事及重要文书等信息。当商路与驿路重合，这些驿站便产生了大量的集聚效应，吸引各地的商人来此经商，使得这些聚落逐步向外发展扩张。

也有一些聚落是因为商人在借助古道及水陆运输之时，由于路途遥远或山路崎岖难行，难以在一天的天黑之前到达下一个集镇，故而需要在途中找地方作"打尖"或住宿之处。他们往往会选择地势较为平坦，接近水源的地方作为落脚之处。随着时间的发展，久而久之，这些地方逐步有专门为路途中商贾提供歇脚打尖的车马店和商铺等，随着居民的迁入定居，也就发展成为聚落。这种聚落是一种自下而上的发展过程。

这两种原因形成的聚落，都是沟通茶叶转运枢纽之间的重要结点。它们有些因万里茶道上的茶商停歇此处而形成，继而不断发展壮大。聚落中人员流动性大，且外地移民居多，聚落远离统治中心，所以更加注重与山水环境的结合，多沿商道或驿路呈线形分布，有着十分明显的长条形结构（表2-4）。聚落中以客栈、商铺、具有商业性质的庙宇等建筑为主，有别于以农耕方式为主的血缘型聚落。其中有一些处于地段较好或诸多商道汇集之处的聚落，由于大量资本雄厚的茶商的涌入，便迅速发展而形成较大的市镇，如石桥镇、赵河镇、郭店镇等。也有一些远离市镇，处于较为偏远的地区，聚落发展也就较为缓慢，如在太行八陉之中白陉所经过的一斗水村与星轺驿驿站所在的泽州拦车村等。

在这些聚落之中建设的山陕会馆不如位于茶叶转运枢纽聚落中的会馆华丽，其建筑往往规模较小，装饰较为朴素，布局更适应地形，建筑材料也多为就地取材。如一斗水村关帝庙就位于太行山脉白陉古道之上的一斗水村落之内，也是万里茶道从白陉进入上党盆地的必经之处，山陕会馆为乾隆三十年（1765 年）来往此处的山西商人捐资修建，随后聚落也就以此为基点沿古道向外发展延伸。会馆顺应地形成前后两个阶梯形式，建筑依南北轴线逐层升高，前院最低，正殿、后殿处于较高的平台之上。建筑材料以太行山当地石材为主，墙体、地面、墀头、檐柱等均为石材，木构较少，体现出与茶叶转运枢纽山陕会馆完全不一样的建筑特征。

表 2-4　位于茶叶转运枢纽之间聚落的山陕会馆选址

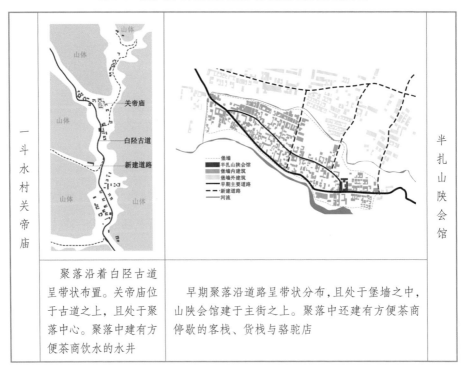

一斗水村关帝庙		半扎山陕会馆
聚落沿着白陉古道呈带状布置。关帝庙位于古道之上，且处于聚落中心。聚落中建有方便茶商饮水的水井	早期聚落沿道路呈带状分布，且处于堡墙之中，山陕会馆建于主街之上。聚落中还建有方便茶商停歇的客栈、货栈与骆驼店	

再如半扎，也是因万里茶道上茶商活动发展兴盛而成聚落的典型代表。明清时期，万里茶道上的大量商人都在此处停歇驻扎，村落中商贸逐渐增加，人口增长，聚落也由原本的"四棵树""安宁乡""薛家店""聚宝楼"

四个小村逐步合并。为防止匪乱，保护聚落内各商贾的安全，外建堡墙围合，成为洛阳与南阳驿站之间半途停歇的站点，这就是"半扎"名称的来源[①]。从此聚落快速发展，聚落中"前店后宅式"民居商铺逐渐增多，还建有专门为来往茶商与商人停歇的驿站、货栈与骆驼店，聚落也从传统的农耕型聚落向农贸型聚落转变，以山陕茶商建立的山陕会馆成为聚落之中最重要的公共建筑。

半扎山陕会馆使用了砖、石、木等多种材料，但木构件较少，以砖、石材料为主。如戏楼就在石质的台基之上，上层檐柱为石材，梁架及斗拱部分采用木结构，山墙及围护结构均为砖砌筑。在雕刻之上除石质柱础与额枋、平板枋之上雕刻较为细致的花纹之外，其他部分均无雕刻。两侧厢房除门窗洞口的石质过梁之外也均为砖砌，墀头之上以圆弧过渡，不雕刻任何花纹、祥瑞样式。从整体上看建筑群体较为朴素，不如在茶叶转运枢纽的山陕会馆华丽。建筑群体只有一条轴线，规模较小，防御性特点较为突出。类似的山陕会馆建筑还有云阳镇山陕会馆、保安镇山陕会馆、大营镇关帝庙等。

（四）位于不同聚落的典型会馆建筑案例比较

关于万里茶道线路上的山陕会馆的对比，下文会着重进行更为细致的分析，在此仅从不同聚落类型中的山陕会馆出发，选取其中的典型案例，从建造者、建筑风格、材料、信仰、布局、装饰、细部等，初步探讨其差异，详见表2-5。

表 2-5　位于不同聚落类型的山陕会馆建筑比较

案例	汉口山陕会馆	一斗水村关帝庙	多伦山西会馆
所在聚落	茶源地	茶叶转运枢纽之间	茶叶转运枢纽
建造者	山西、陕西两省商人合建	当地村民及过往商人合建	山西商人单独建设

---

① 陈银霞：《万里茶道汝州段文化遗存调查》。

续表

建筑风格	通透、轻盈	较为封闭、厚重	封闭、厚重
建筑材料	木质材料为主，砖、石为辅	以石质材料为主，砖、木材料为辅	砖材料为主，木、石为辅
神祇信仰	多神信仰明显，官祀神突出。大殿祭拜关公，配殿供奉韦陀、天后、财神、吕祖、文昌、七圣等	多神信仰明显，地方神突出。祭祀关帝、马王、牛王、玉帝、高禖、山神、龙王等	以关帝祭拜为主。正中间关公，左侧关平，右侧周仓（塑像为1999年之后重修时重塑，原始信仰是否如此，已不可考）

布局	图示	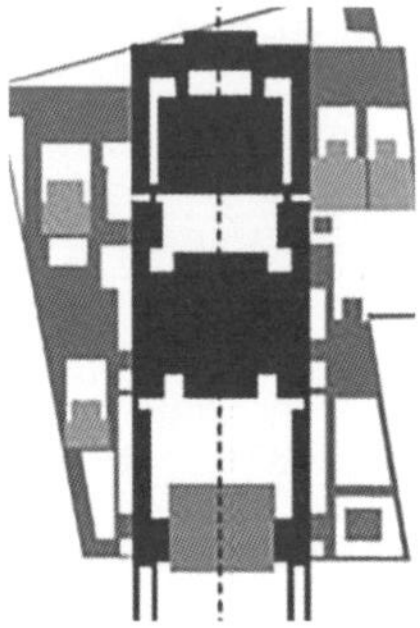	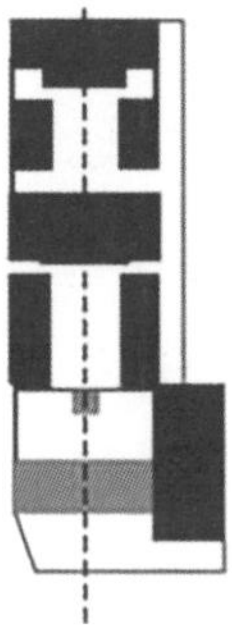	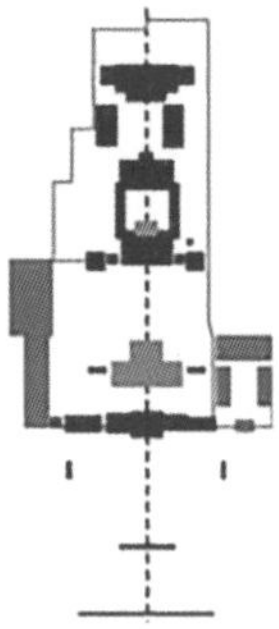
	分析	多条轴线，布局依靠地形做一定的调整，偏院轴线自成体系，非严格的对称布局	单条轴线，对称性强、无偏院，建筑规模较小	单条轴线，附带东部偏院，建筑对称性强，建筑规模较大

建筑装饰	照片			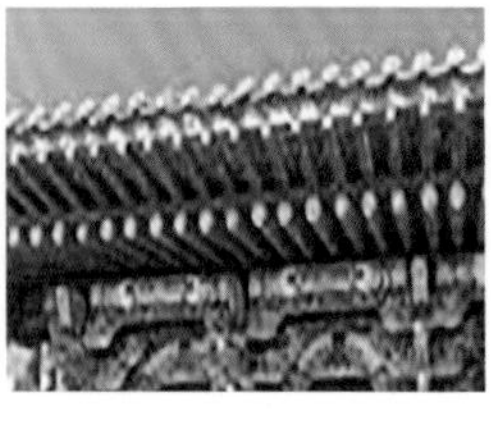
	分析	木构架上装饰以深浮雕、透雕为主，屋顶脊饰多样丰富，石雕、砖雕精美，装饰繁复，热闹非凡	木雕集中于阑额、雀替、斗拱之上，石雕砖雕均较少，建筑较为朴素	木构架上装饰以彩画为主，石雕、砖雕只在墀头、山墙面、屋顶脊饰上才得以表现

续表

屋顶	照片			
	分析	歇山、攒尖、单坡均有，多层重檐较为常见，出檐较远，起翘较高，屋面有菱形黄绿琉璃剪边	硬山灰瓦顶，干槎瓦屋面，无黄绿琉璃剪边	硬山为主，卷棚歇山、单坡为辅，均为单檐，翼角飞出较近，起翘较缓，琉璃瓦屋面，无菱形黄绿琉璃剪边
戏台	照片			
	分析	6座戏台，三面观式"凸"字形，有侧廊围合。主戏台台口三开间，与山门结合，底层架空设通道，其他戏台稍小	只有1座戏台，一面观形式，台口三开间，与山门结合，底层架空设通道。台口通过高差处理与大殿底层基本齐平	两座戏台，三面观式"凸"字形。大戏台位于基座之上，独立布局，台口一开间，观戏在广场上进行，无侧廊围合。小戏台规格较小
旗杆	照片		无	
	分析	铁质旗杆，为陕西商人捐献	会馆位置较为偏远，经济条件落后，无力建造	木制旗杆，且为后人加建

图片来源：汉口山陕会馆照片来源于网络；一斗水村关帝照片来源于康霄《太行古道商贾驿站型传统聚落空间形态研究》；其他图片均为自摄、自绘。

结合上文及表格可以看出，万里茶道上处在不同聚落类型、不同地方的山陕会馆差异很大，建筑风格也不尽相同，在多伦山西会馆与汉口山陕会馆的对比中显得尤其突出。茶叶转运枢纽的山陕会馆形制明显高于枢纽之间的商贾驿站型聚落，无论从建筑规模，还是装饰细部上都更盛一筹。

从会馆供奉的神祇信仰来看，汉口山陕会馆神祇信仰较为丰富多样，且大多以官祀神为主，除关帝之外，还祭拜天后、财神等。而一斗水村关帝庙，因地处太行山脉驿道之中，又是与当地村民合建，神祇信仰中地方神祇更为明显，如山神、高禖神等，同时与陆路运输相关的神祇也较为突出，如马王、牛王神等。多伦山西会馆神像为后人所重修，以关帝崇拜为主，多神信仰并不明显。

从建筑材料及装饰细部上看，汉口山陕会馆使用的木材更多，雕刻更繁复，琉璃构件生动、多样。多伦山西会馆则砖材为主，装饰以彩画更为突出。而一斗水村关帝庙位于群山之中，因此材料多就地取材，以石材为主要建设材料，装饰较少，建筑也更为朴素。

万里茶道上会馆形制的差异，是山陕茶商的审美观念与选择、商业及经济条件的制约、原乡与异地建筑技术的融合、自然资源的限制、国家政策导向等共同作用的结果。

六、小 结

本章以万里茶道文化线路为例探讨了线路上山陕会馆命名方式及规律。并通过研究线路上山陕会馆的时空分布特征，总结出以下规律：

第一，在时间分布上，山陕会馆的建设以乾隆时期为主，同时是恰克图北路茶叶贸易迅速发展的阶段，其会馆大量兴建与万里茶道兴盛的时间相匹配，且沿线会馆兴建及重修之时，都会有山陕茶商参与或活动，在乾隆及后期表现得尤其明显。

第二，在名称空间分布上，会馆命名有着强烈的地域分区差别：黄河以南，以"山陕会馆"命名的会馆居多；黄河以北，则以"山西会馆"或山西内部各地名称命名为主。印证了山陕茶商商品运销线路之间的差异，同时反映出山西商人垄断关外蒙古及俄国市场，成为万里茶道上的商人主体的特点。

第三，在数量空间分布上，多集中在河南与湖北地区，而北部地区则分布较少，且由河南向南北两侧递减，反映出山西与陕西商人在不同地域竞合关系与茶叶运输转运方式对沿线会馆数量空间分布的影响。

同时根据山陕会馆所在的聚落的位置与运销茶叶线路之间的联系，将万里茶道上的会馆分为位于茶源地聚落、位于茶叶转运枢纽聚落、位于转运枢纽之间聚落三种情况。可以看到茶源地聚落的山陕会馆对于茶叶产区具有极强的依赖性，茶商将会馆建立在茶叶向外运输的必经结点之上，以获得对茶叶资源的垄断地位。在茶叶转运枢纽建设会馆说明其对商品转运市场也同时具有依赖性，抢占交通便利的聚落或经济中心，可以更加促进其商品贸易与经济发展，会馆也就成为向外界展示其雄厚的商业财富的代表，建筑更为华丽。而处于不同枢纽聚落之间的会馆，重要性往往不如其他聚落类型的会馆，建筑规模较小、装饰朴素。山陕会馆的分布与选址特点也是多重经济、环境、人文等因素共同作用的结果。

第三章 山陕会馆的建筑空间与形态特征分析

第一节　山陕会馆的选址与布局

商人，尤其是大商人的崛起有效推动了山东会馆的产生与发展，而山陕商人的经商轨迹与文化的传播路线则决定着山陕会馆的分布特征。追溯山陕商人的兴衰史，我们可以非常清楚地感受到"河东盐业"和"万里茶道"这两个商业核心的存在，以这两个核心为出发点，依托黄河和山间峡谷的交通优势，北通塞外异域，南抵江南水乡，东达渤海之滨，形成极其漫长的商业和文化传播路线。

一、山陕会馆建筑特点

（一）山陕会馆平面组合特征

1. 山陕会馆平面要素构成

在对万里茶道文化线路上现存较好的十多个山陕会馆进行建筑组成要素的分析中，得出如表 3-1 所示内容。可以看到，其中正殿、春秋阁、东西廊房、配殿、戏楼、院落、轴线等在会馆中占比最大，为80% ～ 100%，说明这几个建筑要素是山陕会馆不可或缺的组成部分，是会馆建设的基础。而照壁、拜殿、铁旗杆、仪门、钟鼓楼、牌坊所占比例为50% ～ 70%，在超过一半的会馆中都存在，说明其在建筑群体组成中也同样重要，是会馆建造者依据自身经济情况、审美取向、会馆所在地交通等情况等，作出的不同选择（图3-1）。而某一会馆具有的建筑要素越多，说明其

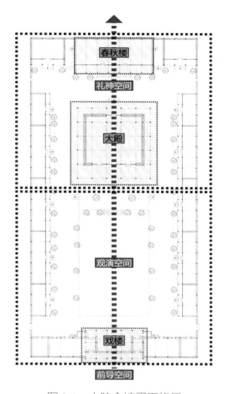

图 3-1　山陕会馆平面格局

建设的规模越大，在当地的山陕茶商经济实力越强。汉口山陕会馆与社旗山陕会馆所在地都是山陕商人商业及文化传播线路上商品集散与转运换乘的重要枢纽，会馆中建筑要素组成最多，也就不足为奇了。

表 3-1　万里茶道上山陕会馆各建筑要素组成情况表

会馆名称	照壁	拜殿	正殿	春秋阁	旗杆	仪门	钟鼓楼	东西廊房	牌坊	配殿	戏楼	院落	轴线	合计
汉口山陕会馆	√	√	√	√	√	√	√	√		√	√	√	√	12
社旗山陕会馆	√	√	√	√	√	√	√	√	√	√	√	√	√	13
北舞渡山陕会馆			√	√	√	√	√	√	√	√	√	√	√	11
郏县山陕会馆	√		√	√	√	√	√	√		√		√	√	10
朱仙镇大关帝庙				√	√			√			√	√	√	6
洛阳山陕会馆	√	√	√			√		√	√	√	√	√	√	10
洛阳潞泽会馆	√		√				√	√	√	√	√	√	√	9
开封山陕关会馆	√		√	√	√		√	√	√	√	√	√	√	11
周口关帝庙		√	√	√	√	√	√	√		√	√	√	√	11
多伦山西会馆	√		√			√	√	√	√	√	√	√	√	10
各建筑要素占比	60%	50%	90%	80%	50%	70%	70%	100%	60%	90%	90%	100%	100%	

2. 山陕会馆平面组合特点

以建筑围合成为庭院空间，以轴线组织各个建筑要素，成为山陕会馆建筑空间的最基本组成形式。而在会馆平面布局中又分为两种基本原型，即大殿或春秋阁只存其一，或既有大殿又有春秋阁，如图3-2所示。两者的差别在于原型2在祭祀中心上又形成一组院落，空间更为复杂。

济东会馆山门为三开间硬山顶式的建筑。正中开间为砖石砌筑的门楼，高于主体建筑设置单面屋顶，底部为清水砖柱，门上方有砖刻的"济东会馆"四个大字，旁边镂空雕刻花纹图案等。两侧对这两种原型布局形式在茶叶转运枢纽之间聚落的山陕会馆中随处可见，主要原因是受到会馆所在地经济条件的限制，所以会馆布局较为简单。经过原型的异构与重复，发展成为复杂的会馆建筑平面类型，而从原型到山陕会馆多样的类型变化主要有以下几种方式。

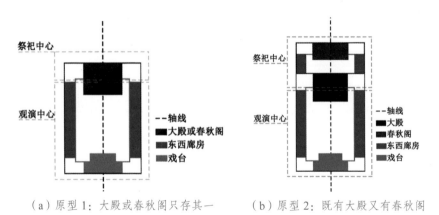

（a）原型 1：大殿或春秋阁只存其一　　（b）原型 2：既有大殿又有春秋阁

图 3-2　山陕会馆建筑原型

第一，在纵向轴线上进行延伸与原型穿插。如多伦山陕会馆，在戏楼与正殿之间用数个过厅将整个建筑空间分为四进院落，使建筑群体在轴线方向由南向北延伸。除第二进院落中的大戏楼之外，第三进院落中还有一个小戏楼，与周边连廊和过殿形成又一观演空间，为原型1平面形式在轴线上的穿插和重复。

第二，在轴线两侧进行横向拓展，主要有增加主殿两侧的配殿数量与设置偏院两种形式。配殿的增加反映了山陕会馆从关帝祭祀为主转向多神祭祀的变化过程，如：社旗山陕会馆就在正殿两侧建设马王庙与药王庙；周口山陕会馆在飨殿大殿两侧设置药王殿、河伯殿、财神殿、酒仙殿等，建筑平面布局更加复杂。设置偏院的形式如开封山陕甘会馆的东西跨院，社旗山陕会馆西侧的道坊院等。

第三，基本原型单元的重复组合。这种情况在汉口山陕会馆中尤其明显（如图3-3），除了在主轴线上存在戏台之外，在左右偏殿上也均存在戏台，如七圣殿戏台、文昌殿戏台、财神殿戏台、天后宫戏台等。会馆平面组合复杂，呈现出多轴线、多中心的特点。在次轴线偏殿的平面布局与上述两种基本原型单元相似，如七圣殿戏台正对与七圣殿大殿，与两侧围廊一起成为一个相对独立的空间体系，与原型1的布局形同，类似的还有天后宫、财神殿、文昌殿等，这些原型的重复组合构成了汉口山陕会馆复杂的平面布局。

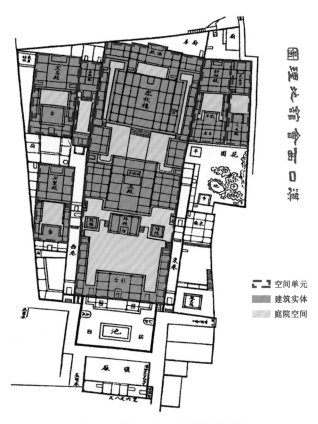

图 3-3　汉口山陕会馆平面组合图

从山陕会馆原型到类型的分析，可见不同会馆平面布局的演变规律：从主神崇拜到左右配殿多神信仰，从单一戏楼到多重戏楼，从主轴到次轴的多轴线发展，从原型到异构与重复的平面组合，充分反映了会馆空间的演变过程（表3-2）。

表3-2　山陕会馆多样类型变化

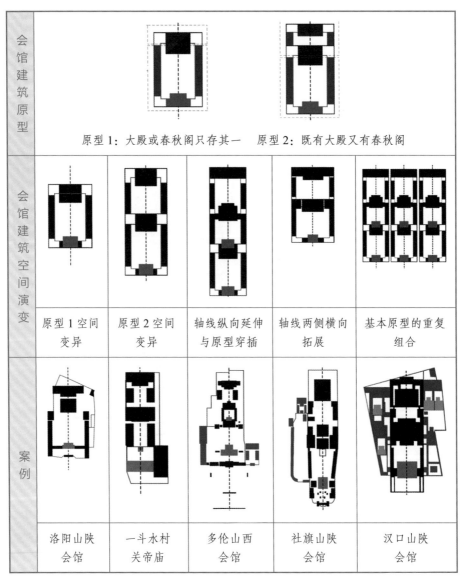

会馆建筑原型	原型1：大殿或春秋阁只存其一			原型2：既有大殿又有春秋阁	
会馆建筑空间演变	原型1空间变异	原型2空间变异	轴线纵向延伸与原型穿插	轴线两侧横向拓展	基本原型的重复组合
案例	洛阳山陕会馆	一斗水村关帝庙	多伦山西会馆	社旗山陕会馆	汉口山陕会馆

（二）山陕会馆建筑的基本要素

前文我们已经论述过山陕会馆与关帝庙关系密切。据有关学者统计，历史上单山西境内就建有关帝庙503座。而从《汉口山陕西会馆志》记载的来看，大部分的商人来源于太谷、祁县、太原等地，作为茶商家乡的太原大关帝庙，以及运茶线路上的大同关帝庙、解州关帝庙，对沿线山陕会馆的影响就显得尤为重要。山陕会馆的布局组成要素和思路，受解州关帝庙以及盐池神庙的影响很大，大多具有轴线对称、等级分明、空间氛围层层递进的特征；而建筑类型则多取自解州关帝庙的组成部分。

大量山陕会馆都有明显的中轴线，在中轴线上依次排布有戏楼（悬鉴楼）、大殿、春秋阁（麟经阁）三大基本组成要素，戏楼对应解州关帝庙的雉门戏台，作为祭祀和集会活动的重要表演空间，大殿对应崇宁殿，作为主要的礼神空间，而春秋阁则不仅作为辅助祭祀空间，也保持了关帝信仰空间序列的完整性。整体空间功能大致可分为戏楼以外的前导空间—戏楼至大殿之间的观演空间—大殿到春秋阁之间的祭祀空间，空间氛围逐级严肃，形成由闹至静的转换，这种组织方式与解州关帝庙有较大的相似之处。虽然没有皇家的财大气粗，但山西盐商们运用自己智慧，在保留空间要素与节奏的前提下，通过简化解州关帝庙的格局创造出了各种山陕会馆和关帝庙，既满足了市井商业与演出集会的需要，又满足了凝聚同乡、礼神祭祀的需求。

除了戏楼、大殿和春秋阁三大基本要素，在运城以外的山陕会馆和关帝庙还大多在轴线两侧配有钟鼓楼、厢房、配殿等建筑，厢房体现了会馆的支援功能，而配殿则是关帝信仰在各地和其他神祇信仰融合的表现，盐商与其他山陕商人们行商各地，也会吸收其他商业相关的神祇信仰，例如社旗山陕会馆中的配殿即供奉药王神、马王神。在中轴上，大型的山陕会馆如社旗山陕会馆、洛阳山陕会馆等还会配有琉璃照壁、牌坊等构筑物，气势更加宏大，空间序列的完整性更加接近解州关帝庙。规模较小的会馆则会适当简化各组成部分，例如半扎山陕会馆的钟楼和城楼合建，且只有一座，戏楼与山门合一且规格较小。

二、山陕会馆选址的特点与原因

（一）山陕会馆选址的特点

1. 关帝庙与山陕会馆的选址存在共性

关帝庙和山陕会馆紧密的传承和演化关系，使得关帝庙和山陕会馆在建筑的各个层面都存在共性，在选址上尤其体现得明显（图3-4）。

首先，关帝庙和山陕会馆的选址都经过了群体的慎重决定。因为比起中国古代社会中大量存在的民居建筑，关帝庙和山陕会馆的规模都较大。不仅是在现代社会，在古代，建设大型建筑也是耗费精力、体力和财力的事情。再加上关帝庙是有关群体信仰的精神建筑，而山陕会馆是有关山陕商帮这一群体信仰的精神建筑，这样建筑的选址成为建筑建设初期的首要事情。

其次，关帝庙和山陕会馆的选址均需要考虑交通问题。关帝庙和山陕会馆建筑因为承担了巨大的人流压力，大多数建筑都需要建在交通便利的地方。关帝庙的交通便利是为了方便祭拜者，特别是官府祭拜者的出行便利，而山陕会馆的交通便利主要为了考虑商业贸易的贩运便利。在古代社会中，水上交通是交通体系中的重要组成部分，所以新建的山陕会馆更倾向于在靠近重要江、河、湖的地方建立会馆，而关帝庙的选址则不用考虑这一点。值得一提的是，明清时期是关帝庙和山陕会馆发展的鼎盛时期，在这一时期，关帝庙和山陕会馆的发展合二为一，是对于关帝崇拜文化作为纽带将两者联系起来。具体说来，山陕商帮选择了关帝庙中地理条件优越、建筑规模较大的部分改建为山陕会馆，所以山陕会馆的选址在某种程度上说就相当于部分省府中的关帝庙的选择问题。

另外，由于新建的山陕会馆大多由山西、陕西商人建立，他们也在山

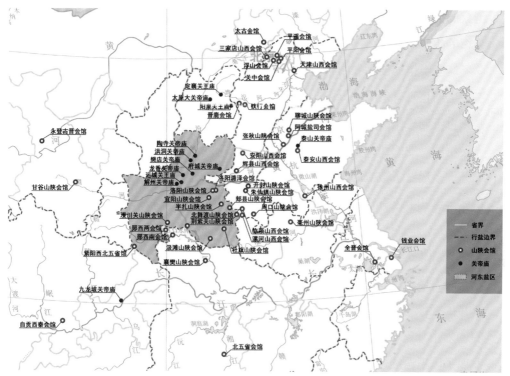

图 3-4　现存部分山陕会馆与关帝庙分布示意图

陕会馆中祭拜关公，选址时除了考虑到交通问题，也如关帝庙一样，要考虑风水等诸多因素。在选址时，还会考虑以后山陕会馆成为新的庙会举办地的环境问题。山陕会馆和关帝庙互相转化的关系在后文的建筑布局中体现得更加淋漓尽致。

2. 会馆选址注重交通便利

如前所述，到目前为止，全国范围的山陕会馆共有 630 多个。这 630 多个山陕会馆存在于全国绝大多数省、自治区、直辖市。其中河南省内的山陕会馆数量最多，有 90 个之多，其次是北京市，有 88 个，而山西省内也有很多山陕会馆，有 68 个。除了河南省、北京市、山西省，数量在 50 个以上的还有湖北省和内蒙古自治区。这 630 多个山陕会馆中建筑年代分布于明代、清代和民国时期，其中有资料表明始建于明代的山陕会馆有 22 个，始建于清代的山陕会馆有 513 个，始建于民国时期的山陕会馆有 15 个，其余山陕会馆的始建年代待考。

这些会馆的创建者中，有的是商贾，有的是商绅，有的是士商。但是这三者之间也没有明确的界限。从范围上来说，始建这些山陕会馆的商人有的是来自于同省同县同行业，也有的来自于同省异县同行业，更多的还是不同省份不同行业的商人。而这些山陕会馆中只有少部分完整地保留下来，这一部分大多经过了数次的修缮；另有一些山陕会馆建筑群体中保留了部分建筑单体，这其中还有很多已经破损不堪急待修缮；还有一些只存有一些碑刻和文字记录，而实体的建筑已经毁于火灾、战乱或者人为破坏。就具体位置而言，山陕会馆常处于区域的中心商贸区域或者重要的商贸街巷中。

与山陕会馆最为相关的是商业业缘型聚落，而大多曾有着繁荣的商业贸易的业缘型村落往往与水路、陆路交通有千丝万缕的联系，这点在会馆的选址中体现得相当充分。在经过对山陕会馆的地理位置进行研究之后，发现了以下选址规律。

有的会馆出于人口集中、交通便利、商业发达、规模庞大的重镇。这些重镇往往是商人往来于各地的必经之地。如江苏徐州山陕会馆就出于徐州这个"五省通衢"之地。早在清代，山西商人就看中了徐州优越的地理位置，在此经营药材、布匹、茶叶等商品。而徐州至今也是全国重要交通枢纽城市，华东地区的门户城市，江苏省第二大城市。拥有现存规模最大的山陕会馆的河南社旗也曾是一座历史悠久的商业古镇，地处南北九省交通要道，是当年福建茶叶北上的必经之地，记载有云："地属水陆之冲，商贾辐辏，而山陕之人为多。"这足以体现在社旗出现如此辉煌的一座山陕会馆是在情理之中。河南半扎存有一处残损的山陕会馆，半扎自古是"南通楚粤，西接秦晋"的商道，南来北往的客商骆驿不绝。

有的会馆则是临近水上交通。如北京三家店山西会馆位于北京市门头沟的永定河畔，旧时三家店村是通往西山大道的起点。河北张家口太谷会馆位于张家口这一塞北重镇，历来为边塞门户，是汉蒙两民族互市之要地。

安徽著名的山陕会馆，位于安徽亳州的涡河南岸。涡河是淮河第二大支流，淮北平原区河道，亳州出于涡河流域中段。在古代，涡河历来是豫、皖间水运交通要道。

山东的大汶口山西会馆位于泰安县大汶口村，著名的大汶口遗址就在此。大汶河东西贯穿，将遗址分为南北两片。大汶河是黄河在山东的唯一支流。毫无夸张地说，大汶河是山东泰安地区的"母亲河"，也孕育和滋养了大汶口文化。山东阳谷县有两座会馆，一座位于阿城镇，黄河、金堤河流经镇东南部，而小运河贯穿全境。另一座山西会馆则位于张秋镇，紧邻京杭大运河，张秋伴随着运河漕运的繁盛而迅速发展成当时的重要商埠。河南邓州一座山陕会馆位于汲滩镇，紧靠湍河，又是赵河入湍处，是邓州货运集散地，自古商业繁荣。

更多的包含有山陕会馆的业缘型村落出于河流交汇处。如河南漯河位于淮河流域重要支流沙、澧两河汇流处东南堤外。南阳也有山陕会馆，南阳处于长江、淮河、黄河三大水系交汇地带，其水运航程为"中国古代南北天然水运航线上最长盛者"。 河南周口出于沙河、颍河、贾鲁河在市区交汇，三岸鼎立，古为漕运重地，布局和武汉相似，素有"小武汉"之称，周口现有保留基本完整的山陕会馆。河南舞阳县中部的山陕会馆位于北舞渡镇，此镇北靠沙河，西有灰河，南有泥河，三河环抱，同样为漕运重地。

还有一些会馆位于大型山体要道。河北鹿泉的晋鹿会馆位于"太行八陉"之一的井陉东口，是山西通往京、津、鲁以及东北地区的门户和要津，也是商品物资出山、进山的集散地。山东泰安的山西会馆坐落于泰安天门坊盘山路起步处。

（二）山陕会馆布局特点的原因

如前所述，山陕会馆具有这样布局特点的原因，主要有以下 3 个方面。

首先，在商业重镇出现山陕会馆是最容易解释的现象。山西、陕西商人作为中国古代实力最为雄厚的商人，在全国范围内的商业重镇布置和建立商业据点，在此地修建规模宏大的建筑意在扎根于此地，以便商贸的不断延续和发展。其次，在一些地势平坦的商业路线中转站出现了山陕会馆，也是为了安顿长途跋涉的商旅，为他们提供生活上的便利。再次，在地势险要的地点或者在地势即将险要的地点建造山陕会馆，在提供商旅生活便利的同时，提供物资补给，以便为日后在险峻的地势中跋山涉水提供便利。

水陆交通在中国古代的交通方式中占有极其重要的地位。虽然水陆交通仍然被沿用至今，但是其地位已远不及会馆大量建设的明清时期。众多在明清时期商贸交通中扮演重要角色的江、河、湖、泊，已经不承担交通运输的重任。再加上地质变化、自然灾害和人为破坏的影响，需要河道都已经改变了当初的模样。因此，有很多山陕会馆在今天的位置看来，规模和繁华程度并不起眼，甚至有些是"隐藏"在偏僻的村落，但据史料考证，历史上的这些会馆所在地并非如此。例如根据亳州在清代的手绘地图（图3-5），可以清楚地看到，城内有庙宇数十座，各街各巷商铺云集，一片繁荣，这也就是山陕会馆常处的区域环境。

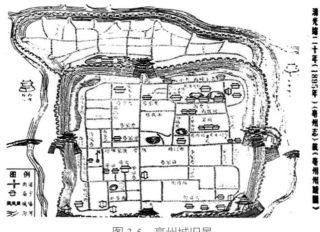

图 3-5　亳州城旧景

由此可知，商贾们建筑会馆时的选址取决于建筑所处的大环境。一部分山陕会馆建造在较大的府城中，如开封的山陕甘会馆、洛阳的潞泽会馆等，其他大多建造在交通便利的县区、城镇等，如南阳社旗的山陕会馆、舞阳山陕会馆、郏县山陕会馆、周口关帝庙、亳州关帝庙等。这些会馆多选址在经济繁华的区域。

（三）影响山陕会馆选址的因素

选址决定了山陕会馆所处的具体的小环境，建筑小环境又直接影响了会馆的平面布局与空间形式。山陕会馆不同于其他建筑甚至其他会馆之处在于，山陕会馆本身存在大量改建、扩建建筑和部分新建建筑，所以决定山陕会馆建筑选址的因素颇为复杂，以下进行分类论述。需要说明的，山陕会馆选址特征较为复杂，这里选取的具体案例以河南省境内的山陕会馆为主。

1. 改建或扩建的会馆选址

从前文对山陕会馆的发展历程表述中不难看出，山陕会馆的基本发展历程可以简单概括为：从"庙"到"馆"，从"馆"到"市"。有很多的山陕会馆建筑并非是平地而起，而是借助了原有建筑的基础加以改建，这里说到的改建或扩建的山陕会馆的选址，实际上是山陕商人如何选择改建或扩建为山陕会馆的对象建筑的问题。山陕商人主要选择关帝庙作为山陕会馆，还有小部分是选择规模庞大的住宅作为山陕会馆。其实，山陕商人作为全国范围内实力最为雄厚的商帮在资金上要集资建起山陕会馆并不是一件难事，也有很多新建的山陕会馆是由个别或者几个山陕商人集资建立的，足以见得山陕商人雄厚的经济实力。而选择改建或扩建为山陕会馆的方式，是由多方面原因造成的。

首先，要融入客地的社会生存环境是一件难事，在当地选择一座规模庞大的建筑群作为会馆基址无疑是极力地融入当地社会的一种暗示，也可以适当弥补身在客地的山陕商人落地为安的心理需求。其次，时间上来说，直接选择原有建筑作为商帮办公地点是最简单快捷的方法，这对于商人在客地立即开展商业活动有所帮助。再次，商人往往精于算计，而勤俭节约也是山陕商人能长盛不衰的原因之一，借庙为馆和借宅为馆的方式符合山陕商人的经商作风。借庙为馆，在庙宇的基础上改建而成，是商人突破馆舍建筑身份限制的智慧表现。中国古代封建统治阶级对馆舍建筑规模的严格控制导致山陕商人另谋此路，关帝庙属于纪念性建筑，不受到建筑规模的严格控制。另外，关帝庙祭拜的是关公，基于山西人和陕西人对关公的特殊感情，借庙为馆更是满足山陕商人的心理需求。例如河南沁阳的山陕会馆，就是在八府寺的基础上改建而成的。据《沁阳县志》记载，"八府寺，在西关祭祀关公，今改为山陕会馆并祀关公"，改建为山陕会馆后继续延续祭拜活动。另外，对于商人延续祭拜活动这一行为原因，在沁阳山陕会馆内的碑刻上也有明确说明："商贾抑去父母之帮，营利于千里之外，身与家相睽，财与命相关，祁灾患之消除，惟仰赖神明之福佑，故竭力崇奉。"在历史的不断推进中，河南沁阳山陕会馆也产生了从馆到市的演化，"每年九月有大会，百货灿陈，商贾鳞集"，其县令倪进明写诗记叙当日的交易盛况是"千年广厦群回廊，百会喧陈大会场；自惜祠基传水府，于今庙貌壮西商；摊钱估客居成津，入市游人浆列行"。这种演化产生也是由于对关帝崇拜而有的定期庙会，和之后山陕会馆的商业性质结合而产生的结果。

2. 借宅为馆的会馆选址

以河南境内的山陕会馆为例。河南的山陕商人流寓异乡，借地生财，聚金购宅为会馆建设的一般途径，而所购宅院一般为当地名宅。开封的山陕甘会馆，其原地为明代开国元勋中山王徐达的裔孙奉救修建的徐府旧址。虽然徐府基址并不宽阔，但各种商贩云集于此，实为贸易最繁华之地。到清朝中期，随着社会的稳定、经济的复苏，开封作为清河南省的首府，也呈现出繁荣的景象，商贸往来频繁。嘉庆年间旅汴的山陕商人选择徐府修建山陕会馆，"接檐香亭五间，旁购西庑，前起歌楼，外设山门，庙貌赫奕，规模宏敞，每逢圣诞，山陕商民奉祭惟谨"。这样的选择皆因徐府的地理位置适中，其东北为布政使司衙门，其西为按察使司衙门，其东为专管黄河的河务道台衙门，利于与各官府联系。开封山陕会馆后有甘肃商人加入，故最终成为山陕甘会馆。还有借宅为馆的典型建筑是山东聊城山陕会馆，有记载表明："聊城为漕运通衢，南来客舶陆毅不觉，已吾乡之商贩云集，而太汾俩府尤多。自国初康熙间来者踵相接，桥寓旅社不能容。议立公所，谋之于众，捐厘酿金，购旧家宅一区，因其址而葺修之，号曰'太汾公所'。"太汾公所是山陕会馆的前身，后来山陕商人多得连太汾公所也不能容纳了，山陕会馆就不断扩建，最后改名了。

3. **新建会馆的选址**

例如河南省洛阳山陕会馆。洛阳的山陕会馆的选址位于洛阳市九都路南侧（原老城南关马市东街），南临洛河，靠近洛阳老城南关的水旱码头，这个码头是十竹骡马、布粮药材、干果山货等商品的集散地，位于商业极度繁荣的南关凤化街、贴廊巷、校场街、菜市街之中。另外，在河南周口，山陕商人先后在沙河的南岸与北岸都建立了会馆，而沙河是当时主要的水上交通要道。还值得一提的是，社旗山陕会馆位于河南南阳社旗镇中心，南对当年最繁华的磁器街，北靠五魁场街，商人云集，东邻永庆街，西伴绿布场街。过去这里水陆交通发达，南船北马，是南北九省过往的要道和货物集散地。社旗镇共有 72 条街旅簇拥，景象繁荣。当时，秦晋两省富商大贾，为了叙乡谊，通商情，皆是商接官迎仕，祭神求财，积资建造了这座会馆。可以说比起前两种建立山陕会馆的方式，新建的山陕会馆更加注重建筑周边的环境对商业的利益。

不管是借庙为馆、购宅为馆，还是新建山陕会馆，可以看到，建筑所在基址的交通情况的选择，成为山陕商人首要考虑的问题。明清时期资本主义经济发展后，会馆是商品经济流通环节中一个重要的商品中转和集散地。"商场如战场"，得交通则得天下，重要的战略位置，自然是商家的必争之地。

山陕商帮在选择山陕会馆的基址如此考虑交通问题除了对于商业的需要，更是为了联络到更多同乡加入到这个商业团体中来。

三、山陕会馆建筑的布局

中国古代建筑体系在布局上有其自身的共同特点，关帝庙和山陕会馆作为体系中的一部分，一方面继承了中国古代建筑布局的共性，另一方面，由于关帝庙和山陕会馆的文化纽带联系也彼此产生共性。这些共性包含了布局总体特征，以及在空间上的共性。

本章探讨的布局总体特征，首先包含了中国大型传统建筑有中心轴线以及明确的序列感和仪式感；其次还有关于中国古代建筑特有的内向性格——院落，布局以院落为单元体展开，建筑单体围绕院落布置；再次还有关于建筑的功能布局，如何在建筑的序列感和院落中铺展开来；另外还有有关建筑的朝向和高差，也就是如何融入周围的环境和地形。本节还将对建筑布局中的空间进行分析，按建筑的使用功能分为前导空间、观演空间、祭拜空间和生活空间，这些空间以院落为主体展开，关帝庙和山陕会馆在这些公共空间的功能使用上侧重点略有不同，但总体来说基本保持一致。总而言之，从从古至今的建筑设计的角度，建筑的平面布局离不开建筑所处的环境、建筑的使用功能以及使用者自身的审美喜好，山陕会馆的平面布局中完整地体现了这三点。

山陕会馆从总体规划方面看，都是典型的对称式中国北方传统建筑规划模式，建筑群体组团明确、疏密有致。建筑的组织、院落的分割、高差的错落以及建筑的形式、院落的面积等，无不根据使用的功能性进行定位。

（一）关于轴线

大型的中国古建筑大多崇尚序列感和仪式感，建筑群往往有明确的主轴线。主轴线上的建筑一般为最重要的建筑，而分居轴线两侧的建筑，大型的建筑与轴线上的建筑一起形成院落。这一点也体现在山陕会馆建筑群的总体布局上，几乎所有的山陕会馆都是中轴线设计，在中轴线建筑一般有戏楼、拜殿、春秋楼等，根据建筑的规模而言，在中轴线上还可能存在照壁、牌楼等。例如：建筑规模较小的开封山陕会馆在中轴线上建设主要建筑，如中轴线上的照壁、戏楼、牌楼、拜殿和春秋阁等。从开封山陕会馆导游图可以看出，除了在最北端被进行过现代建筑填补的办公区之外，建筑保持严格的对称格局。还有洛阳山陕会馆，中轴线上的建筑有照壁、山门、舞楼、大殿、拜殿。而建筑规模较大的社旗山陕会馆位于中轴线上的建筑有照壁、悬鉴楼、石牌坊、大拜殿、春秋楼。自贡西秦会馆的中轴线上的建筑有武圣宫大门、献计楼、参天阁、中殿和祭殿。

从上述举例中不难看出，建筑无论规模大小，都在轴线上有不可缺少的建筑。首先，轴线上必须有戏楼，但是各山陕会馆对戏楼的叫法有所差别。例如，在洛阳山陕会馆中戏楼称为舞楼，在社旗山陕会馆中戏楼为悬鉴楼，在自贡西秦会馆中戏楼则为献计楼。这些戏楼之所以被冠以名字，而不是简单地称为戏楼，是因为这些戏楼比起普通的戏台，在建筑体量上较大，建筑空间结构也较为复杂，建筑细部的做工和装饰也相当考究。由此可见，戏楼在山陕会馆中的重要地位。其次，轴线上要有正殿。在各山陕会馆中，最主要的建筑为大殿和拜殿，大殿有时也叫正殿，拜殿有时也叫祭殿。还有一种情况是将大殿和拜殿合二为一，称为大拜殿。在社旗山陕会馆的中轴线上就存在大拜殿。再次，轴线上还要有山门和照壁。即使西秦会馆的山门与戏楼是在一个建筑结构体系之下，实为一座建筑，但是山门也在中轴线上。另外，在中轴线上常出现的建筑还有春秋楼，往往处在轴线的尽端。

山陕会馆建筑上突出轴线的特点，应该源自关帝庙。山西运城解州关帝庙建筑规模比起前面所列举的山陕会馆都要大得多，同样是中轴线建筑，只是这一中轴线更长一些。在中轴线上自南向北依次有照壁、端门、雉门、午门、山海钟灵坊、御书楼和崇宁殿。两侧是钟鼓楼、"大义参天"坊、"精忠贯日"坊、追风伯祠。后宫以"气肃千秋"坊、春秋楼为中心，左右有刀楼、印楼对称而立。其中雉门后部的台阶上是戏台，铺上台板即可演戏，相当于山陕会馆里的戏楼。崇宁殿是建筑群中体量最大、最重要的建筑，相当于大殿或者正殿。如此一来，解州关帝庙即含有前文所述的山陕会馆必不可少的轴线建筑，包括了照壁、戏楼、大殿、春秋楼。所以，从某种意义上来说，之后建立在其他地区的山陕会馆是以解州关帝庙为原型布局方式，依据可建建筑群体的规模大小，取舍相关建筑，但是轴线上的重要建筑几乎出现在所有的山陕会馆当中，山陕会馆和关帝庙的渊源一目了然。

而这些在中轴线上必须出现的建筑之所以如此重要，还是依赖于关帝庙和山陕会馆的功能。首先，山陕会馆和关帝庙共同的重要功能就是祭祀。而祭祀包含很多内容，戏曲表演也是祭祀的一种，所以基于祭祀和戏曲两点功能，戏楼和祭祀的殿堂是必不可少的，而根据祭祀的过程又将祭祀的殿堂分为大殿、拜殿、春秋楼。其次，虽然两者的功能都含有祭祀，但是侧重点又有所区别，关帝庙是纯粹的祭祀，而山陕会馆除了在特定的日子祭祀以外，其他时间以办公和议事为主，这就能解释两点：一是解州关帝庙的戏台是可以临时变化的，在平时的日子只是过厅，而在特定的祭祀日搭台献祭，这个戏曲表演主要是给关帝观看的。二是山陕会馆的戏台处于建筑更重要的位置，戏曲表演不只是为祭祀，也为了娱乐同乡商人，以体现会馆建筑所包含的"既娱神，又娱人"的独特内涵，又满足演戏与观戏必须正对布置的使用要求。戏楼和正殿两个主要建筑恰好形成了会馆建筑的两个核心："行为核心"和"精神核心"。

由此可以看出，山陕会馆在继承了关帝庙布局的基础上，根据自身功能需求进行的变化和改进（图3-6）。

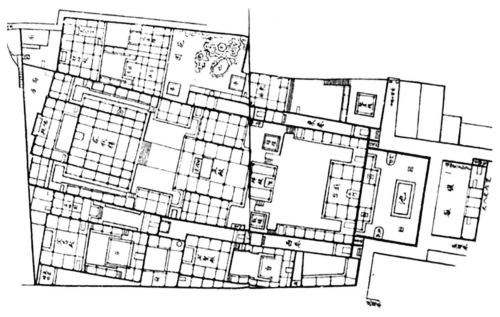

图 3-6　汉口山陕会馆资料图片

（二）关于序列

　　轴线是为了增强建筑的仪式感和序列感。同时轴线上还讲究先后顺序。轴线上最重要的建筑具有序列之外，其他分居轴线两侧的建筑也有其序列。值得一提的是，很多山陕会馆发展的规模越来越大，会由原来的一条中轴线向两边扩展到两至 3 条并行的轴线，所以，除了轴线上的院落以外，还有两到 3 个院落组成，有的规模更大的则有着纵横几重院落，戏楼也多至 7 到 8 座。最典型的是武汉汉口的山陕会馆建筑群，占地 5 500 平方米，平面布局分东、中、西三跨院落，院落之间用山西民居特有的狭长巷道联系。东西院落布局形式相对自由，但仍然是院落为中心轴对称布置。当然，大部分山陕会馆规模无法与上述武汉的会馆相媲美。例如：开封山陕甘会馆其平面布局中，中轴线的两侧对称排列翼门、钟鼓楼、配殿、跨院等。整个建筑布局以戏楼、正殿为核心，附属性建筑围绕这两个核心，左右对称布置。东西跨院通过垂花门与主院相通，形成似隔非隔，隔而不断的建筑空间组合。而东西跨院规模较小，整个院落建筑群体的规模比不上仅正殿一个建筑单体，建筑群体也仅由堂屋和戏楼组成。再如，潞泽会馆建筑群，也呈严格的中轴对称，轴线上依次为戏楼、大殿和后殿。另对称布置厢房、耳房、钟鼓楼和配殿。洛阳山陕会馆两侧分别有东西掖门、廊房及厢房、配殿等。苏州全晋会馆也属于中等规模的山陕会馆，也分为中、东、西三路。不过规模庞大的南阳社旗山陕会馆却并没有具备两侧跨院，只有一侧跨院为道坊院。由以上举例不难看出，在轴线序列上，以主轴线为最重要，而左右轴线可有可无，根据功能需要进行布置。其次是建筑的序列，除了中轴线的主要建筑以外，其次是同样祭拜其他神灵的建筑，包括马王殿和药王殿，但是显然这些神灵的重要性不比关帝。其他房间包括厢房、耳房和大小配殿也属于附属建筑，根据建筑的规模和使用功能进行排布。

　　整体序列感基本保持统一的情况下，建筑单体的位置根据创建者的喜好和审美也有所差别。开封山陕甘会馆与社旗山陕会馆的建筑差异还体现在建筑单体建设位置的不同。例如：开封山陕甘会馆的钟楼、鼓楼设在戏楼北面的东西两侧，钟鼓楼相对而建（图 3-7）；社旗山陕会馆的钟楼和鼓楼是与悬鉴楼并排而建，分别位于悬鉴楼的东西两侧，只不过为了让戏楼获得更加多的观赏角度，钟楼和鼓楼退后，让戏台台口能更多的线路出来（图3-8），其与悬鉴楼共同组建成一个建筑整体。

图 3-7　开封山陕甘会馆戏楼和钟鼓楼

图 3-8　社旗山陕会馆戏楼和钟鼓楼

（三）关于院落

由建筑围合成院落，由院落再结合成建筑，是中国传统建筑的集中体现，是中国传统建筑的精髓所在。院落传达的中国传统建筑的精髓在于以下几点：首先，院落是中国建筑内向性格的体现，带有防御型和包容性的个性，而山陕会馆所表达的同乡商人"聚集"的情感也可以通过院落传达的空间氛围所表达出来。其次，院落和建筑单体完美结合的室外空间，在山陕会馆中起着极其重要的功能意义，容纳着观看戏曲表演的观众，是除了看楼这种固定观演场所以外的灵活场地。再次，院落有效地组织了功能建筑，山陕会馆形成院落的建筑一般有戏楼、正殿以及耳楼、客廨、后殿、厢房等，为观戏、日常商议事务之用。不同的院落将不同的功能空间组合起来。从平面布局上来看，大多数山陕会馆沿用了以木构架为主的建筑体系所共有的组织规律。以"间"为单位构成单座建筑，再以单座建筑组成"庭院"，进而以庭院为单位，组成各种形式的组群。各个建筑组群的围合，把整个大院组织成不同的庭院。

建筑单个庭院的设计细节也颇为讲究。首先，以传统的民居围合的方式来说，建筑庭院可简单分为四围合院落和三围合院落，山陕会馆中大部分建筑为四围合建筑，四面围合中与轴线相交的两个面是主要建筑，另外两面为附属配套建筑，最典型的庭院是戏楼与大殿相对，两侧看楼相对，形成最典型的院落格局。山陕会馆建筑中大部分四围合院落的四面围合都是由建筑组成，也有一些四围合院落是由照壁和三面建筑围合而成，如社旗山陕会馆前院的围合方式（图3-9）。以上两种围合方式是山陕会馆建筑中的基本围合方式。其次，有关山陕会馆庭院的规模和尺度，主要取决于建筑的选址、功能和单体建筑的大小，根据相关规定对建筑的间距和间数的规定，构成了庭院每个面尺度。一般说来，在建筑群体里的几个院落中，面对戏楼的院落是最大的，社旗山陕会馆的庭院号称"万人庭院"，据记载可容纳 1 万人同时观看表演。这样的庭院往往被称为"池院"，与现代剧场中

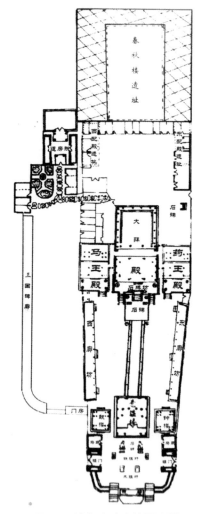

图 3-9　社旗山陕会馆平面图

的"池座"相对应。再次，是庭院的比例，现代戏剧院的观众厅平面长宽比一般为（1.4～1.8）：1，这种形式能够保证两边池座的视角。大部分的山陕会馆院落为纵长方形，长宽比一般为（1.3～1.8）：1，符合现代剧院最佳观赏角度。由此可以看出，古人已经对观演空间的比例尺度有了精准的研究。另外，庭院中的摆设、地面铺设等也有所讲究。就观演的庭院而言，庭院基本是硬质铺地，以视野开阔为主要特点，符合庭院的使用功能。

中轴线上的铺地材质与场地中的其他地方铺设石板的方式有所不同，主要为祭祀而用，强调中轴线上的仪式感。而在一些非以观演为功能的庭院中，往往以绿化为主，体现中国古代建筑理论中让建筑融入环境的主要思想。选择种树的种类和当地气候相关，不过，在很多山陕会馆的院内往往有古柏一株。选用此树种主要是因为古人认为柏树可以避邪，是源于对树的崇拜。另外，上古有所谓"柏王"，传说"柏王"上有神灵存在。山东泰安的山西会馆院内就有古柏一株，枝干扭曲盘旋，似龙飞凤舞，号称"汉柏第一"。以上是有关山陕会馆庭院中设计细节的总结和归纳，下面以几个典型的山陕会馆院落进行详细介绍。

洛阳的潞泽会馆是较小规模的会馆，它的庭院形制可以说是山陕会馆的典型形式（图3-10）。在主要院落中以大殿和悬鉴楼相对，悬鉴楼两侧是辅助耳房和钟鼓楼，而与悬鉴楼相对的是大殿，前有面积较大的月台。院落另外两侧是厢房。一直延伸到后面的院落。后院有祠堂和配殿，院落空间较小。洛阳的另一座会馆山陕会馆和潞泽会馆规模差不多，保持了山陕会馆布局中最基本的格局形式。不过从卫星图片俯瞰这两座建筑，右边为山陕会馆，左边为潞泽会馆。从卫星图中可以清楚地看到，两座会馆在院落尺度上有所差别。以建筑的整体尺度而言，山陕会馆的院落明显大于潞泽

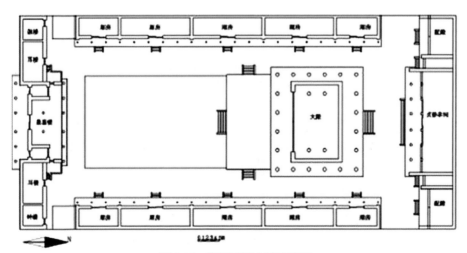

图 3-10　洛阳潞泽会馆平面图

会馆的院落尺度,这也是由建筑需要容纳的人数决定的。潞泽会馆是东会馆,原为山西潞安府、泽州府商人所建,是当时潞安、泽州在洛阳商人聚会之所。而洛阳山陕会馆是接待整个山陕会馆的商人,因此在演出时要接纳更多的观演者,所以建筑庭院的大小还是以建筑功能需求决定的。

开封山陕甘会馆庭院为长方形,长宽比达到了 2.5∶1,但是由于院落中间立有鸡爪牌坊(图 3-11)使其成为组成有层次、有深度的院落空间。在牌坊以前的庭院空间比例尺度符合观演比例。前文在山陕会馆的选址中曾经提到,山陕甘会馆是借宅为馆的典型,所以院落空间与潞泽会馆一样也相对狭长。于是在观演效果较差的院落空间中立牌坊,既可以利用上富余的院落空间,又可以丰富院落层次。虽然有一些学者认为在大殿门前立牌坊,实际上是阻碍了"神灵"看戏的视线,认为从此点可以看出山陕会馆更重视娱人而不是娱神。笔者认为这样的说法有失偏颇。因为在大殿前立牌坊是关帝庙中经常用到的空间手法。例如,周口关帝庙的大殿前的月台上就立有石牌坊(图 3-12),这样的空间格局是以祭祀的需要为主要考虑,而并不考虑神灵观看演出的视线问题。开封山陕甘会馆院落中的牌坊前立有香炉,就能很好地说明此牌坊在此位置的祭祀功能。

图 3-11　开封山陕甘会馆院落中的牌坊

图 3-12　周口关帝庙石牌坊

　　而院落空间最为精彩的非社旗山陕会馆莫属。其建筑体量和规模庞大，但是由于用地比较紧张，所以是院落组织最紧凑、功能最集中的山陕会馆（图 3-13）。建筑群本身是以轴线上三个院落和一个小型院落组成的，但是目前仅存之后两个院落，主要院落为东边的主院落与西边的院落，以及旁边的道坊院的小院落。第一进院落较小，主要是入口空间，由马厩、辕门等附属建筑组成，第二进院落是主要中心院落，是面对院落的悬鉴楼和两边的钟楼与鼓楼，以及连成一体的大殿和拜殿，分居两侧的马王殿和药王殿。从鸟瞰图中可以看出，这个主要院落基本组织起了所有的建筑空间，是山陕会馆院落中的经典类型。

　　从上述对不同山陕会馆的院落空间分析中不难看出，山陕会馆与普通的馆舍建筑相区别的是形成院落的建筑空间更加丰富多样。有关观演空间和祭祀空间在后文中将详细叙述。

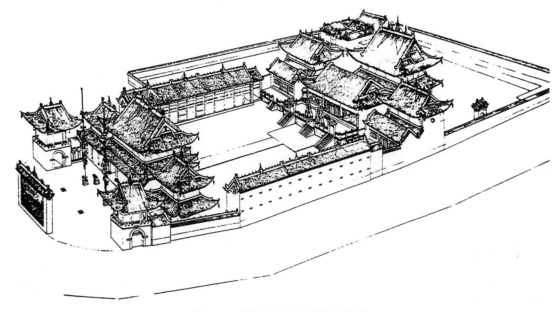

图 3-13　社旗山陕会馆现状鸟瞰图

（图片来源：摘自《社旗山陕会馆》）

（四）关于朝向

山陕商人们在建设会馆之时，往往会基于交通便利与商业往来顺利的情况考虑，将会馆设置在交通方便的水道与商道两侧，由于其线路走向不同，也影响了会馆的建筑朝向。根据山陕会馆的建筑朝向与场地的关系，可将其分为正南北朝向，平行或垂直于水陆码头延伸的道路，因场地限制、等高线等其他因素导致的非正南北朝向的几种情况（见表 3-3 ）。

坐北朝南的朝向，是山陕会馆的主要布局方式。受日照等地理条件的影响，坐北朝南是中国北方地区一般建筑群的主要布局方式，尤其在衙署、坛庙、宗教等级别较高的建筑中最为突出。许多山陕会馆在建设之初就以关帝庙形式建造，或在当地已有关帝庙或民居宅院的基础上建设会馆，正南北朝向就成为山陕会馆的主要选择。有一部分建筑由住宅改造而来，如前身为官绅住宅的开封山陕甘会馆就是正南北朝向。

表 3-3　山陕会馆建筑朝向及影响因素分析

类型	图示	案例	
坐北朝南（正南正北）		半扎山陕会馆	开封山陕会馆
平行水陆码头延伸的道路		洛阳山陕会馆	周口山陕会馆
垂直水陆码头延伸的道路	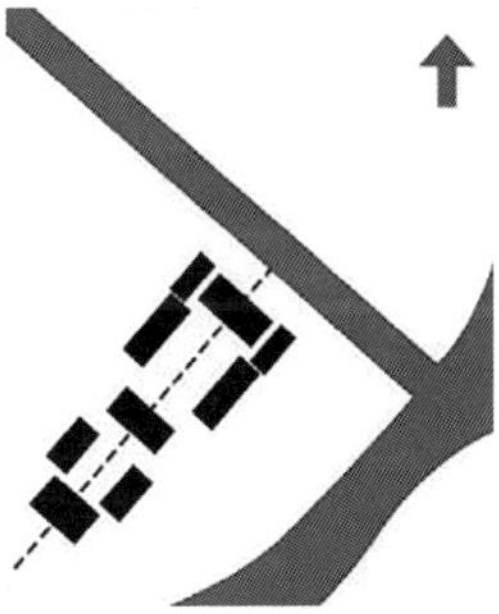		
因场地限制因素导致的非正南正北朝向		社旗山陕会馆	多伦山西会馆

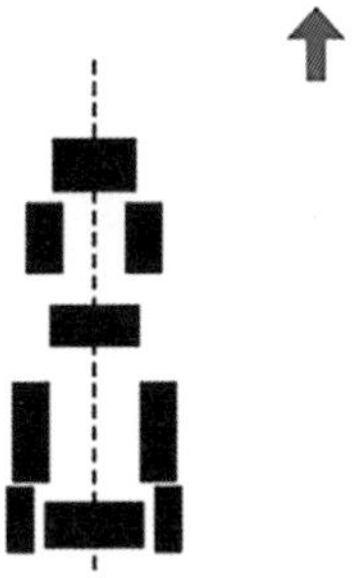

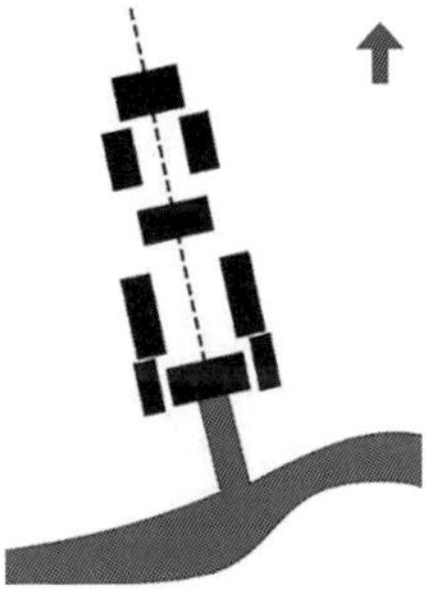

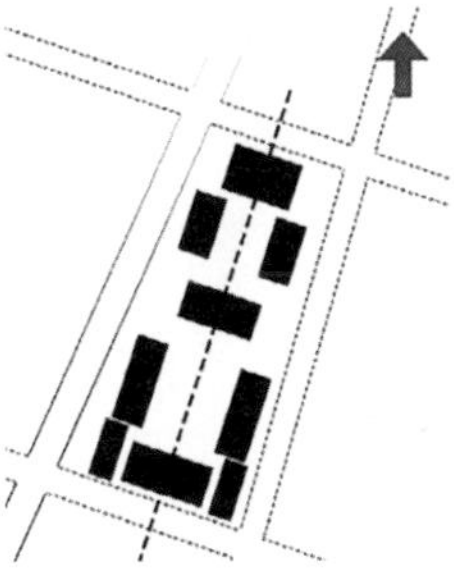

虽然关帝庙也像大多数建筑一样，需要考虑建筑环境的诸多因素，但是由于宗教性建筑比较注重建筑的朝向，供奉关帝圣像时，圣像的坐向决定建筑的朝向而在尽可能的情况下，关帝坐像应该坐北朝南，因此，大多数关帝庙都是坐北朝南的。一部分山陕会馆是在关帝庙的基础上进行加建的，自然也按照建筑原来的轴线进行扩建。如解州关帝庙、周口关帝庙等。

除了受日照的影响，山陕会馆的朝向也受到水流方向的影响。水运交通对山陕商人意义重大，建立山陕会馆自然也会考虑周边水环境。同时，商人们相信水是能聚财之物，由于我国整体地势西高东低，大多数河流主要是自西向东的流向，所以会馆也有不少是东西朝向。有的商人为了贴近水陆运输通道，抢占最好的交通优势，赚取更多的商业利益，使会馆可以直达水陆码头，往往将会馆设置在从码头延伸道路的路边或尽头，做平行或垂直设置（图3-14）。如洛阳山陕会馆在沿从洛水码头延伸出来的道路尽端，周口山陕会馆在沿颍河码头延伸出来的道路尽端，洛阳潞泽会馆则垂直于瀍河的支流，襄阳山陕会馆也垂直于从汉水码头延伸的道路。自贡西秦会馆临近河道，建筑的朝向虽然基本保持南北朝向，但顺应水道方向向东偏转。这一点在山东聊城会馆体现得更加明显，山东聊城会馆临水，水道为南北走向，建筑为向水开门，朝向选择了坐东向西。所以，临水的会馆因为以经济和交通便利为导向的因素，使得建筑朝向偏转较大，东西朝向的山陕会馆也较为常见。另外，由于街道走向的影响某种程度上也影响了建筑朝

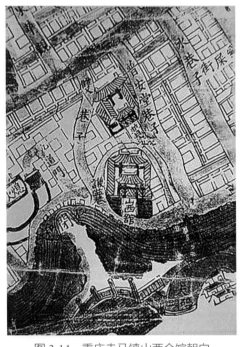

图3-14 重庆走马镇山西会馆朝向
（图片来源：《重庆府治全图》）

向，也有东西走向的平面布局。如淅川县荆紫关古镇由于依丹江流势建造，街道为南北走向，山陕会馆坐东向西布局。又如南阳社旗的山陕会馆地处镇内闹市区，虽然坐北朝南，但中轴方向向南偏西 16 度，南部随街形向内收敛，南北最长处 152.5 米，东西最长 62.67 米。

有些会馆因为地形或者场地的因素而决定朝向。有些会馆因为傍山而建，所以会因为山势而定朝向，根据山体的等高线垂直布置建筑轴线。如图 3-14 所示的重庆走马镇山西会馆，建筑的大体格局虽然依然是坐北朝南，但是朝向并没有按照整个城镇的建筑肌理，而是顺应了山势的走向而建。还有些会馆因为场地的限制，不得不将建筑朝向进行偏转，如社旗山陕会馆将主轴沿正南北线偏离约 16 度，多伦山西会馆将轴线沿正南北方向偏离约 30 度。还有一些会馆垂直于等高线进行排布，形成多级层次逐渐抬升的空间形式，这种会馆在万里茶道上数量较少，如一斗水村关帝庙选址位于太行山脉山谷中地势较缓的坡地之上，建筑沿中轴线在等高线上分成多级台地布置。

以上分析可以得出结论，大部分山陕会馆传承了关帝庙坐北朝南的基本朝向，少数会馆在环境条件限制的情况下朝向会有改变。影响会馆朝向的因素有很多，但其中对交通便利及商业经济的追求是影响山陕会馆朝向最为突出的因子，显示出商业会馆建筑的属性与特征。

（五）关于高差

山陕会馆布局中，建筑的高差有一致性，同时也有特殊性。

山陕会馆建筑高差的一致性是基于建筑为增强序列感，在轴线上的建筑，从山门到戏楼，从戏楼到大殿，从大殿到春秋阁，基本遵循层层升高的原则。在调研过程中发现，河南境内的大多数山陕会馆的戏楼与观演区在同一标高，在庭院北部的正殿设有月台。为了不阻挡观演的视线，有效地满足视角，戏台多抬高，有的稍稍抬高，有的甚至高于一层楼。观演院落尽端的大殿多建在台基之上，由于功能需要大殿前多设有月台，有地位的人可以在月台或殿内与神共同观戏，也能获得最佳的效果。而在四川地区，这样的序列感会通过高差表达得更为明显。例如，四川自贡的西秦会馆，在调研过程中，通过估测的方式画出了西秦会馆的主要剖面（图 3-15），虽然尺度上可能略有偏差，但是可以完整地反映建筑层层抬高的走势。由于四川地区的特殊地形，建筑的这种"上升"趋势更加明显地体现出来。而在河南地区，地形多为平原，会馆也多在平坦之处，不可能像巴蜀的会馆那样利用地形的自然坡度，采用从戏楼到院落，到正殿地坪逐渐升高的做法。不过山陕会馆设计中也不乏通过简单的高差丰富空间的做法，比如社旗山陕会馆的下沉式广场，以下沉式广场连接戏台和拜殿两个建筑功能区域，而这两个功能区域的建筑以及其两侧附属建筑的围合，又明确和增强了观演空间的区域性。并且，在社旗山陕会馆的大殿之前建立高高的月台，而悬鉴楼的戏台高度则尽量压低，可以在月台上平视戏台上的表演盛况。可以说社旗山陕会馆在平地上创造了丰富的高差空间。

还有一些特殊的高差布局是受建筑所在地形地貌的影响。例如，徐州山西会馆依山而建，坐西向东，西高东低。沿大门前的石阶拾级而上，抬头可见宽敞明亮的过廊。经过廊楼再登十余级台阶，可见大殿。高差相差较大的情况也更好满足了由大门到大殿的序列上，地势层层抬高的原则。再如，在泰山脚下的泰安山陕会馆，由于地形高差较大，在戏台前无法形成平整的观看空间。于是，该建筑戏台前，经过小的院落，上升一层楼高度的台阶，形成大的高地观看平台，大圣殿门前也是台阶引导人流向上，巧妙地解决了在山地建筑中为了满足功能而进行的高差变化（图 3-16、图 3-17）。

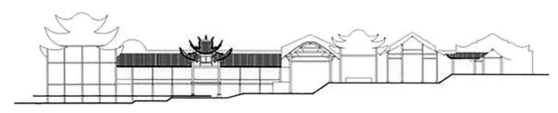

图 3-15　自贡西秦会馆剖面示意

图 3-16　泰安山陕会馆戏台　　　　图 3-17　泰安山陕会馆大圣殿
（摘自：荣浪《晋商会馆》）　　　　（摘自：荣浪《山西会馆》）

四、山陕会馆空间布局的功能

山陕会馆的空间布局还具有鲜明的功能性特点。建筑功能是建筑布局的根本，从中国古代建筑到现代建筑，都始终贯彻这一设计理念。综合分析山陕会馆的空间特点，我们认为应该从以下四个方面把握其功能：前导空间、观演空间、祭祀空间和生活空间。

（一）会馆建筑前导空间的防御和导向功能

空间的防御性表现在建筑的入口处往往以石墙为主，从建筑外面无法判断出建筑内部的规模和建筑单体的模样。例如，洛阳潞泽会馆的前导空间建筑要素照壁及东西的文昌阁和魁星阁在 20 世纪 70 年代被拆除，但还是可以从资料图片看出，建筑外围以石墙面为主，开窗少并且小。在前导空间拆除以后的潞泽会馆，虽然已经有正式的入口和左右钟鼓楼，但是仍然能分析出其前导空间的防御性远远强过开敞性。笔者认为，山陕会馆的防御性来自于两方面的原因，一是山陕会馆属于北方建筑体系之下的建筑，又受到关帝庙建筑的影响。北方建筑以厚重的墙壁、少量开窗见长。而关帝庙建筑也是通过入口处的防御性体现出庄严和肃穆之感。如亳州关帝庙的前导空间（图3-18），面宽较大的情况下，以横跨距离较长的围墙为主（图3-19），加上照壁镶嵌中间，增加外立面层次，两侧对称开小门。进入口，才为关帝庙主入口，平日只开放侧面入口，而正面空间以石墙为主，强调威严的气势。这种阻隔外部喧闹的"两重门"在关帝庙中常见，也是山陕会馆的常用手法。二是这样的防御性恰好反映了山陕商人的防御性心理，在异地经商，人生地疏、鱼龙混杂，时刻有所戒备，只有进入到了山陕会馆的内院，才能求得一份踏实安宁。

图 3-18　亳州关帝庙前导空间

图 3-19　亳州关帝庙外墙

前导空间在具有防御功能的同时，具有导向功能。这里的空间导向性包含两个方面。一个方面是照壁以外和区域关系的导向性。以社旗山陕会馆为例，该会馆用地局促，赊旗镇最繁华的商业街区紧邻，甚至在建筑外围都有沿街店铺在经营。即使在这一嘈杂的区域环境中，会馆的前导空间依然存在着明显的导向性（图3-20）。首先，入口的照壁正对垂直于照壁的街巷，引导人群从两侧分流；其次，两边的辕门上建造大型阁楼，在建筑体量上高出该区域范围内的其他商铺，增强了标识性；最后，在照壁与辕门呈直角排布的同时，将建筑围墙倒角处理，缓解区域内的交通压力。因此，在如此复杂的商贸环境中，山陝会馆依然醒目，且通过照壁和辕门的巧妙布局引导人流。另一方面，在照壁与山门之间的空间也存在导向性，这一导向性体现在压缩山门与照壁之间的空间，形成向观演庭院深入的导向性。

图 3-20 社旗山陝会馆外部空间

前导空间的多样性在山陝会馆中的呈现，表现了这些建筑的前导空间效果受所选地形基址、所处自然环境的影响，以及建造者的营造观念产生不同的适应性变化。

首先是建筑的前导空间效果受到所选基址环境的影响，这种影响主要来源于前导空间的比例尺度。例如前文提到的社旗山陝会馆，为退让贸易集市而在用地紧张的情况下，再次退让，并且将辕门置于庭院的侧面，而不是放置于照壁两边。再如聊城山陝会馆，由于建筑紧逼河道，空间局促，无法独立设置照壁，故建造精美山门，山门的具体建筑特点在后文中详细叙述。

其次是所处的自然环境的影响。这点在巴蜀一带的山陕会馆体现得非常明显。通过建筑技术与艺术手段，使得会馆建筑的门楼，成为整组建筑中较高峻、屋顶形式复杂的单体建筑。这种牌楼式的门楼在四川的山陕会馆中极为常见。如四川自贡的西秦会馆，又名武圣宫，它的大门总面阔32米，其门宇的空间虽然只有1层，但却用了4层檐宇。屋顶覆以歇山屋顶，脊中设琉璃宝瓶，两端设鱼形"鸱尾"。整座门楼极富动感。西秦会馆的牌楼门也就成为整个建筑的精髓所在。相比之下，前面提到的位于河南的山陕会馆鲜有牌楼的出现，有的只是在山门之前放置石牌坊。不过同处在河南地区的山陕会馆在开敞性上也有所差别，例如洛阳山陕会馆地处豫西的洛阳，干旱少雨，气候严寒，封闭性的墙体也有助抵御风寒。而社旗山陕会馆地处豫西南，为我国南北气候交界带，气候温和多雨，开敞的空间也有助于通风，所以社旗会馆空间比洛阳山陕会馆更加开敞。提到开敞性，位于河南淅川荆紫关镇的山陕会馆就更加开敞了，不再是石墙外立面，而是通透的门楼，阁楼的形式也不再是基座敦实的堡垒形式，建筑的布局在保持北方建筑的防御型形式下，明显已经受到南方建筑的影响。

山陕会馆前导空间的特点与营造者的营造观念有关。例如，前文提到的社旗山陕会馆，与街道相邻部分设有多路入口，与外界形成开敞性的空间。为了使空间通透，钟鼓楼底层仅设柱网，不设墙体。社旗山陕会馆在建筑体量和细部装饰上显出了雍容华贵，但是在空间布局上又极力拉近与周边的商贩和居民的距离，形成包容的空间氛围。相比之下，洛阳潞泽会馆则大有不同，为山西潞安府及泽州府的商人所建。这两地地处晋南，晋南商贸发达，交通便利，人员混杂，人们防卫意识强。潞泽会馆受到这种营造思想的影响，在前导空间加强了防卫设施，如高大的墙体，单一的出入口，形成较为封闭的空间氛围。无论是受到地域气候的影响，还是周边区域环境基址的影响，抑或是创建者依个人喜好创造空间氛围，山陕会馆在空间布局上体现了充分的灵活性和包容程度。

（二）会馆建筑观演空间的表演和观演功能

对于观演来说，其实更重要的是建筑如何将接待表演的人和看表演的人。就像现代的观演建筑一样，提供表演的人除了需要戏台和钟鼓楼，还需要准备的空间，这些功能空间虽然是配套辅助建筑，故经常设在戏楼两侧与看楼垂直相交的角落里，也往往在此处设置楼梯，与看楼共用。有时，这里也同时设置相对称的钟楼和鼓楼。而看戏的人需要有遮蔽的看戏空间，这样的空间往往设置在看楼的二层。而一层当门扇全部打开时也可以满足观演需求。看楼的基地高度往往高于观演院落的基地高度，这也是满足观看的视线需求。看楼二层往往为开敞的出挑廊道，可以获得与戏台平齐或更高的观看视角。看楼的观演人员的等级显然是要高于院落中露天观演人群。

会馆建筑观演空间的平面形式往往满足功能的需要，形成了一个常规的平面布局，演的空间——戏楼是平面的核心部分，戏台往往在二层，一层常为通道。戏楼旁常设耳房，为准备空间。左厢、右厢、正殿三面围合共同形成观看的空间。观看的空间分为三个部分：厢房位置为最佳，提供俯瞰的倾斜视角；正殿容纳人数有限，一般是有身份的人端坐看戏之处；最大的观演空间是池院，是一般民众观戏的场所，容纳量较大。下面分别论述演出和三个观演空间。如图 3-21、图 3-22。

图 3-21　会馆建筑观演空间

图 3-22　会馆戏楼

第二节　山陕会馆的建筑与构造

前文对山陕会馆的选址、布局以及总体空间形式做了概述，本节将更细致地阐述山陕会馆的建筑与构造特征，并将这些特征与关帝庙建筑和构造特征做比较，探究它们之间的渊源和传承关系。

一、山陕会馆的建筑特征

这里以讨论山陕会馆的建筑特征为主，以山陕会馆的建筑单体为分类进行讨论，这里的建筑单体指的是构建起山陕会馆建筑群的建筑实体，包含有照壁、山门、钟鼓楼、戏楼、正殿、后殿与铁旗杆等。

会馆属于一种公共性质的建筑，一般位于聚落的中心地段，是商人们向外界展示自身财力的载体，所以入口空间与建筑形体的做法就显得尤为重要，会馆的入口空间一般由照壁与大门构成。

（一）照壁

照壁，又叫影壁、萧墙，是门外正对大门以作屏障用的墙壁。从中国历史上来看，它的历史非常悠久，它在西周时期已经产生，距今已有近 3 000 年的历史了。在中国的建筑布局中，从规模较大的宫殿建筑到规模较小的民居建筑，从宗教性建筑到民用型建筑，它都成为北方建筑和部分南方建筑不可缺少的部分。照壁常常出现在庭院、府第的门前，有增加建筑空间层次感以及身份象征、彰显地位的作用，在北方建筑中还有抵挡风沙之实用。

山陕会馆照壁多建在轴线最南段，处于主要轴线中心位置，将建筑群主体和街分隔开来。例如，开封山陕会馆和社旗山陕会馆的照壁都临街而设，阻隔外部街市的喧闹，营造建筑内部宁静大气的氛围。在关帝庙中，照壁也处于轴线尽端，虽然解州关帝庙的照壁处于建筑群的中间位置，但是作为关帝庙的主要建筑群体，如果忽略前面的景观构筑物，照壁还是处于建筑轴线的尽端。

照壁的大小及规格是有规定的，有严格的等级制度。山陕会馆多借助关帝庙而建，所以照壁的大小及规格就可以提高。例如：开封山陕甘会馆照壁高 8.6 米，长约 16 米，厚约 0.65 米，其正投影为长方形，比例接近 2：1；而社旗山陕会馆照壁高 10.15 米，宽 10.60 米，厚 1.45 米，其正投影接近正方形，而且其墙体也较开封山陕甘会馆敦厚。照壁上往往与石雕艺术相结合，以显示商人的财富以及特有的晋秦文化。

照壁的种类按材质分类可分为琉璃照壁和砖石照壁，等级较高的会馆采用琉璃照壁，规模较小的往往采用砖石照壁。根据照壁所在位置以及与入口空间的关系，可以将其分为与山门相对的独立式照壁、在山门两侧的八字形照壁、与仪门和围墙等围合而成的内院式照壁三种形式（图 3-23）。

（a）与山门相对　　　　（b）在山门两侧的　　　　（c）与仪门、围墙结合的
　　的独立式照壁　　　　　八字形照壁　　　　　　　内院式照壁

图 3-23　山陕会馆入口照壁空间形式

独立式与八字形照壁，不用围墙与建筑围合，只起到装饰、风水与分散人流的作用。如：郏县山陕会馆与入口相对的一字型照壁；襄阳山陕会馆入口大门左右两侧的八字形影壁（图3-24），其上琉璃构件华丽，雕刻"双龙戏珠"、凤凰、八仙等形象，与门前石狮子一起，营造出宏大的建筑入口空间；与仪门、围墙结合的内院式照壁在会馆入口处形成一个院落空间，有的会馆院内还设有石狮子、铁旗杆、牌楼等建筑构件，石雕、木雕、砖雕、琉璃装饰繁复，显示出建设者雄厚的经济实力，这类情况在黄河南岸茶叶转运枢纽聚落的会馆中较为常见。以社旗山陕会馆为例，在远处看，会馆建筑装饰华丽，屋顶层次丰富，成为社旗的重要视觉焦点，故被人称赞其"上栋下宇，毅然巍起，数十里外犹望之，成赊旗镇之巨观也"。琉璃照壁设置在会馆轴线的最前端，与瓷器街相对，是过往商人第一眼看见的建筑实体，其上以琉璃构件满贴，色彩艳丽，装饰繁复，"二龙戏珠""鲤鱼跳龙门""麒狮戏斗"等图案栩栩如生（图3-25），不仅成为展示会馆实力的象征，也可以起到分散进入会馆人流的作用。院中铁旗杆、山门、辕门高大，装饰细节繁杂，雍容华贵。入口院落为横向展开，长宽比达1.36：1，使人感到空间的开阔，让人心情舒畅、轻快，与院内纵向的庭院空间形成鲜明的对比。

类似的还有洛阳山陕会馆，山门南侧设三段式的照壁，东西两侧设掖门，共同围合形成东西长、南北窄的横向封闭式入口空间，院内两侧建筑高耸，不仅可以突出建筑的庄严性，还可以将人的视线导向建筑细部之上。照壁上琉璃雕刻精美，造型生动，掖门与山门飞檐交错、小巧玲珑（图3-26），展示出山陕商人雄厚的经济实力。

汉口山陕会馆入口也设照壁，同样以围墙和仪门围合成庭院。院中设铁旗杆、水井（图3-27）。水是财富的象征，水井的设置不仅具有纳财象征意义，也能起到满足会馆日常用水与防火消防的作用。随墙牌楼门楼式入口高大雄伟，屋顶层层跌落，柱子长细比大，雕刻精美，装饰华丽，成为会馆入口的形象特征。

图 3-24　襄阳山陕会馆入口空间

图 3-25　社旗山陕会馆入口照壁

图 3-26　洛阳山陕会馆入口空间

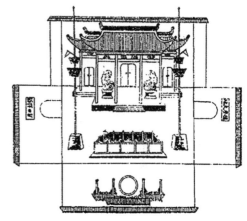

图 3-27　汉口山陕会馆入口空间
（图片来源：《汉口山陕西会馆志》）

　　有些会馆由于条件的限制，在入口不设照壁，也不能形成前院空间。
在这种情况下，山陕商人则将山门建设高耸，或将其雕刻繁复，使其在高
度或装饰上成为视觉的焦点。如多伦山西会馆入口，山门层数虽说只有一
层，仅为三开间带外廊形式，但其在水平方向上延展，其上斗拱彩画艳丽，
与左右配房、仪门一起延展数十米，再加上山门前三座牌坊的设置，突出
建筑的重要性。

构成上，山陕会馆的照壁与中国古代建筑的其他照壁形制基本相同，包括台基、壁体和屋顶三部分。

山陕会馆的基座大多为须弥座，足以体现照壁在山陕会馆建筑群中体量虽小，但是等级颇高。须弥座是由佛座演变而来，须弥山即喜马拉雅山，其思想来源是人们对佛的敬仰，即欲通过用须弥山来做佛座，以显示佛的崇高伟大。南阳社旗与洛阳的山陕会馆的照壁台基甚至为双层青石须弥座。山陕会馆照壁须弥座大多为青石材质，其雕饰各不相同。

照壁的主体部分是墙体，墙体上大多有精美的砖雕和石雕，雕刻的面积大小不一。开封山陕会馆雕刻面积较小，其他部分刷白（图3-28）。解州关帝庙雕刻面积较大，其余部分用红砖铺设（图3-29）。开封山陕会馆照壁砌有砖雕独担和四字纹花框，外部花框为方形，内部嵌有圆形石雕"二龙戏珠"。北面花框内的不同位置砌有龙纹砖，共雕龙18条。而装饰雕刻在照壁上的位置也非常考究，若站在大殿前面向南望，透过牌楼和戏楼门洞，视线的中心正好是照壁背面，上面郑重镶嵌有一块五尺见方的"二龙戏珠"石雕图案，这也反映了中国建筑空间中的对景手法的运用。而解州关帝庙的照壁为琉璃照壁，上有蟠龙、麒麟等图案，整个图面由多个大小一致的琉璃拼接完成，构图饱满，一气呵成。

图3-28 开封山陕甘会馆照壁

图3-29 解州关帝庙照壁

最值得一提的照壁是社旗山陕会馆照壁壁面（图3-30、图3-31），是由共计476块彩釉琉璃构件，包括浮雕变形"寿"字，与"福"谐音的蝙蝠图案，配合行龙、牡丹等形成寓意"富贵""福寿双全"等吉祥意义的装饰图案。画面以绿色琉璃雕双层竹节为框，最下部置黄色仰覆莲，仰覆莲上部一字排开3组图案，南北均有。总的来说，无论是开封山陕甘会馆的青砖壁体，还是社旗和洛阳的琉璃壁体都极尽雕刻之能事，并且在雕刻内容中用到了龙这样的在封建统治阶级中比较敏感的装饰题材，充分体现晋商文化和当时匠人高超的雕刻技艺，在后面相关章节中将详细探讨。

图 3-30　社旗山陕会馆照壁详图

（图片来源：摘自《中国古代建筑·社旗山陕会馆》）

图 3-31　社旗山陕会馆照壁实景

山陕会馆照壁壁体之上为屋顶，多为琉璃屋顶，或歇山，或硬山，甚至有庑殿顶。山陕会馆照壁屋顶各具特色，如开封山陕甘会馆照壁屋顶覆以绿色琉璃瓦。正脊为绿色高浮雕荷花脊，两端均置近于方形的龙头形大吻，尾部外卷，背上斜插一把剑，其身上还有凸出的升龙图案。而社旗山陕会馆和解州关帝庙的照壁屋顶颇为相似，皆为仿木结构斗拱及檐部结构，顶部为琉璃硬山顶结构。不同的是，社旗山陕会馆照壁屋顶的屋脊更加独具匠心，以两狮为吻，正中脊刹为狮驮宝瓶，两侧分立楼阁及狴鱼、海马等神兽。

综观山陕会馆的照壁装饰，内容丰富繁多、主次分明、立意明确，工艺设计巧妙、嵌接严密，造型和谐流畅、色彩艳丽，整体造型既拥有富丽堂皇的直观美感，又彰显了山陕商人财力雄厚的经济实力，在今天依然富有厚重的文化内涵。山陕会馆的照壁使关帝庙的建筑文化与形式得到持续的继承和发扬，堪称中国古建筑照壁装饰的经典之作，其历史文化价值，绝对不亚于其他的中国古代公共建筑。但是，随着时代更迭，大部分照壁都随山陕会馆的毁坏而消失了，如潞泽会馆入口处原设有九龙壁，与两边文昌阁、魁星阁围合形成入口空间，可惜后来被毁坏。虽然目前现存的山陕会馆中还保留有不少精美的照壁，可是因为地方建设的需要，有很多基本保存完整的山陕会馆和关帝庙建筑群体需将照壁拆除，例如周口关帝庙就是一例，其照壁的存在只能从文献中找到一些文字记载了。

（二）山门

会馆大门一般形体高大，建筑屋顶层次丰富，以巨柱承接的随墙式外廊山门和与山门戏楼结合的形式居多。作为山陕会馆和关帝庙的前导空间，山门包含了独立式山门和连体式山门两种。独立式山门包括有门洞式、门屋式、牌坊式等，连体式山门包含有牌楼合一和门楼合一两种，具体分析和案例列举见表3-4。

表 3-4　山陕会馆山门分析与举例

山门形式分类	山门形式名称	山门形式说明	典型山门举例	实景图片
独立式	门洞式	小型关帝庙常用形式，形式简单	泰安山陕会馆	
	门屋式	有遮蔽的建筑作为入口，形式较复杂	洛阳潞泽会馆	
	牌坊式	用独立牌坊作为入口，形式较复杂	解州关帝庙	
连体式	门屋戏楼结合式	门屋和戏楼形成整体建筑，形式复杂	社旗山陕会馆	
	牌楼门屋结合式	牌坊和门屋结合成牌楼，形式复杂	自贡西秦会馆	

　　从表格中可以看出，山陕会馆和关帝庙的山门形式多种多样，从简易的门洞式到复杂的牌坊、门、戏楼三者结合，都各具特色，一方面体现了

143

关帝庙所传承的宗教建筑文化，一方面又将北方建筑文化与本土建筑文化有效结合。以下通过对聊城山陕会馆、社旗山陕会馆和自贡西秦会馆的山门建筑进行分析。

聊城山陕会馆的山门为四柱三间牌坊式门楼。面阔 7 米，进深 1.7 米，高 10.74 米。牌坊式山门为普通牌坊尺度，四根柱子的柱础均为圆雕的狮子，中间两柱正面阳刻楹联，字体雄浑、气魄宏大。上联为"本是豪杰作为只此心无愧圣贤洵足配东国夫子"，下联是"何必仙佛功德惟其气充塞天地早已成西方圣人"。中间石质门框和门楣石上遍雕蝙蝠图案，门楣上方中间嵌条石 1 块，上刻"山陕会馆" 4 个大字；中间一间有 6 层斗拱，两边两间为 5 层斗拱；屋顶为歇山式，铺有琉璃瓦；屋脊两端有吻兽，正中有宝瓶：整个山门比例尺度得当，华丽而典雅。

社旗山陕会馆的山门与戏楼连为一体。戏楼又称悬鉴楼，悬鉴楼南部砖墙退后，形成面阔 3 间、深约 4 米、高约 6 米的门厅。面南为山门，檐廊宽敞，面北为戏台，这种勾连搭结构独具匠心，极富特色。会馆的地坪高差别具一格，一反传统建筑空间由南向北地面逐渐升高的传统，中院低于前院 28 厘米。因此社旗山陕会馆的戏楼地面也就南高北低，南部门厅高于前院地面 10 厘米，高于北部地面 19 厘米。南部门厅高大，但入门以后进入戏楼部分，戏台降至与地面 2.11 米，门厅为过渡空间。这样处理建筑的高差方式有两个明显的意义在于，一是限定了空间，通过高差将整个用来观演的庭院限定为一个有限定氛围的整体，二是将戏台压低，压缩建筑下部分高度，增大建筑屋顶部分尺度，更体现整个悬鉴楼和山门建筑的体量庞大。门厅梁架结构为卷棚式，四架梁与随梁枋前端插入柱头科，后尾插入隔墙，梁背中立一柱上达悬鉴楼二层作檐柱，月梁横穿此柱及两侧脊瓜柱，脊瓜柱承脊檩与脊枋。山门檐柱间联以额枋，柱上置厚大的平板枋，枋上立斗拱。明间施平身科三攒，次间两攒。明间柱头科、明间正中平身科以及次间内侧平身科为五踩重昂出斜昂单拱造，明间正中平身科两侧以及次间外侧平身科与柱头科为五踩重昂单拱造。

　　将山陕会馆的山门与关帝庙的山门相比较发现，山门形制基本相同。例如，与泰安山西会馆同等规模的朱仙镇关帝庙就是门洞式入口（图3-32），而亳州大关帝庙的山门与聊城山陕会馆相似的牌坊式山门，只不过在屋顶层数和材质上有差别（图3-33）。可以看到，山陕会馆山门在关帝庙山门的基础上，加入了更多的营造者的意愿和与当地建筑相融合的意向，使得山陕会馆山门的形式更加丰富和多样。

图 3-32　朱仙镇山陕会馆山门

图 3-33　亳州关帝庙山门

（三）戏楼

宏大的入口空间之后一般为观演空间，其中的戏楼是山陕会馆不可缺少的部分。戏楼也称舞楼、歌楼、水镜台、悬鉴楼等，在会馆中也最为重要，一般设置在建筑入口处，常与山门结合在一起，位于建筑二层，如社旗山陕会馆悬鉴楼（图3-34）、一斗水村关帝庙戏台、半扎山陕会馆戏台等；也有将戏楼进行单独独立设置的，如多伦山西会馆水镜台、汲滩镇山陕会馆悬鉴殿，设置入口山门之后的内院之中；但也有会馆将戏楼设置在建筑轴线的中后部，这种情况较为少见，如周口山陕会馆戏台，设置在拜殿与缱殿之后的第二进院楼之内。

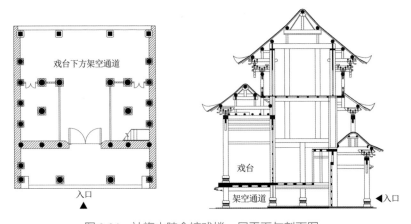

图 3-34　社旗山陕会馆戏楼一层平面与剖面图

关帝庙中的戏楼是为了祭祀，而到了山陕会馆，使用戏楼的频率增多，一般是每逢节日、祭祀、还愿和祝寿等时候会有演出，表演也不光给达官贵人和士绅商贾观看，也很多给当地百姓观看，在百姓中树立山陕商人亲民的形象。所以，戏楼在会馆建筑群中的重要地位非常独特，很多山陕会馆的戏楼都经过了精心的设计。

创建者会精心设计戏楼的名称。商人们认为命名仅为戏楼，不足以

表现这座建筑的特别，所以很多山陕会馆的戏楼都有自己的名字，开封
山陕甘会馆戏楼叫作"歌楼"，洛阳山陕会馆的戏楼叫作"舞楼"，社
旗山陕会馆有戏楼功能的建筑叫作"悬鉴楼"，自贡西秦会馆的戏楼叫
作"献计楼"。

商人们对会馆建筑的空间设计更加注重。形制上，符合讲求中国古代
建筑尊卑的礼制规范，"北屋为尊，倒座为宾，两厢为次，杂屋为附"，
戏楼也遵照这样的礼仪，戏楼位于在会馆照壁正北面的中轴线上，一般坐
南面北，正面朝大殿。

最引人注目的，是山陕会馆的观演空间的设计。会馆大多处于平地之
上，为营造良好的观戏视角，戏楼便设置在高高的台基之上，或直接将底
层架空，设置于建筑二楼，与山门建筑相结合。也有少部分会馆处于山地
之中，建筑群依等高线逐级而上，从而形成了多样的观演空间特色。根据
戏楼台基形式类型，我们将戏楼台基分为实体台基、中间过道两侧实体式
台基、完全架空式台基几种（图3-35）。实体台基采用砖、石等材料夯筑
而成，底层封闭，楼梯在外侧另建，如多伦山西会馆戏楼。中间过道两侧
实体式台基在明间开狭长通道，两侧为封闭实体或布置功能房间，楼梯位
于室外台口两侧，如半扎山陕会馆。完全架空式用木柱、石柱与山墙面墙
体加以承接，楼梯或可位于室内，同时底层空间开阔，如社旗山陕会馆、
郏县山陕会馆等。

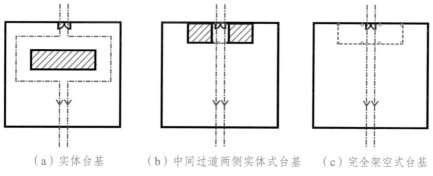

（a）实体台基　　（b）中间过道两侧实体式台基　　（c）完全架空式台基

图3-35　万里茶道上山陕会馆戏楼台基形式与流线关系

我们根据戏楼剖面处理和观戏庭院的视线关系可将其分为以下几种模式：

（1）通过地形处理，在内院形成台阶或坡道，使戏台台口与观戏庭院齐平，如一斗水村关帝庙（图3-36）。

（2）戏台处于实体台基之上，高于观戏庭院，如多伦山西会馆（图3-37）。

（3）戏台架空于建筑二层，高于观戏庭院，如汉口山陕会馆、社旗山陕会馆（图3-38）、郏县山陕会馆等。

图3-36　一斗水村关帝庙观演空间

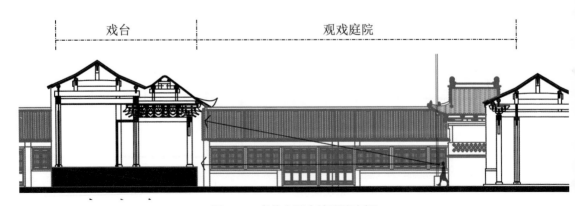

图3-37　多伦山西会馆观演空间

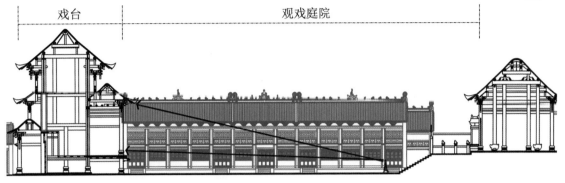

戏台 观戏庭院

图 3-38　社旗山陕会馆观演空间

　　在万里茶道沿线山陕会馆中以第三种空间形式较为多见，将戏台底层架空作为入口通道，不仅可以使观戏视线更佳，还可以使疏散来往人流与演戏流线互不干扰，同时又节约建筑面积。戏楼与入口山门相结合，使得会馆在入口处建筑高度突出，其交错的屋顶形式与繁复的装饰，又可以在外立面上展示出会馆的经济实力。

　　根据戏楼的观演形式，我们将山陕会馆戏台分为三类（表 3-5）。一类是落地式，在两种情况下出现此戏台，一种是与过厅合用的形式，在平时没有演出的时候，当作厅堂使用，在有演出的时候，在台阶上搭上木板就可以演出，如解州关帝庙的锥门。还有一种情况是在附属院落的小戏台，因为院落尺度小，只能平视演出。二类是凸形戏台，这种戏台最为常见，因为台口突出形成了三面镂空，有利于获得更多的观看视角，并与台下的观众有更多的接触和交流。三类是平口戏台，这类戏台往往与两边的耳房相平，演员可以从耳房直接上台，只不过只有一面能观看，比凸形戏台略有局限性。根据各地方不同的表演需求，会馆戏台的大小也不尽相同，例如，在河南地区的戏曲表演中，"所演之腔，乃山西北路帮子，与蒲陕大调大同小异，偶演秦腔，声悲音锐"。这是发源于山陕豫交界地民间戏种，演唱时多用梆子击打伴奏，需要宽敞的表演舞台。所以在河南的山陕会馆大多有宽阔的舞台。戏台的台面宽度小则一间，大则三间。

表 3-5　山陕会馆和关帝庙的戏台样式

戏台类别	戏台名称	戏台部分规模	戏台部分屋顶	实景图片
落地戏台	解州关帝庙戏台（锥门）	三开间	歇山	
	开封山陕甘会馆侧院戏台	一开间	硬山（主体）	
凸形戏台	亳州关帝庙戏台	一开间	歇山	
	周口关帝庙戏台	三开间	重檐歇山	

续表

戏台类别	戏台名称	戏台部分规模	戏台部分屋顶	实景图片
凸形戏台	苏州全晋会馆戏台	一开间	歇山	
	聊城山陕会馆戏台	三开间	重檐歇山	
	洛阳山陕会馆戏台	三开间	歇山	
	自贡西秦会馆戏台	三开间	三重檐歇山攒尖	
	社旗山陕会馆戏台	三开间	重檐歇山	

　　从上述列表中可以看到山陕会馆戏台风格多样的同时，具有很多共性。首先，建筑外观一般为两层，多为三开间，也有一开间的，如多伦山西会馆戏楼（图3-39），台口外立面上开间较大，却仅用两根柱子支撑，使得观演视线不被遮挡，处理方式独具匠心。戏台建筑的主体部分多为硬山屋顶，而戏台部分另设屋顶，一般多歇山或者重檐歇山。汉口山陕会馆戏楼中间的主戏台与山门结合，位于底层架空的二层之上，屋顶为三重檐形式，台口三开间向前伸出，两侧与架空看廊相接围合而形成观演空间，使得观演者在任何位置都可以获得较好的视野。再如社旗山陕会馆悬鉴楼（戏楼），为三层重檐歇山顶建筑。南面为山门，北侧戏台，与拜殿、正殿相对。在台口明间处将层高增大，使得立面上屋顶层次丰富、错落有致。戏台北面庭院宽阔，可容纳万人同时看戏，故又称"万人庭院"，可见观演空间的规模之大。为使观戏视线不被遮挡，院中以盆栽植物为主，树木低矮。中间甬道直达大座殿，将庭院一分为二，突出轴线上建筑的主体地位。其次，戏台的交通空间一般隐藏在戏楼的后侧，也有例外受到限制的直接暴露在戏台两边，如开封山陕甘会馆戏台。再次，从材料上来说，建筑大多是砖石框架，一层为石柱，二层为木柱。一层三间的旁边两间有时用砖石封闭，所谓使用功能空间。最后，从建筑细部来说，戏台部分的出挑往往较大，在一些雨水较多地区的戏台更甚，并带有上挑飞檐。一方面使整个戏台更加轻盈精致，另外一方面也为表演时的突然降雨而不影响继续演出做设防，可以说是实用和美观的双重考虑。在列表中，山陕会馆和关帝庙戏台的相似之处着重可以表现在两组戏台上，一是亳州关帝庙戏台和苏州全晋会馆戏台，二是周口关帝庙戏台和聊城山陕会馆戏台。这两组戏台分别为一开间戏台和三开间戏台的代表，它们两两之间从整体形态、尺度、比例、功能、结构、材料等多方面都有较大相似之处，深刻体现了会馆与关帝庙之间的传承关系。

　　苏州全晋会馆的戏楼可是说是整个建筑群体的精髓所在。据说，全晋会馆每遇皇帝诞辰、国家大庆、关公诞辰及忌日，甚至每当经商者生意兴隆，

图 3-39　多伦山西会馆戏楼　　　　　图 3-40　郏县山陕会馆戏楼

财源广进时，均要举行隆重庆典或祭祀仪式，鸣钟击鼓，场面恢宏。全晋会馆的戏楼是典型的山陕会馆的戏楼，分为上下两层，底层为仪门和两廊，楼层由北向南伸出戏台。戏台坐南向北，台面高出地面约 2.7 米，边宽约 6.5 米，设有"吴王靠"，形成面积约为 36 平方米的正方形。由于包厢与戏台有着科学的空间处理，观众可以从多方位欣赏演员的表演，将其一招一式尽收眼底。

清嘉庆年间由济南府丝绸商集资修建，清末时房屋破败，于民国十三年（1924 年）重修，因此时济宁会馆已经废弃。山陕会馆中戏台占比较大，是绝大多数会馆所具有的重要建筑元素。"戏台，为春秋两祭演古酬神而设"，戏台不仅为"酬神"的功能，因为观演空间的视觉感受与空间体验更加人性化与科学化，同时也成为"娱人"的重要场所（图 3-40）。山陕会馆中戏楼形式多样、装饰精美，观戏的庭院空间占比大，成为建筑群体组合中的重要中心。凭借其瑰丽的门楼、华丽的戏台与繁复的石雕木雕装饰，展示出茶商当年雄厚的商业财富。

（四）钟鼓楼

在我国古代，钟鼓楼建筑有自己独立的发展历史，楼内设置钟鼓有不同的说法和意义。有的是按时敲钟鸣鼓，为向城中居民报告时辰之用，明清的城市常常在市中心设置钟楼和鼓楼，成为城市中轴线上必不可缺的一个组成部分；有的钟、鼓为祭神及迎接神社之用，明清的寺庙道观建筑，在山门以内，主殿以前，东西相对的楼阁式建筑，另外还以晨钟暮鼓来安排僧人或道士的作息起居。山陕会馆的钟鼓楼显然来源于关帝庙中钟鼓楼的传承，关帝庙中的钟鼓楼是提示道士的作息起居，也在祭祀时使用，而山陕会馆的钟鼓楼更多的功能在于祭祀时使用，并且在其他重要的日子配合戏台使用。总的来说，钟鼓楼是山陕会馆所必有的建筑。

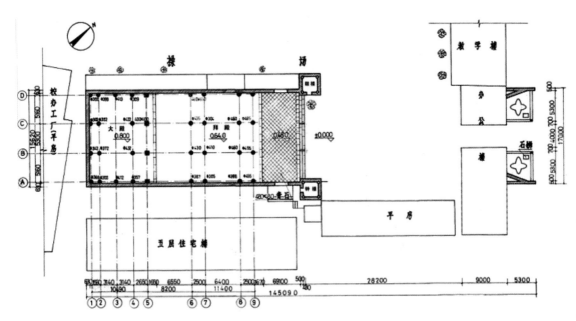

图 3-41　襄阳山陕会馆平面图
（图片来源：襄阳市建设局资料）

钟鼓楼在建筑中的位置不尽相同，有的鼓楼设于山门前侧，分居两侧，如图 3-41 中的襄阳山陕会馆平面中，可以看出钟鼓楼的位置。襄阳山陕会馆算是山陕会馆建筑中规模较小的，但是仍设有钟鼓楼，说明钟鼓楼在山陕会馆中必不可少。另外还有荆紫关山陕会馆，钟鼓楼也立于山门之前。笔者认为这样设置的用意在于，钟鼓楼不光为山陕会馆建筑群本身所使用，还可以服务于片区里面的其他居民。还有的钟鼓楼设置在山门两侧,与山门平齐,例如洛阳潞泽会馆就是如此。由于很多山门和戏台连接在一起,从庭院向戏楼看去,也可以看到钟鼓楼分居戏楼两侧,如社旗山陕会馆钟鼓楼设置在悬鉴楼两侧。还有一些钟鼓楼分居在庭院两侧,如开封山陕甘会馆的钟鼓楼设置在厢房与戏楼之间的庭院两侧位置。另外,聊城山陕会馆的钟鼓楼设置也别具特色,设置在夹墙内侧,钟楼、鼓楼各有小院,通过小门与大庭院连通。

钟鼓楼位于平面布局的位置有所差别,但是形式较为一致,均为"台基+亭台"的形式。会馆中钟楼、鼓楼往往形式相同。在立面构图上,底层设基座,上层为歇山或重檐歇山亭,在中轴线上对称设置,这里将其称为"台基+亭台"构图形式。在沿线会馆钟鼓楼均采用这样的构图,例如襄阳山陕会馆、汉口山陕会馆[图3-42(a)]、多伦山西会馆[图3-42(b)]、开封山陕甘会馆[图3-42(c)]、郏县山陕会馆、社旗山陕会馆等。从平面与建筑材料来看,在不同会馆中也有一定的差异。以台基为例,以青砖砌筑较为多见,立面上开圆拱门,中间布置楼梯,可达二层平台,如多伦山西会馆、襄阳山陕会馆、开封山陕甘会馆、郏县山陕会馆等。但也有的使用木柱将底层完全架空,上方再设置钟鼓楼,如社旗山陕会馆。

（a）汉口山陕会馆　　　　　　　（b）多伦山西会馆

（c）开封山陕甘会馆

图 3-42　不同会馆中的钟鼓楼形式

　　钟鼓楼在建筑群中的位置较为多变：有的在戏台两侧，独立设置，如社旗山陕会馆；有的与戏楼或山门建筑连接成为一体，如洛阳潞泽会馆、郏县山陕会馆；有的设置在拜殿两侧，如襄阳山陕会馆、汉口山陕会馆等。

　　钟鼓楼一般沿主要轴线对称布置，钟楼和鼓楼镜像而坐，钟楼一般在东侧，鼓楼一般在西侧。钟楼和鼓楼形制基本一致，平面皆为方形，一般为两层结构。第一层为砖结构，内设楼梯可达上层。第二层为木结构，是建筑物的主体，有围护结构，外侧设柱一圈。二层屋顶一般为重檐歇山顶。这是山陕会馆钟鼓楼的常见形式，例如开封山陕甘会馆和聊城山陕会馆钟鼓楼形制与解州关帝庙钟鼓楼形制基本一致，在二层的围护结构、栏杆扶手设置上的细节略有差别。聊城山陕会馆钟鼓楼钟楼、鼓楼南北对称，分列于夹楼外侧，均为筑于砖石方台之上的单间二层重檐歇山十字脊式建筑。二层各有 12 根檐柱承托着第一层屋檐。一层楼门西向。左为"钟楼"，二层楼门南向，门楣上有石刻"振聋"横额一方，两侧石柱上阴刻楹联一副：其声大而远，厥意深且长。右为"鼓楼"，二层楼门北向。门楣上有石刻"警聩"横额一方，两侧石柱上阴刻楹联一副：当知听思聪，岂可耳无闻。以下对山陕会馆钟鼓楼形式加以总结（表 3-6）并对其中一些钟鼓楼进行详细说明。

表 3-6　山陕会馆的钟鼓楼形式

名称	基本格局	屋顶	实景
社旗山陕会馆鼓楼	下层和上层均开敞，只设柱	歇山，二层	
荆紫关山陕会馆鼓楼	一层，全开敞	攒尖，三层	
解州关帝庙鼓楼	下层砖石封闭，上层外设柱内封闭	歇山，两层	
开封山陕甘会馆钟楼	下层砖石封闭，上层外设柱内封闭	歇山，两层	
聊城山陕会馆钟楼			

也有一些山陕会馆钟鼓楼形制较为特殊，例如荆紫关的钟鼓楼和社旗山陕会馆的钟鼓楼。荆紫关山陕会馆建筑群位于河南淅川，已经靠近南方地区，建筑特征亦部分脱离北方建筑的厚重感，带有开敞通透的建筑空间，从钟鼓楼的设计就可以看出来。荆紫关山陕会馆的钟楼和鼓楼形制相同，与其他钟鼓楼不同的是，该钟鼓楼只有1层，但为遵照钟鼓楼惯有的形式，建有高高的砖石基座。基座以上为木结构，柱子较细，使建筑显得更加轻盈。主体建筑为四角攒尖顶、三重檐、灰色瓦、砖雕花脊，顶部安有宝珠和塔刹，上书有"风调雨顺"4个字。社旗山陕会馆钟鼓楼建于悬鉴楼的东山面和西山面，坐南朝北，并排而建。通面阔与通进深均7.35米，总高约15.65米，建造在通面阔9.57米、通进深10.1米、低矮的台基之上。不同于其他钟鼓楼的重檐，重檐设于屋顶，此钟鼓楼的两层屋顶分别在不同层数上。钟、鼓楼继续延续了悬鉴楼的构造特点，一层开敞，各以16根木柱擎起二层楼阁，柱础为北方式简洁雕饰之石础。钟楼之中高悬巨型铁钟，高近2米，重2500余斤；鼓楼内高悬巨鼓。二楼之顶部结构为重檐歇山顶：飞檐微跷，八角高挑，整体艺术造型空灵秀逸，具园林建筑之风格。屋顶以绿釉瓦饰檐，灰筒瓦为面，黄釉瓦组成菱形图案装饰中心，给人以古朴素雅之美感。重檐琉璃歇山顶下檐施五踩重昂出45度斜昂单拱造和五踩重翘单拱造两种斗拱，上檐斗拱分为上下两层，下层仅设一座斗，正心设一实拍拱，另设耍头，耍头上设一通长平板枋，枋上立五踩重翘出45度斜翘单拱造和五踩重翘单拱造两种斗拱。

社旗山陕会馆钟鼓楼的特别之处在于整个建筑仅设柱网，而无墙体，笔者认为此设计方式独具匠心，更值得现代设计借鉴。这样通透的设计有三点对现代建筑空间的启示：首先是提高空间利用率，从其他建筑的钟鼓楼可以看出，钟鼓楼下层为带有木门的砖石围护，在需要使用时方打开。而此钟鼓楼下层即为交通空间，并且通往二层的楼梯可以和戏台的楼梯共用。其次，钟鼓楼下方全开敞不光是为了交通的需求，还是为了视线通达的需求，透过钟鼓楼下端就可窥见社旗山陕会馆巨大的庭院，也同时增加了空间层次感。最后，钟鼓楼的上下通透削弱了建筑的体量感，更加烘托出悬鉴楼的庞大体量。事实上，此钟鼓楼比一般山陕会馆钟鼓楼体量更大，但因为上下通透，体量削弱，这个建筑更加轻盈，烘托悬鉴楼的厚重、庄严之感。总体来说，社旗山陕会馆钟鼓楼是山陕会馆建筑的辉煌成就的一个缩影，在继承了关帝庙建筑的形制基础上加以变化和提升，也为现代建筑理论研究留下了珍贵的资料。

（五）正殿

正殿与春秋阁所形成的祭祀空间，是会馆的精神核心。有的会馆具有供奉关帝的正殿，却没有供奉关羽拜读《春秋》像的春秋阁，如洛阳山陕会馆；有的会馆具有春秋阁，却没有正殿，如朱仙镇大关帝庙；大多数会馆既有正殿又有春秋阁，如汉口山陕会馆、社旗山陕会馆、洛阳潞泽会馆、开封山陕甘会馆等。不管是正殿还是春秋阁，都是祭祀关羽的建筑空间，在山陕会馆之中两者至少存在其一，可见祭祀空间的重要性。

正殿也叫座殿或大殿，因为是供奉关羽神像的最重要的建筑，所以有时也是叫关帝殿或者关圣殿等。这里说的正殿是山陕会馆的最重要的建筑，通常位于会馆中轴线中间部分，位于观演空间庭院之后，正对戏台。屋顶等级最高，在建筑群体中的地位也最为重要，常常与春秋阁之间通过院落加以连接，成为轴线末端的最后一组建筑，如汉口山陕会馆，通过四周连廊处理，将大殿与春秋阁连接围合形成内院。

正殿之前常设置有月台和拜殿。拜殿开间三间到五间，室内空间通透开敞，如襄阳山陕会馆、社旗山陕会馆、半扎山陕会馆等，但也有完全封闭的情况，如洛阳山陕会馆拜殿。通过地面抬升或月台空间处理，使得在拜殿之内可以获取更好的观戏视野，同时又能突出其后正殿的建筑地位，不仅将祭祀空间向外延伸，同时也与观演空间进行结合，是祭祀空间与观演空间的过渡性建筑。在社旗山陕会馆大拜殿前月台之上还设置有石牌坊，周口山陕会馆飨殿前月台之上还设有碑亭，使得建筑院落空间层次更为丰富。拜殿与正殿两者之间一般相距较近，中间形成一个横向狭长的竖向空间，在前后屋顶交接的缝隙中进行采光和排水，如半扎山陕会馆、洛阳山陕会馆；或直接采取勾连搭形式将两者连接在一起，上部建造排水沟，拜殿与正殿形成一个完整的祭祀空间。从室外—月台—拜殿—正殿的空间序列中，光线逐渐变暗，将关帝崇拜的空间感受推向高潮。社旗山陕会馆在拜殿与正殿之间的侧门上还设置坡向内的单坡屋顶，将雨水引向院中两侧铜池之内，又具有"财源广进"的商业文化寓意，处理手法较为特别（图3-43）。

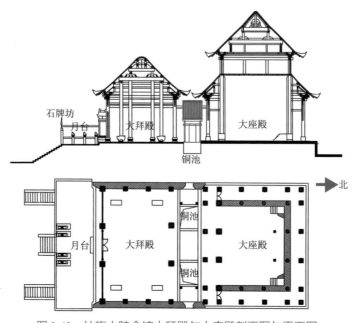

图3-43　社旗山陕会馆大拜殿与大座殿剖面图与平面图

　　正殿是山陕会馆最重要的建筑。首先，从规模上来说正殿是建筑群体中最大的；其次，它处于中心轴线建筑的高潮部分，在月台之上，是地平高差最高的地方；最后，即使是规模较小的山陕会馆也有一座主殿，而规模加大的山陕会馆会有两座正殿。正殿一般包括拜殿和座殿，拜殿为祭祀场所，座殿供奉关公神位，还有一些山陕会馆会将关帝神位供奉在春秋阁。从这一点也能看出关帝庙和山陕会馆的传承关系。山陕会馆在沿用关帝庙的祭祀方式的同时，也传承了祭祀建筑，只是在根据使用功能和地形限制上作为调整，但是无论如何，在山陕会馆中最主要的建筑还是供奉关帝。

关帝庙中正殿一般包括献殿、正殿以及正殿前的月台或广场。献殿的形制一般不会太高，多位一开间或者三开间，屋顶形式多采用歇山、悬山及卷棚。正殿是关帝庙的核心，等级较高的建筑称为崇宁殿，有时还称为关圣殿或者关帝殿。全国范围内的关帝庙正殿一般为三开间，三进深。屋顶形式一般为卷棚、悬山和硬山顶，也有少数为五间或者七间，屋顶为重檐歇山。如规模较小的朱仙镇关帝庙和亳州关帝庙正殿均规模不大，而解州关帝庙作为全国最大的关帝庙，拥有等级最高的正殿，名为"崇宁殿"。众山陕会馆基本继承了关帝庙大殿形式，并且在规模和等级上都不输给关帝庙，山陕会馆正殿部分一般具有以下特征：首先，正殿可能为独立建筑，也可以为两个或三个建筑勾搭在一起的连体建筑，从聊城山陕会馆和洛阳山陕会馆的外部立面可以看出（图3-44、图3-45），形制较关帝庙更加灵活多变。例如，在洛阳潞泽会馆，正殿就只有独立一座建筑，而在社旗山陕会馆由两座建筑组成，而在开封山陕甘会馆由三座大殿连接而成。其次，在常见的由前后两个殿组成正殿的形制中，一般后面一个殿等级较高，大多为重檐歇山，而前面的殿等级较低，有时只是卷棚。山陕会馆的正殿往往规模较大，一般为五开间，也有七开间大小的，规模也高于前面次要的殿堂，成为整个建筑群体的最高点，从洛阳山陕会馆的外墙可以清晰地看到。再次，在组成正殿的前面一个殿往往处于宽敞的月台之上，便于进行

图 3-44　从外看聊城山陕会馆大殿

图 3-45　从外看洛阳山陕会馆大殿

露天的祭拜活动。这个殿名称各不相同，有叫拜殿、献殿或者前殿的。正殿的主要殿处于后侧，可成为大殿、正殿或者座殿。一般供奉关羽神像，故等级较高。在表 3-7 中，将调研到的建筑群中的大殿进行整理，便于比较。从表中可以明显看出，洛阳潞泽会馆的正殿和开封山陕甘会馆拜殿形式极为相似，均为五开间，屋顶形式为重檐歇山，这与关帝庙的崇宁殿如出一辙。

表 3-7　山陕会馆的正殿形式

类别	名称	简介	实景照片
较小的关帝庙正殿	朱仙镇关帝庙	称为春秋宝殿，为清康熙四十七年（1708 年）所建。 单檐歇山式，面阔五间（20 余米），进深两间（近 8 米）。 碧瓦红墙，飞檐翘角，异常壮观，大殿建成后多次修葺	
	亳州关帝庙	大殿高 10 米，面阔三间。 屋顶为硬山式。 非建筑群主体建筑，故亳州关帝庙称为"花戏楼"	
较大的关帝庙正殿	周口关帝庙	由飨殿（也叫炎帝殿）和大殿两部分组成。 飨殿面阔五间，歇山顶。大殿建于清康熙三十二年（1693 年）。殿内塑关羽、张飞、赵云、黄忠、马超这五虎上将之彩像	
	解州关帝庙	名为"崇宁殿"。 殿前苍松翠柏，郁郁葱葱，配以石华表一对，焚表塔两座，铁旗杆一双，月台宽敞，勾栏曲折。 殿面阔七间，进深六间，重檐歇山式琉璃殿顶	

续表

类别	名称	简介	实景照片
较小的山陕会馆正殿	聊城山陕会馆	大殿由献殿和复殿前后组成，檐部有天沟相接。 献殿与复殿又各分为正殿和南北配殿，前后左右共六殿，均面阔三间。正殿房面高于南北配殿。献殿为卷棚顶，复殿为悬山顶。正殿房面覆绿色琉璃瓦	
	开封山陕甘会馆	由三座不同形式的殿毗连而成，依南向北为拜殿、卷棚和大殿（座殿）。 拜殿面阔三间，卷栅和大殿皆面阔五间。 正殿屋顶形式从南向北依次为：歇山顶、卷棚顶、硬山顶	
	洛阳潞泽会馆	正殿建于清乾隆九年（1744年），为单独一座建筑。五开间，重檐歇山顶。 建于面积较大、地平较高的月台上	
较大的山陕会馆正殿	社旗山陕会馆	正殿由前方大拜殿和后方大座殿组成。建于同治八年（1869年）。 大拜殿建于高台之上，为歇山卷棚顶。大座殿为重檐歇山顶	
	自贡西秦会馆	正殿面阔五间，进深八架椽。 正面左右各出抱厦，作卷棚顶，前方为两重檐，檐廊下用卷曲的天花处理成轩	

　　社旗山陕会馆的正殿建在高约 2.46 米的台基之上，沿进深方向建有两座建筑，前为大拜殿，后为大座殿。两座建筑内厅衔接契合自然巧妙，两座大殿之间檐口没有封闭，后殿台基高于前殿地面，两殿交接处置东西两石砌水池，名为"铜池"，既可承接屋顶泻水，又寓含"财源广进"之意，蕴含着浓厚的商业文化。

　　月台形制独特，平面为凹字形，在我国古建筑中不多见。台阶为三阶制，中间为道，道南为踏垛，道北斜置雕刻云龙的青石，神道两边有副阶，三阶之上均设石牌坊。大拜殿面阔为三间，共 15.39 米，进深九椽，计 9.60 米，高 15.10 米，为单檐绿琉璃歇山卷棚顶建筑，形象庄严、宏阔。大拜殿的柱础石雕颇具特色，其 18 座柱础共分 7 种类型，每类雕饰各有特色。特别是殿内的 4 座金柱动物造型柱础，础高达 0.84 米，长 1.16 米，以硕大的整块青石圆雕而成。因大拜殿为祭拜、宴会之地，其前檐为半栅栏开放式，殿内光线充足，视野开阔，前方诸建筑及戏台演戏情景尽收眼底。后檐明间原设置屏风门，可开合，两次间则作开敞式。大座殿位于大拜殿的北面，与大拜殿之间以勾连搭结构相连。面阔 39 米，进深 13.44 米，面阔、进深各为三间，四周设回廊，廊深 1.92 米，两侧以二门通回廊。殿通高为 24.94 米，以 24 根巨柱撑起，重檐绿琉璃歇山顶，为会馆内现存最高大的建筑，其内设会馆主祀神关羽座像。大座殿台基高于大拜殿地面 0.16 米，其间设既可蓄水又寓含"财源广进"的铜池，另于其东、西侧各设一垂花门与药王殿、马王殿相通。自月台、大拜殿、大座殿呈依次高升之状，突出了大座殿的主体地位。大座殿的殿顶琉璃颇具特色。两层重檐，八角高挑。一层四坡坡面稍张，顶层前后坡坡面陡峭，与前部大拜殿舒缓之卷棚顶坡面形成对比。

　　两座大殿均覆以绿琉璃瓦，坡面中部以黄绿琉璃瓦组成菱形图案。大座殿的殿顶琉璃脊饰颇具特色。正脊中央立琉璃楼阁脊刹。刹座东西设吞脊兽，座北侧塑和合二仙像，反映了"和气生财"的祈愿。座上琉璃莲台，台上置琉璃楼阁，阁顶立麒麟驮宝瓶。脊刹两侧另于正脊上立白象驮宝瓶，相间立 8 个骑马仙人。正脊两端置龙头大吻。垂脊上立狎鱼、海马，垂兽为雄狮。戗脊立狎鱼，戗兽为龙头。飞檐四角各立武士造型，角饰套兽，下悬风铎。脊之两面分饰云龙、牡丹。官式建筑的垂脊除了垂首外不立兽，而社旗会馆建筑的垂脊上均立兽，这是社旗会馆脊饰的一大特点。社旗山陕会馆的大殿和拜殿从体量、结构和细部都可以说达到了山陕会馆的正殿建筑的极致。

（六）春秋阁

春秋阁，又可称为春秋楼。春秋楼的存在是山陕会馆继承关帝庙形制的最好证据。关帝庙中往往在轴线尽端建有春秋阁，是关帝祭祀的一个特点，正是除了供奉关帝的主殿大拜殿外，往往建造与关帝密切相关的体量高耸的楼阁建筑——春秋楼，楼内供奉关羽夜读《春秋》图或神像而得名，一般为体量高耸的楼阁建筑。例如，在解州关帝庙的轴线尽端就设有春秋阁（图 3-46），可以说成为各地山陕会馆春秋阁的"范本"。周口关帝庙春秋阁也设在轴线尽端（图 3-47），形制与解州关帝庙形制相似，高约 17.5 米，底层用石柱承托腰檐及二层平座，形成周围廊，如悬浮在空中。

山陕会馆中也有很多在轴线尽端上建有春秋阁，春秋阁一般建筑体量较大，一般为两层建筑，面阔一般为五间。下层一般有基座，建筑外圈有檐廊，有披檐。上层外层开敞，设有栏杆。屋顶一般为重檐歇山，如开封山陕甘会馆、聊城山陕会馆、邓州山陕会馆、荆紫关山陕会馆、社旗山陕会馆、洛阳鲁泽会馆（图 3-48）等。其中社旗山陕会馆春秋阁最大，下为重台阶基，面阔七间，进深六间，三重檐琉璃歇山顶，每层都设有平台栏杆及回廊，高达十丈十尺。前有拜殿，两侧有陪殿，可惜现已不存。山陕会馆对于春秋阁的设置相对关帝庙灵活，如淅川荆紫关镇的山陕会馆将春秋阁作为建筑群的主要建筑，自东向西，轴线上布置大门、戏楼、春秋阁、后殿、卷棚，春秋阁位于建筑群中部。

图 3-46　解州关帝庙春秋阁

图 3-47　周口关帝庙春秋阁

图 3-48　洛阳潞泽会馆

（七）配殿

在山陕会馆中，在主轴线上的主要殿堂没有关帝庙那样有规范的个数和次序。不过由于山陕会馆的商业性质决定了在很多山陕会馆还供奉除了关帝以外的其他神灵。山陕会馆的配殿有这样一些特征需要说明：首先，山陕会馆除了戏台和主殿、钟鼓楼以外的其他建筑大多等级较低，包括了廊房、看楼、厢房、配殿等，这些建筑大多形制相同，进深较小，屋顶形式一般为悬山、硬山、卷棚等，所以导致很多建筑的廊房、厢房、配殿并不区分得十分明显。这些建筑往往通过使用功能和空间的划分进行区别：廊房和看楼，一般提供观演空间，多不设隔断；厢房，一般供给使用者或者来访者起居；而配殿，一般供奉神灵，无其他功用。其次，配殿一般与其他次要功能房间一起设置在庭院的轴线两侧，也有一些配殿地位等级高于其他功能用房，例如在社旗山陕会馆，就设有药王殿和马王殿，分居在供奉关帝的大拜殿两侧，面相悬鉴楼。由此可以看出在这座建筑中，药王殿和马王殿的建筑等级也颇高，供奉的神灵为社旗山陕商人的行业神。这种供奉多个神灵的做法在关帝庙中也存在，例如，在周口关帝庙中，面对飨殿和大殿两侧也分别有左边的炎帝殿和右边的老君殿，而在庭院的东西两侧还有财神殿、酒仙殿、药王殿、灶君殿，这四个殿与东西廊房为同一座建筑，用石墙将其分隔开来。另外，还有一些山陕会馆配殿形式跟开封山陕甘会馆的布局相似。主要庭院的两侧为厢房，而大殿两侧各设对称庭院，建有东配殿和西配殿，并且各自设有落地戏台。总的来说，配殿在山陕会馆中布局较为灵活，而建筑形制比较一致。不过也有特例，这里重点介绍一下社旗山陕会馆的药王殿和马王殿（图3-49）。

社旗山陕会馆的药王殿和马王殿是现存的山陕会馆配殿中等级最高、规模最大的配殿。从平面上可以看出，药王殿、马王殿呈镜像对称，分居大拜殿两侧，与大拜殿无结构搭接。不过，药王殿和马王殿与大拜殿之间留有缝隙，缝隙中设互相可通达廊道（图3-50），廊道为两侧，下层可穿

图 3-49　社旗山陕会馆药王殿

图 3-50　社旗山陕会馆大拜殿
与药王殿之间的通道

过廊道到达后院。药王殿和马王殿建筑形式与大拜殿相似，只是体量较小。同大拜殿一样，药王殿和马王殿各由两座殿组成，靠前的殿屋顶为硬山卷棚，而靠后的殿的屋顶为歇山顶，均铺设琉璃瓦，其他装饰可参看大拜殿描述。从药王殿和马王殿的立面来看，可以明显感觉到建造方式基本与大拜殿相同，同样设有月台，侧面以石墙为主，高处设有圆窗。两殿的结构为统一整体，屋顶设有排水天沟，靠后殿堂设有阁楼，另有药王殿、马王殿建筑立面与剖面详图。

　　这里还要提到的是社旗山陕会馆的道坊院，它是社旗山陕会馆的附属院落，相当于开封山陕甘会馆的东西跨院，又名掖园宫、接官厅，其建筑风格融合北方四合院建筑与南方民居和园林建筑风格于一体，可从建筑的平面图看到道坊院外的园林布置。从整个道坊院的剖面图可以看到，形制类似于一般的小型山陕会馆，南面设有戏台，入口亦从戏台穿过，东西两侧为厢房。北面为主殿，为硬山，前有卷棚檐廊。此道坊院的特别之处，一方面从建筑布局和形制上较为完整，相当于"迷你"的山陕会馆，另一方面是其功能使用的特别，是管理会馆的道士的平时居住之地，亦为接待联络官府人员的场所，是为会馆作为民间商会与官府斡旋功能的实物见证，具有重要的研究价值，在全国现存会馆类建筑中独此一家，堪称"全国之最"。

（八）厢房

在前文写配殿的章节中提到了配殿、厢房、廊房的区别，这里所说的厢房指的就是辅助用房中不供奉神灵的普通用房。这些用房一般分居在主要庭院和次要庭院的轴线两侧。建筑屋顶一般为硬山式或悬山式，如周口关帝庙的厢房为悬山式（图3-51）。一般厢房也有基座，一般不高，一般为0.5～0.8米，建筑面宽一般较长，占据主要庭院的东西两侧，进深较窄。山陕会馆和关帝庙的厢房形式一致，例如，洛阳潞泽会馆厢房与朱仙镇关帝庙厢房基本一致（图3-52、图3-53）。还有一些山陕会馆的厢房是没有檐廊的，如开封山陕甘会馆的东西厢房和社旗山陕会馆的东西廊房就不设檐，采用重檐歇山顶，而西秦会馆各建筑屋顶鸟瞰高翘临空，打破了两厢卷棚的单调。这是山陕会馆中非常罕见的做法。这样的设计放到现代建筑中也是妙笔，体现在几个方面：首先，该建筑群体中没有钟鼓楼，而"贲鼓"的意思即为大鼓，"金镛"的意思为大钟，所以笔者猜测两阁的功能基本代替了钟鼓楼（图3-54）。其次，将两阁镶嵌在厢房的中间，打破了一般厢房横向的延伸，不会让厢房变得冗长。并且，两阁相对而坐，构成两个副舞台，增加了表演效果。最后，两阁与献计楼采用相似的形制，均是重檐歇山带飞檐，和献计楼形成良好的呼应关系（图3-55）。

在山陕会馆的厢房中比较特殊的是四川自贡西秦会馆的廊房，这里重点介绍。西秦会馆的厢房上下两层全部开敞，未设隔断，这无疑为西秦会馆的戏楼献计楼提供了更多顶部有遮挡的观演空间，这也是建筑适应四川多雨季节的表演所需。开敞的厢房二层与戏楼、耳房相连，同抱厅一起形成一个通畅的"回廊"，使得整个观戏前区空间流线简洁、通畅。整个两厢与前方抱厅均用轻灵的卷棚顶。但在两厢长长的卷棚顶中还有变化，左右各做贲鼓阁、金镛阁。

图 3-51　周口关帝庙厢房　　　图 3-52　朱仙镇关帝庙厢房　　　图 3-53　洛阳潞泽会馆厢房

图 3-54　自贡西秦会馆金镛阁　　　图 3-55　自贡西秦会馆金镛阁与献计楼呼应

（九）山陕商人合建会馆的典型特征——铁旗杆

　　清代成都《竹枝词》中说"秦人会馆铁旗杆，福建山西少这般"，铁旗杆成为山陕会馆的文化符号，在社旗山陕会馆、周口山陕会馆、汉口山陕会馆、开封山陕甘会馆等会馆中都存在。这些会馆大多位于大型商品转运枢纽的商贸集镇型聚落之中，在枢纽之间的其他聚落中则较为少见，而且大部分铁旗杆为陕西商人制作与捐赠，如：社旗山陕会馆铁旗杆为陕西安仁镇"金火匠人双合炉院"所制；源潭山陕会馆西铁旗杆为"陕西同州府韩城县金火匠人薛大银薛彦魁造"，东铁旗杆为"陕西同州府韩城县木厂弟子……公立"；周口山陕会馆铁旗杆为"陕西同州府蒲城与华阴县金火匠人"捐献。究其原因主要是陕西秦巴山丰富的铁矿资源优势，使得陕西商人得以在会馆铁旗杆中加以表现，上饰楹联、雕刻，彩旗飘飘，飞游走龙，极富艺术表现力（图3-56）。社旗山陕会馆铁旗杆就达5万余斤，展示出陕西商人雄厚的经济实力与高超的铸造技艺。铁旗杆只在山陕商人合建的会馆之中才如此常见，在黄河北部的山西商人独自建立的"山西会馆"中很少见到，如多伦山西会馆为后期维修时加补的木制旗杆，大同关帝庙为石质旗杆，太原大关帝庙没有旗杆。这样的差别，表示山陕商人在向北的商业及文化传播线路上活跃的其他行业商帮对会馆建筑的影响，同时也是万里茶道沿线黄河南部"山陕会馆"与北部"山西会馆"的区别。

（a）社旗山陕会馆铁旗杆　　（b）汉口山陕会馆铁旗杆　　（c）周口山陕会馆铁旗杆

图3-56　不同会馆中的铁旗杆样式

（十）其他

除了上述的一些建筑形式以外，还有一些附属的建筑连接起这些建筑，其中包括了除了山门以外的"门"。如开封山陕甘会馆的翼门、社旗山陕会馆的辕门和洛阳山陕会馆中的掖门。这些"门"面宽较小，但是在山陕会馆中起着重要作用，屋顶的形式常用歇山。这些建筑的形式较其他建筑更加灵活，根据在建筑群体中的布局和周围建筑的影响而产生变化。

开封山陕甘会馆的翼门是因其位置而得名，其位于照壁两侧，好似壁体的两翼，故而名曰"翼门"（图3-57）。它与照壁高低错落，组成了一个好似"山"字形的整体。翼门高7.8米，体积庞大沉重，达16吨左右。为两根柱子所擎撑，上部为歇山顶，同照壁互相衬托，十分壮观。它由正脊、4条垂脊和4条俄脊组成，故又叫作九脊顶。

图 3-57 开封山陕甘会馆翼门

社旗山陕会馆的东西辕门位于前院中部东西两侧，虽处于会馆建筑中轴线两侧之附属地位，但却是会馆整体组合艺术中不可或缺的重要单元。其城楼状艺术外形，给人以先声夺人的艺术感觉，入其门即生一种肃然之气。下设砖结构成碟形台基与门洞，上立单檐歇山木构门楼（图3-58），高13.92米。辕门台基面阔6.8米，进深4.56米，高4.19米。拱形门道，青砖砌成，上层为城楼，四面以青砖垒就箭垛城碟，门洞上方前后各嵌门额及题匾，以云龙、花草等图案为外框。外门额分刻"东辕门""西辕门"，内额东刻"升自阶"，西雕"阅其履"。辕门之上棚为单檐歇山挑角起脊门楼及单檐歇山顶，以12根木柱高高撑起，最外层高悬12根垂花柱，连以透雕花板，斗拱耍头及悬挑构件所雕龙首形象有11种之多，从建筑的立面测绘图可以清晰地看到这些图案。

图 3-58　社旗山陕会馆辕门

　　除了以上"门"以外，山陕会馆中还有一些辅助建筑小而精致，如社旗山陕会馆中的马棚。马棚建筑虽小，装饰亦简，但车马相连，亦可谓艺术匠心别具。社旗山陕会馆马棚面阔三间，5.20 米，单檐硬山卷棚顶，墀头砖雕饰蝙蝠、宝相花图案。前为开敞形，内原塑马两匹，东为关羽坐骑"赤兔马"，西为刘备坐骑"的卢"白马，马前各立一马童。

二、山陕会馆的构造特征

　　如前文所述，山陕会馆这种建筑类型在目前的建筑分类中，是一种难以界定的、复杂的建筑类型。但是由于找到了山陕会馆和关帝庙的种种渊源，笔者认为山陕会馆已经完全倾向与官式建筑的形制，所以山陕会馆在等级制度森严的封建社会里，是平民使用的官式建筑，山陕会馆的种种构造形式和做法都与清代官式建筑一一对应。而在清代，工部颁布了统一的官式法则——清工部《工程做法则例》，由于各地区建筑技术发展的不均衡性和传播辐射的时间差，因此除了北京受到较大影响，其他地区可能会出现古今之法交织并行的现象，出现自己独特的地方手法。河南作为中原的核心地区，掌握各商业贸易要道，拥有最多数量的山陕会馆，在这一点上尤为突出，有着自己独特的地方手法。而且，"经初步调查，与河南毗邻的山东、山西、陕西、湖北、安徽和江苏等省的全部或一部分地区的明清地方的建筑手法，与河南同时期地方建筑的建筑手法相同或相近"。各地的山陕会馆的构造做法呈现了多样化的特征，很多山陕会馆建筑中的构造装饰呈现了官式建筑的做法，但同时又有地方手法。

（一）山陕会馆构造做法的共性

1. 建筑构造灵活性，表现在大量使用"减柱造"和"移柱造"

清代官式建筑的平面几乎全是纵长横窄的长方形，柱子排列规整，很少采用"减柱造"。清代官式建筑平面不再像以前先定面阔、进深的尺寸，而是按照斗拱的攒数定面阔和进深的尺寸。这一点在山陕会馆中产生了变化，很多建筑采用了"减柱造"和"移柱造"，并且这样的做法出现在山陕会馆的主要建筑中，例如大殿、拜殿等。例如，社旗的大拜殿将明间金柱向墙隅移去、大座殿将明间金柱减去，以通长的大栿承重。洛阳潞泽会馆的戏楼则减去了次间的金柱，大殿减去明间金柱。另外，戏楼通常采用四柱三开间的形式，为了唱戏和观戏的需要，戏楼平面呈"凸"字形，及将前牌檐柱的中间两个柱子向前移出，或者采用移柱造的做法，将前金柱的中间两颗减去。在二层平面上，为了方便演出的需要，通常省去前排中间的两颗中柱。山门和戏台合建、拜殿和座殿合建的做法，更是大量采用结构勾连搭的方式。

这样采用减柱造或移柱造以及勾连搭的形式，有几方面的原因，首先是功能的需求，山陕会馆往往集合了大量的商人甚至前来祭拜、观演的群众，需要面积大而开阔的建筑室内空间。勾连搭的形式将几座建筑连在一起，构成巨大的平面。减柱造与移柱造可以减少柱子对空间使用的干扰，获得开敞的空间。其次是场地的限制，前文说到很多山陕会馆是在宅、庙的基础上加建而成，在现有的用地限制基础上创造更大体量的建筑，采用这样的节地的做法是不得已而为之。再次，山陕会馆深受祠庙建筑的影响，而在清代的祠庙建筑中也大量采用了这样的做法，增加祭祀礼仪次序的纵深感，同样拥有祭祀功能的山陕会馆同样效仿。另外就是经济原因，虽然山陕商人经济实力雄厚，但远不及官式建筑建造的基本不受到资金的限制，勾连搭的建筑形式以及减柱造或移柱造正是民间匠人在省工、省料、省资金的前提下充分发挥智慧的结晶。

2. 建筑构造标志性，表现在斗拱的运用

斗拱的运用是山陕会馆构造中最具有标志性的构件，斗拱让山陕会馆建筑区别与河南、四川境内的其他建筑甚至会馆的重要特征所在。一般的山陕会馆是有斗拱的大式大木作。清朝《工程做法则例》中对斗拱作了明确的要求，限制民居中斗拱的应用，而且山陕会馆借助关帝庙突破了这个限制。

在关帝庙中，斗拱的运用随处可见。例如，在解州关帝庙中，牌坊和春秋阁上的斗拱精美绝伦，从斗、拱、昂、瓜柱等等都属于官式建筑的做法（图3-59、图3-60），山陕会馆继承了这些做法，不过在处理上更加富有标志性。表现在以下几个方面。

图 3-59　解州关帝庙斗拱　　　　　图 3-60　解州关帝庙牌坊上的斗拱

这种标志性表现在"斗"上，清代的构造从明代的简约和纯粹的风格过渡到以装饰为主，这一点在清代官式建筑上表示得极为明显。清代官式建筑的大斗几乎全是方形，已不复前代的圆栌斗和瓜楞栌斗，清初还稍存斗，清代中期以后完全消失。而有一些山陕会馆建筑的大斗，不但有圆形和瓜楞形，还有很多讹角大斗。不过承接清代构造的装饰性风格，在大斗耳腰雕刻莲瓣或其他花卉，甚至通雕花卉。如洛阳潞泽会馆、开封山陕甘会馆等。社旗山陕会馆表现形式更为丰富，在社旗山陕会馆斗拱大样图中，既有方形高底大斗，还有圆形大斗浮雕花卉，圆形大斗四面起线（图3-61～图3-62）。

拱身部分也有自身特征。大部分山陕会馆多将拱身作为雕刻艺术构件来处理，在拱身浮雕或透雕龙、凤、花卉等。如自贡西秦会馆的拱身浮雕花卉（图3-63），在洛阳潞泽会馆中的斗拱通体用梯形木块刻出正心瓜栱和正心万栱（图3-64）。除此之外，拱的形制还有内檐与外檐之差，在周口关帝庙的大殿中有所体现（图3-65～图3-67）。

图3-61　社旗山陕会馆辕门二层结构

图3-62　社旗山陕会馆　　　图3-63　自贡西秦会馆　　　图3-64　洛阳潞泽会馆
　　　殿内斗拱　　　　　　　　　　斗拱　　　　　　　　　　斗拱

图3-65　洛阳潞泽会馆　　　图3-66　周口关帝庙　　　　图3-67　周口关帝庙
　　　转角构件　　　　　　　　　内檐斗拱　　　　　　　　　外檐斗拱

斗拱的独特性在昂上也表现得十分明显，清代官式建筑全用假昂，清代官式建筑出两跳的斗拱也多用重昂的形式，一般不用斜拱斜昂。而在山陕会馆当中多用斜翘或斜昂，且翘、昂身多雕刻龙头、象鼻等。洛阳潞泽会馆戏楼及正殿出 45 度斜翘，翘身雕刻花卉，后殿出 45 度斜昂。南阳社旗山陕会馆悬鉴楼戏台出 45 度斜翘，其他出 45 度斜昂，大拜殿及厢房出 45 度斜翘，昂背坐瑞兽。

耍头的装饰性更为奢华。例如，洛阳潞泽会馆耍头雕刻成卷草纹样（图 3-65），开封山陕甘会馆耍头多为三幅云形状，正殿耍头为龙头。社旗山陕会馆斗拱耍头多为龙头或象头，其中社旗山陕会馆大座殿一层平身科耍头后尾雕刻成卷草形，柱头科及角科耍头后尾变成双步梁插入老檐柱，二层角科与山面柱头科耍头后尾悬挑垂花柱。垂花柱的运用在各山陕会馆中各不相同，特别在结构构件的转角处，悬鉴楼以及辕门斗拱正面悬挑垂花柱，洛阳潞泽会馆的转角构件则相对简洁。

在山陕会馆中还有连续斗拱的出现，这是结构构件装饰化极致的表现。这样连续斗拱一般出现在牌坊挑出的屋檐之下，在关帝庙的数座牌坊中都可以看到。而这种做法也出现在聊城山陕会馆（图 3-68），在聊城山陕会馆的戏楼斗拱运用连续斗拱，斗拱的昂一般较为简洁，整齐的排布为矩阵的形式。这样的连续斗拱还有一种更为有特色的形式，即为铜钱斗拱。例如在西秦会馆的牌楼上的铜钱斗拱（图 3-69），将昂的末端变形为铜钱形状的镶金木雕。这种铜钱斗拱的形式在荆紫关山陕会馆的大殿上也同时出现（图 3-70），虽然这里的铜钱斗拱已经由于风雨侵蚀而颜色黯淡，但是部分铜钱斗拱的幸存足以让人想象当时整个连续铜钱斗拱的序列式美感。铜钱斗拱的意义在于两个方面：一是铜钱斗拱的出现标志着斗拱这一结构构件结构作用的完全消失，因为铜线斗拱已经完全覆盖了斗拱原有的形态特征；二是铜钱斗拱最真实地反映了在关帝庙到山陕会馆演化过程当中的商业化印迹，山陕商人将他们的行业特征直接反映在建筑的结构装饰上。

图 3-68 聊城
山陕会馆戏楼斗拱

图 3-69 西秦会馆
牌楼上的铜钱斗拱

图 3-70 荆紫关山陕会馆
大殿铜钱斗拱

3. 建筑构造规范性，表现在梁、架、柱的结合

在清代官式建筑的梁、架柱结构上，有这样一些变化：首先，建筑构造用材的比例上发生变化，清代官式建筑檐柱柱径与柱高的比例发生变化，大比例一律为 1：10，柱身比例 10，柱身比例变细长了。山陕会馆则多大于官式建筑的规定，例如社旗山陕会馆的柱径与柱高比柱径与柱高比均在 1：10 以上，其中马王殿与药王殿达到 1：17.86。另外，梁用材随时间发展截面比例尺度有由细变粗的过程。在唐代，构造梁的截面高宽比多为 2：1，宋代则为 3：2，在清代官式建筑梁的截面高宽比达到了 10：8 或 12：10，并出现包镶法。在周口关帝庙、朱仙镇关帝庙中，梁的尺度也符合这一比例（图 3-71、图 3-72）。其次，在清代，内檐各节点斗拱减少，梁架与柱直接卯合，将各构架直接架于梁头，这是其在简化结构上的进步。再次，清代官式建筑梁架节点几乎全用瓜柱，很少用驼峰，基本不用叉手与托脚，例如自贡西秦会馆的大殿之前的卷棚结构（图 3-73）。当然，这些规则也不是绝对的，还有一些建筑在结构上加以变化，例如周口关帝庙建筑中在大梁与柱之间有功能类似于叉手，而结构形式又类似于斗拱的构件，起到了结构稳固的作用又带有装饰性。最后，清代官式建筑一些特点均在山陕会馆的结构体系中有所体现。山陕会馆遍布全国各地，但是建筑大部分遵从山西、陕西建筑形制，属于北方结构体系，以抬梁式为主。

图 3-71　周口关帝庙　　　　　图 3-72　朱仙镇关帝庙　　　　　图 3-73　自贡西秦会馆
　　　　梁架内景　　　　　　　　　　梁架内景　　　　　　　　　　卷棚梁架

　　山陕会馆的一些局部结构构件也很有讲究，例如大柁、角背、平板枋、
额枋等。山陕会馆结构体系下的结构构件装饰大多以彩绘为主，而在以上
的结构构件上有精美的雕刻。山陕会馆大柁外露出头硕大多有雕饰。例如
洛阳潞泽会馆大柁出头雕刻卷草，而山陕甘会馆大柁头上钉有木雕老虎头。
另外，山陕会馆建筑中用平板枋与大额枋拼接，断面均呈"丁"字形。额
枋是建筑木雕艺术的重点体现部位，在后面章节的装饰和细部特点中将着
重探讨。各山陕会馆平板枋的做法大不相同，平板枋正面有的呈鼓壁状，
如洛阳潞泽会馆与南阳社旗山陕会馆。也有的平板枋呈方形。如开封山陕
甘会馆，平板枋与大额枋布满雕刻。有的平板枋大额枋多不出头，大额枋
布满雕刻。

　　雀替也是山陕会馆建筑木雕艺术的集中体现，雀替的形式在山陕会馆
中也格外丰富。例如，社旗山陕会馆中的雀替和洛阳潞泽会馆的雀替形态
上相差很大（图 3-74）：社旗山陕会馆的雀替呈竖直状，耳朵形，与额枋
上的雕刻连为一体，以卷草式云纹雕刻为主，这种雀替形式与解州关帝庙
的雀替颇为相似（图 3-75）；而洛阳潞泽会馆的雀替整体轮廓为方形（图

3-76），上有龙纹雕刻，雀替雕刻自成一体，额枋较为简洁。还值得一提的是，柱头上部，两雀替之间常常还有一些雕刻，这些雕刻看似是次梁与柱搭接突出的部分，实际上只是装饰作用。在社旗山陕会馆和解州关帝庙的柱头上均可见此装饰。

图 3-74　社旗山陕会馆雀替　　　图 3-75　解州关帝庙雀替　　　图 3-76　洛阳潞泽会馆雀替

4. 建筑构造实用性，表现在构造设计

在构造设计上，一方面满足建筑功能需求，一方面满足美观需要，山陕会馆的构造设计可谓是独具匠心。例如，在建筑的排水设计上，自贡西秦会馆别具一格（图 3-77、图 3-78），在大殿之前设卷棚，卷棚与大殿之间为抱厦。而整个抱厦相当于一座石拱桥架在水池之上。这样新颖的设计方式，不但使庭院空间更加丰富，而且解决了多个方向屋顶排水的困难，更重要的是聚水则是聚财，对于山陕商人又有更重要的意义。

在院落的排水构造处理上，社旗山陕会馆也有不同的做法。在大拜殿和大座殿之间，虽然建筑有结构上的勾搭连接，但是长期的雨水冲刷也会造成不小的荷载。社旗山陕会馆在中间设天井（图 3-79），并在门洞上搭披檐，使得水能够顺利的通过披檐流到天井的水池当中。同样创造了丰富的庭院空间，并在建筑内部的通风采光等方面提供了有利条件。

还有一些排水构造和装饰性相结合。例如，在自贡西秦会馆的侧院内的山墙上，有一处排水构造（图3-80），形态是一直龙头伸出墙外，龙口中还伸出几尺长的棍形装饰，引导排水。这样的细部构造在山陕会馆中还有很多。

图 3-77　自贡西秦会馆抱厦

图 3-78　自贡西秦会馆
抱厦和排水

图 3-79　社旗山陕会馆院落
排水构造

图 3-80　自贡西秦会馆两殿之间的
排水构造

（二）山陕会馆构造多样化的特征

1. 建筑构造多样性，表现在材料的使用

建筑材料是组成建筑的物质基础，同时也是表现建筑形象的物质载体。在山陕会馆中，山陕商人凭借这些物质载体，通过一定的构造方式，才造

就出色彩纷呈、千姿百态的山陕会馆。在山陕会馆中材料的运用具有多样性。首先，根据不同的承重需要，构件采用不同的建筑材料。例如，在戏台之下的承重柱多为石材，为承受上部表演所需要的较大荷载，而戏台的上部多为木柱，用来减少戏台的自重。也有一些体量更大的戏台上下均用石柱，如社旗山陕会馆悬鉴楼即是如此。在木柱中，根据不同的承重需要和装饰需要，木材的种类也多种多样。在明清时期，山西、陕西两地的雕刻艺术已经非常成熟。其中，山西的砖石雕刻在唐代时期的基础上又进一步发展，而山西的民间雕刻艺术也在全国范围内出于领先地位，是北方建筑雕刻艺术的代表。再加上山西、陕西两地商人强大的经济实力、活跃的思维、高雅的审美，非承重的结构构件成为雕刻艺术的重点体现，在后面章节对于山陕会馆的装饰和细部结构将重点分析。

2. 建筑构造装饰性，表现在结构构件装饰化

从明代到清代，建筑的各个层面的构件都从单纯的结构化慢慢走向装饰化，并将这种装饰化推向极致。在山陕会馆建筑中，清代建筑构件的装饰化体现得尤为明显，这与山陕商人雄厚的经济实力和极力彰显身份地位的心理是分不开的。从图上开封山陕会馆大殿转角和结构构件的装饰化就可以看出来。这一点也受到了关帝庙的影响，在关帝庙中，这种结构构件装饰化的特点也表现得很明显，例如在开封山陕会馆的大殿结构构架上，斗拱基本完全消失（图3-81），并设有几层雕刻精美的枋，在转角结构装饰上最为华丽（图3-82）。枋与柱搭接处都出头，上面的雕刻以龙为主题，色泽鲜艳，龙身一般镶金。这种做法与周口关帝庙大殿转角处的做法如出一辙（图3-83），特别是方形枋出头的形式极为相似。不同的是装饰的主题有所不同，开封山陕甘会馆的雕刻以龙为主，而周口关帝庙中的雕刻主题以植物纹饰为主。

图 3-81　开封山陕甘会馆大殿转角

图 3-82　开封山陕甘会馆结构构件装饰化

图 3-83　周口关帝庙大殿转角构造

第三节　山陕会馆的装饰与细部

山陕会馆建筑在所有的会馆建筑中为规模最大的，同时装饰最为丰富，细部最为丰富。首先，山西、陕西商帮的经济地位和政治地位决定了建筑的级别；其次，山西、陕西有大量的建筑材料供应，成为全国建筑材料的供出地；最后，山西和陕西存在大批手艺精湛的匠人，这些建筑艺术随着山陕会馆的广泛建立而传播到全国各地。因此，山陕会馆成为古代建筑技艺的集中体现建筑类型之一。山陕会馆的装饰和细部受到关帝庙的影响，传承和发扬了关帝庙的装饰与细节，并加以山西、陕西两地的地域文化与商人的身份、心理、行为特征，这些装饰与细部的巧妙、精致、丰富程度水平令现代的艺匠可望而不可及。我们这里主要探讨山陕会馆装饰的题材分类、材质细部、构件的细部特点，以及装饰与细部的演变规律。

一、题材丰富的会馆装饰

山陕会馆中，建筑的选址主要决定建筑整体体量，布局主要决定了建筑的功能排布和空间氛围，建筑和构造决定了建筑单体的体量、风格、空间，而建筑装饰提升建筑的格调。山陕会馆的装饰遍及了建筑的各个部分，这些包括了柱础、额枋、照壁等极为显眼的地方，还包括了一些极少人会注意的部分，例如在开封山陕甘会馆的戗脊侧面也雕刻有精美的卷草花饰砖雕，如此可见山陕会馆建筑被全方位地覆盖装饰（图3-84）。在几百年之后的今天，这些雕刻依然成为现代雕刻艺术的楷模不仅得力于雕刻的技艺精湛，

图 3-84　开封山陕甘会馆戗脊侧面装饰

还得力于装饰题材的丰富性。从整个中国古代建筑的装饰题材来说，种类就十分繁杂，可以说达到了包罗万象的程度，从日月星辰到万物生灵，从山川河流到花卉树木，从现实动物到想象瑞兽，从存在实体到传说故事等无不包含在内。可以说，从山陕会馆的装饰题材上，最能反映这一建筑类别的文化精髓，以下将建筑装饰题材分类进行阐述。

（一）动物装饰

吉祥图案是中国传统建筑广泛运用的装饰要素之一，主要是围绕福、禄、寿、喜及其他吉祥寓意主题，而动物装饰又是吉祥图案中运用较为广泛的种类。这些动物包含了真实存在的动物，包括蝙蝠、山雀、鹭鸶、喜鹊、狮子、梅花鹿等，还包括了龙、凤、麒麟等传说中的动物。还有很多雕刻题材将动物与其他物品或者植物相结合，如"狮子滚绣球""麒麟梅花鹿""鹭鸶荷花""山雀玉兰"等。

山陕会馆中的大部分现实存在的动物题材与其他宫殿建筑和民居建筑类似，例如颇有地位的民居建筑前也摆放石狮。另外，很多题材为民间广为流传的寓意吉祥的动物，如喜鹊等。而山陕会馆中也有独特的动物题材，例如关于石雕"二龙戏珠"，这一主题在宫殿建筑中极为常见。这一主题也出现在山陕会馆的照壁上，例如在社旗山陕会馆和开封山陕甘会馆的照壁上（图3-85、图3-86），虽然两者的雕刻在材质和形式上有所差别，但是在"二龙戏珠"这一主题的表现上完全一致：同为两条龙首尾相连，互成180度轴线镜像，共戏一只蜘蛛，有别于一般的"二龙戏珠"图案。不同的是社旗山陕会馆照壁上的蜘蛛更为具象，而开封山陕会馆照壁上的蜘蛛经过艺术抽象的处理。经过调研，发现有关蜘蛛这一装饰主题颇有渊源，关于"珠"为何演化为"蜘蛛"的形式有多种说法：有的说法是因为蜘蛛的外形很象汉字"喜"，寓意喜事连连，因此古人认为蜘蛛是一种预报喜事的动物；还有说法认为蜘蛛谐音为"知足"，是规劝人要知足常乐；另外还有说法认为蜘蛛有八只脚，意思是可以八面来财。笔者认为这几种说法从蜘蛛的形态、名字、身体通过谐音、象形等方式与吉祥的文字相联系，都具有说服力，也非常能够反映出山陕商人身在客地的心态和经商的职业特色。

图 3-85　社旗山陕会馆照壁上的　　　　图 3-86　开封山陕甘会馆照壁上的
　　　　　龙与蜘蛛　　　　　　　　　　　　　　龙与蜘蛛

　　除了在建筑大门口的石狮和麒麟之外，建筑的挑角和屋脊两端是最常出现兽的地方，例如，在解州关帝庙中各建筑单体的挑角和屋脊端部装饰虽均为动物，但题材却各不相同（图 3-87）。这些兽的题材除了包括有常见的动物完整躯体，比如朱雀；有的是动物的局部，比如将龙头或者龙头作为挑角兽，这类兽大多昂头挺胸，龙口或狮口大张，气势十足；还有的是动物的变形，如有鳄鱼头鱼身或者麒麟头龙身的结合型兽，这类兽大多张口反咬住屋脊，尾巴向上；另外还有多条龙组合成的正吻，形式更为复杂。在解州关帝庙中出现的这些吻兽也出现在山陕会馆中，可以说，解州关帝庙多样的大吻装饰足以构成一个吻兽博物馆，供各地的山陕会馆借鉴和模仿。

　　在这些多种多样的吻兽中，有一类吻兽是庙宇建筑中常见的典型吻兽，而在实地调研时发现这种吻兽也在山陕会馆中出现，这种吻兽称为鸱鱼。传说鸱鱼是龙子，龙首鱼尾。鸱鱼的形成有悠久的历史，在唐代"鸱尾"的构造由原来鸱尾前端与正脊齐平衔接改为口衔正脊相连，故名"鸱吻"。到了元代，这一饰件造型逐步摆脱"龙首鱼尾"，成为龙的躯体，故称"龙吻"。鸱鱼这种龙吻的背上往往插一只宝剑，原因有多种传说版本：有的说法是怕鸱吻不甘守屋脊，逃回大海，所以把它钉住，让其永远喷水镇火；还有说法是宝剑是用来镇"气"用的，但一般的剑是镇不住它的，而龙吻身上所刺的这把剑是许逊的扇形剑；更有说法是龙可以化作剑，因为很多剑柄或剑鄂常见龙形纹饰。这种背插宝剑的龙吻在开封山陕甘会馆的屋脊上（图3-88）和周口关帝庙屋脊上的琉璃装饰（图3-89）均有体现，清晰地从装饰题材和具体形态上体现了关帝庙和山陕会馆的共性。

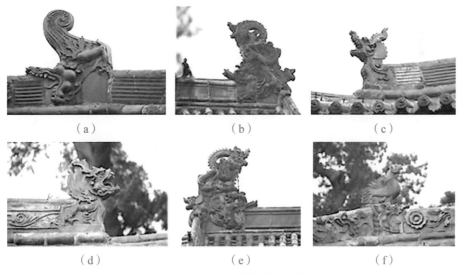

（a）　　　　　　　（b）　　　　　　　（c）

（d）　　　　　　　（e）　　　　　　　（f）

图 3-87　解州关帝庙挑角兽和吻兽组图

图 3-88　开封山陕甘会馆屋脊装饰

图 3-89　周口关帝庙吻兽装饰

（二）植物装饰

植物也是山陕会馆装饰的主要题材之一，这些植物装饰与其他中国传统建筑的植物装饰没有极为不同的地方，只是在取材范围上更加广泛，比一般的府邸和宅院的植物装饰更为丰富和多样。首先，山陕会馆和关帝庙的植物装饰大多以连续重复的形式出现在跨度较长的建筑构件上，如屋脊、额枋等，并且这些装饰的重复将较长的跨度分为若干等份，如在解州关帝庙的屋脊上就出现了重复的 3 朵菊花和将它们连接起来的形态相同的卷草（图 3-90）。这些卷草在形态上大致相同，但是由于不是如现代工业的批量生产，而是古代匠人的亲手雕刻，卷草花纹之间也小有区别（图 3-91），使即使重复的花纹也不显得枯燥和乏味。

图 3-90　解州关帝庙屋脊装饰（一）　　　　图 3-91　解州关帝庙屋脊装饰（二）

其次，植物装饰有的非常具象，从形式到色泽，上文提到的解州关帝庙的屋脊菊花装饰便是如此，而有一些植物装饰则比较抽象，如开封山陕会馆中枋上的植物雕刻，形成较强的韵律感和序列性。另外，很多植物装饰与自然界其他物体或者生活中的用品相结合。在开封山陕甘会馆中龙头形耍头旁边的装饰为浪花形，寓意龙从海中升腾出来，在龙形耍头的下部植物花纹雕刻的间隙中还有宝瓶和香炉，寓意生活平平安安和生意蒸蒸日上（图3-92）。

最值得一提的是开封山陕甘会馆主体建筑的雕刻，这是一组连续的以

图 3-92　开封山陕甘会馆雕刻物品题材

植物装饰为主体的大型木雕，有花草、鸟兽、山石盆景和八宝图案等题材，挑檐下面的耍头全部雕成龙头，整体雕刻均以缠枝花草为陪衬使其成为一体，在竹、兰、灵芝、芭蕉、山石盆景之间，又雕上蝙蝠、山鹰、鹿、马、狮、虎等兽，

图 3-93　开封山陕甘会馆的木雕葡萄

再加上"松鼠葡萄""鸳鸯卧莲"等图案，使整个雕塑呈现轻松活泼，充满自然气息的氛围。在枋的下面坠有 26 朵垂花，它们一律为镂空透雕，并配有金瓜、石榴、莲蓬、葡萄等多籽植物。这些瓜果均有特殊寓意，而多籽植物则象征着多子多福。其中，最为有名的是雕刻"松鼠葡萄"（图3-93），这些葡萄每一颗都非常饱满，精湛的雕刻技艺让串串葡萄中的每一颗都看似分离又紧挨在一起，每串葡萄通过藤蔓连接成为一个整体，松鼠在葡萄藤之间穿梭，看似对称，但是又富有变化。这一雕刻成为山陕会馆中植物雕刻题材的经典案例。

（三）人物装饰

人物装饰在中国古代建筑装饰艺术中也较为常见，一般以人物群体描绘出情节和场景。而孤立的人物题材是关帝庙与山陕会馆建筑的一大特色。在解州关帝庙的主要建筑挑角上基本都有独立的人物雕刻（图 3-94），这些雕刻人物一般坐在戗脊的端部，靠近檐角，服装华丽，神态怡然，目视远方，动作丰富。与檐角龙头配合在一起，仿佛身坐船头，扬帆远航。这些人物雕刻也出现在一些山陕会馆的建筑屋顶当中，成为山陕会馆的标识性装饰题材。

（a）　　　　　　　　　　（b）

（c）　　　　　　　　　　（d）

（e）　　　　　　　　　　（f）

图 3-94　解州关帝庙的挑角戏曲人物

（四）情节装饰

这里说的情节装饰主要指有多个元素组合成具有情节感或者形成场面的复杂装饰。出现情节装饰的地方多种多样，包括出现在山门上的砖雕或石雕，以及出现在戏楼额枋上的木雕。这些题材主要以多个人为主题，并配合有场景画面感的其他生活物品和自然界物体。情节装饰的具体内容丰富多样，有的是神话故事，例如，在社旗山陕会馆的大拜殿和大座殿檐下就有丰富的木雕描绘的是"西游记""封神榜""八仙过海"中的画面。还有一些是历史典故，以真实的历史典故为装饰题材也是山陕会馆建筑中最为常见的形式，在这一点上完全继承了关帝庙建筑的装饰题材，主要是因为山陕会馆建筑传承了关帝庙祭拜关公的功能。所以，在山陕会馆历史典故装饰题材中以三国故事居多，主要通过描绘关羽生前的英雄事迹歌颂关公的品德和情操。

三国时期的历史典故一系列的装饰题材，出现在建筑不同地方，但是内容较为相似。例如，开封山陕甘会馆牌坊四角楼下，走马板上分别绘制8幅关羽事壁画包括有：关羽"挂印封金"不辞而别，离开曹操，结束了"身在曹营心在汉"的俘虏生涯，然后"过五关，斩六将"、"古城会"、"三顾茅庐"等故事。牌坊正面明间额枋上同样为其他三国人物的英雄事迹，左边是"长坂坡前救阿斗"，赵子龙怀揣后主，用静态的画面表现了战争场面的动感，右边是"刘备访庞统"，画中刘备身披红袍，拱手而立，略有歉意。而庞统却手扶酒坛，大坐不起，态度颇傲慢，构图精练，刀法简约，用简单的画面表现了复杂的人物个性和性格。

在社旗山陕会馆悬鉴楼前西次间石栏板上也雕有历史典故3幅。一为"职贡图"，描绘了西域各国派使者牵奇兽、捧异宝朝圣的情景。二为《三国演义》中"走马荐诸葛"，刻画了徐庶向刘备推荐诸葛亮的场景。而悬鉴楼东次间石雕，分别是"戍边图""程咬金三挡杨林"和"押囚图"。悬鉴楼北面，门口东侧石雕描述的是历史典故"纪桥进履"和"刘备马越檀溪"，西侧为《三国演义》的"赵子龙大战长阪坡"和"杯羹之让"。另外还有大座殿两次间额枋下的雀替上雕刻的"秦叔宝双铜救唐王"等历史故事。

其实，山陕会馆将这些以三国时期的著名事件为历史背景的故事作为雕刻题材，事实上是传承了关帝庙中的装饰题材，在亳州关帝庙中遐迩闻名的花戏楼就有这些三国戏文。戏楼的额枋上雕刻有 18 出三国戏文，整套雕刻均为立体雕刻，富有层次感，并且分为里层和外层。戏台的正上方外层雕刻的是"赵子龙大战长坂坡"，面东的几幅从南向北分别为"三气周瑜""孟德献刀""许褚大战马超"以及"蒋干盗书"等。楼上面西外层从北至南的是"吕布刺丁源""空城计""阚泽献诈降书""张飞夜战马超"等。关帝庙中的这些建筑题材在山陕会馆中得到了继承（图 3-95）。

（a）

（b）

图 3-95　关帝庙与山陕会馆中的情节装饰

除了额枋上的木雕、石板上的石雕，还有山门上的砖雕。在亳州关帝庙的山门正面砖雕多是戏文掌故，其中著名的有《吴越之战》，描述的是春秋时期越王勾践先是当了吴国的俘虏，后来卧薪尝胆使越国富强起来的故事，另外还有"三酸图""甘露寺""三顾茅庐"等经典题材的砖雕（图3-96）。无论是木雕、石雕还是砖雕，以三国为题材的装饰为山陕会馆和关帝庙的特色，是最具文化性和艺术性的建筑装饰艺术。

除了神话故事、历史典故以外，民间故事、民俗民尚也是较为广泛的古建筑装饰题材，有的反映出人们对美好生活的向往，有的反映出人们对忠孝气节的崇尚等。这些民间故事同样以人物群体为主，自贡西秦会馆的额枋上的民间故事尤其多（图3-97）。据统计，馆内有人物、故事情节的石雕、木雕127幅。其中：人物雕像居多，计500余人；石雕70幅，独体兽雕24尊，其他如博古、花卉、图案等木雕、石雕数千幅。并且，大部分人物形象都上佛金，栩栩如生，色泽鲜艳，光彩照人。

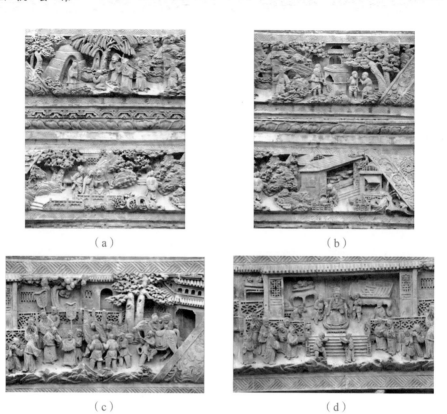

（a）　　　　　　　　　　　（b）

（c）　　　　　　　　　　　（d）

图 3-96　亳州关帝庙牌坊门楼上的砖雕

（a）

（b）

图 3-97　西秦会馆雕刻题材

（五）文字装饰

文字装饰是中国古代建筑装饰中也较为常见的题材。首先，这一题材常见的形式为牌匾和对联，在山陕会馆中也不例外，在牌匾、对联上常常有歌颂关公的词句，这也是山陕会馆和关帝庙具有特色的装饰题材。例如，开封山陕甘会馆戏楼南立面入口两侧的柱上刻着"浩然之气塞天地；忠义之行澈古今"的楹联，是为歌颂关公一身忠义之气的词句。而社旗山陕会馆更是有大量歌颂关公的匾额，大拜殿、大座殿顶是匾额集中的悬挂之地，殿顶悬挂有 30 余块，层叠排列。匾额内容以颂关公为主，走进大拜殿仰脸便见正门内殿顶《三国一人》匾额，依次上悬《光明正大》《英灵显著》《英文雄武》《浩然正气》等匾。其次，除了这些诗文，山陕会馆中较为有特色的是碑刻，这些碑刻记录了捐献钱财建造会馆的商人的名字，既起到记录的作用又能装饰庭院的墙壁。其实，这一特色也是从关帝庙传承下来的，在周口关帝庙的柱础上也刻有记录关帝庙修建情况的字样，成为独特的柱础装饰（图 3-98）。

（a） （b）

图 3-98 周口关帝庙刻字装饰

还有一些文字装饰虽不多见，但也代表着山陕会馆独特的文化内涵。例如，山陕会馆的装饰题材充满商业色彩。开封山陕甘会馆拜殿两山的"悬匾"上破例写着"公平交易""义中取财"的商业用语，以警示各山陕商人在经商中遵守各项原则，共同创造山陕商人在客地百姓心目中的良好形象。再如社旗山陕会馆主殿大座殿前檐两山所嵌之慈禧皇太后御笔之宝"龙""虎"二字碑。碑宽 0.42 米，高 0.80 米，上圆下方，上方刻一方形篆体御印章，内为"慈禧皇太后御笔之宝"9 字。左额亦题"慈禧皇太后御笔之宝"9 字，中刻草书 "龙""虎"二字一挥而就，字体潇洒刚劲，一气贯通。由此可以看出山陕会馆在当时的社会地位和政治地位可见一斑。更加有趣的是，仔细观察一些山陕会馆中的绿地和兽身之上尚有"渚川""陈沛"字样，这是当时修建山陕会馆的工匠秘密留下的地址与姓名，他们为自己的精湛工艺而自豪的同时，也表现了对他们自己作品的喜爱和对山陕会馆建筑的喜爱。从这些细节可以窥见山陕会馆建筑装饰题材中含有的丰富的文化内涵。

以上从动物装饰、植物装饰、人物装饰、情节装饰和文字装饰五个大类阐述了山陕会馆的装饰题材以及与关帝庙在装饰题材上的共同特点。其实，中国建筑文化博大精深，装饰题材的广泛性超乎想象，也不可能通过简短的文字全面分析，但是从对这些装饰题材的分析，可以明显发现山陕会馆本身具有的深刻文化内涵：首先，从这些装饰题材可以看出山陕会馆具有儒、道、佛融合为一体的神灵文化，这也是由于山陕会馆受到关帝庙影响之下，祭拜的主要对象关羽本身就是儒佛道合一的神灵信仰，关羽是佛教同孔子并祀的武圣，是佛教的伽蓝神之一，同时还是道家的关帝圣君。例如社旗山陕会馆的琉璃照壁以佛家莲台为基座，以儒家敬关公提倡学而优则仕为主调，以敬关公为主旨，融儒、佛、道三教为一体的琉璃照壁，以清晰表达他们崇尚信义、向往美好生活的愿望。在具体具象装饰题材方面，常常出现道家的代表龙纹饰，以及代表佛家的大象雕刻，还有展现习武之人英勇善战的人物雕刻，充分展现山陕商人对宗教文化和传统文化表现出态度的广泛性和包容性。其次，通过山陕会馆的装饰题材还可以透析出，山陕商人将他们的崇尚心理也充分表达在建筑装饰上，一些具象的装饰题材如铜钱、元宝、算盘等都直接地表达在建筑雕刻细部之上。再次，除了崇商的心理，山陕会馆建筑装饰也流露出晋商内心对于"仕"的向往。商人们不仅想要求富发财，也希望提高自己的身份地位，他们对未来更有长远的打算，时刻教育子女勤奋好学。开封山陕甘会馆在照壁上同样寓意"连中三元""喜登连科"以及"一路连科"，可以充分反映出他们希望有家族里的成员进入仕途的愿望。最后，虽然趋吉避凶、祈福禳祸的文化心理是古人一致的心理状态，但是这些心理因素在身在客地经商的山陕商人身上更为突出和明显。总的来说，对山陕会馆和关帝庙装饰题材的分析就是对山陕会馆建筑文化内涵的深刻探讨。

二、山陕会馆细部的材质分类

其实，在上文中的山陕会馆装饰题材中已经探讨了关帝庙和山陕会馆的装饰细节，这里进一步探讨关帝庙与山陕会馆的细部特点，实际上是在进一步探讨山陕会馆这种建筑类别的独特性，更进一步是讨论这种建筑文化的独特性。需要说明的是，雕刻艺术的很多内容在上一节当中大部分已经包含在内，这里不再详述。这些细节有些是结构上的特色，有的是建筑布局上的特色，有的是装饰艺术上的独特性，这部分内容实际上是对前文还未涉及的部分做一个系统的小结。这部分内容较为繁杂和琐碎，将从材质的分类上逐一进行阐述。

（一）石材细部：柱础、石牌坊、石狮、月台、望柱等

石材在中国古代建筑中，用途最广泛的是地面铺设、墙体加固、柱体加固以及纯装饰的石雕艺术品上，具体说来主要集中在柱础、月台、栏板、望柱、牌坊以及墙体露明的石料上，也有纯石雕艺术品，如石狮、石麒麟等。

　　柱础是石雕艺术表现最为集中的建筑部位。山陕会馆落地的所有柱，都有石柱础，其造型丰富多样，多数采用磉墩，有单层、双层或三层不同磉墩石础，每层线雕或浮雕、圆雕丰富的装饰题材，是会馆石雕艺术的集中体现。从外观形态来看，柱础分为几种形式：一是基本几何形柱础。这种柱础平面基本为正方形或者圆形，例如社旗山陕会馆悬鉴楼柱础整体为正方形（图 3-99），整体从上到下分为两层，上层为鼓形，浮雕吉祥花鸟、动物及吉祥物等花纹，下为须弥座，座上四角圆雕麒麟等兽，柱础下层的须弥座四面为高浮雕《八爱图》及《二十四孝图》等。这种柱础受力最为合理，最为经济实用。二是正多面雕刻柱础。最为典型和华丽的是洛阳潞泽会馆正殿的正面檐柱础（图 3-100），柱础分 3 段。最层次为覆盆，较为低矮，十二面，浅浮雕飞鸟图，重复刻着燕子、蝴蝶等形象，中间部分是柱础的主体部分，是半圆雕走兽图，狮、虎、鹿、象分别从案下不同方位钻出，形态各异，上层深浮雕和透雕盘龙图，整个柱础主体部分为六面雕刻，受力也较为合理，工艺更为讲究。三是整体圆雕柱础。这样的柱础一般体量较大，同样分为上中下三层，下层为长方形基座，中层为主体部分，为整体圆雕瑞兽，如自贡西秦会馆柱础（图 3-101、图 3-102），兽体蹲坐，上层为鼓形基座，置于瑞兽后背之上，这样的柱础在关帝庙中也较为常见。如周口关帝庙柱础（图 3-103），柱础主体为麒麟，麒麟直立，柱体在麒麟背部中心，为受力考虑，麒麟腹部下为简约落地石，这类柱础更为华丽，比起前两种柱础，具有方向性，虽受力并不十分合理，但是具有极强的标志性和装饰性，一般置于周围没有维护结构的半开敞空间中的柱体下。位于社旗山陕会馆悬鉴楼中心部位的 4 座金柱柱础是体量最为庞大的柱础（图 3-104），柱础通高达 0.8 米，底达长 0.84 米。通过悬鉴楼金柱柱础的测绘图可以发现，虽然柱础雕刻复杂而精致，但是建造柱础的匠人还是重点考虑了柱础受力功能，柱体落在圆雕兽的几何中心，兽体的四肢尽量粗而短也是为保证柱础受力功能。

图 3-99 社旗山陕会馆悬鉴楼柱础　　图 3-100 洛阳潞泽会馆柱础

图 3-101 自贡西秦 　　图 3-102 自贡西秦 　　图 3-103 周口
会馆柱础（一）　　会馆柱础（二）　　关帝庙柱础

（a）

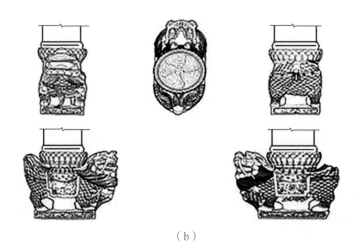

（b）

图 3-104　社旗山陕会馆柱础大样

（图片来源：摘自《中国古代建筑·社旗山陕会馆》）

　　在一些需要重点承重的部位，采用石柱。这些石柱与石柱础融为一体，如在聊城山陕会馆中的石柱与柱础融为一体（图 3-105），柱身刻有浮雕，在麒麟柱础与柱身之间有方形倒脚鼓石作为过渡。石柱柱身除了雕刻浮雕还有一些浅浮雕纹饰，例如在解州关帝庙崇宁殿的檐柱柱身通体雕刻龙纹饰（图 3-106），尽显宫殿建筑气势，也充分体现了关羽被封"帝王"的崇高地位。另外，关帝庙的飨亭柱体一般也多用石材（图 3-107），在解州关帝庙和周口关帝庙均有设置。

　　石狮是山陕会馆不可缺少的部分，虽然各府衙宅院均有石狮，但是山陕会馆的石狮更为特殊。石狮一般氛围上下两个层次，下层为须弥座，上刻浮雕，上层为石狮，昂首挺胸。山陕会馆门前石狮有自身特点：首先，最具有山陕会馆特色的是，门前放置的不是石狮，而是麒麟，麒麟一般理解为聚财宝物，将石狮换成麒麟，充分展现了商人特色。例如在洛阳潞泽会馆门前就摆放有石麒麟，身形和神态与一般石狮相似，麒麟目视斜前方，嘴巴半张（图 3-108）。其次，山陕会馆的石狮不同于一般的北方石狮，一

图 3-105　聊城山陕会馆
　　　　　石柱与柱础

图 3-106　解州关帝庙
　　　　　柱身龙纹

图 3-107　解州关帝庙飨亭

般北方建筑门前的石狮往往具有"浑、实、雄、健"等基本特点。而山陕会馆门前的石狮少了霸气和威严，多了些憨态可掬的神情，这一点也是传承了关帝庙的石狮造型。例如，在朱仙镇关帝庙门口的石狮就是憨态可掬的模样（图 3-109），嘴巴微张，仿佛在朝来宾微笑。在山陕会馆中，将石狮的造型活泼化能反映出山陕商人积极乐观的心态，能充分体现山陕会馆包容山陕同乡前来相聚的功能需要。山陕会馆的石狮形式更为活泼体现在雄雌石狮的动作神态上，例如社旗山陕会馆雄狮抱绣球，雌狮抚幼子，而潞泽会馆雄狮耍舞绳，雌狮抚幼子。另外，为体现山陕会馆建筑单体的威严，往往在大殿之前也摆放石狮，如在开封山陕甘会馆的大殿前就有石狮（图3-110），左右石狮身体面相与大殿朝向相同，但狮头向左和向右旋转90度，相视而望，狮口大张。笔者认为这样的石狮形式也是为了削弱石狮带来的严肃和庄重的感觉，多一些亲和力。山陕会馆的石狮在尺度上颇为讲究，例如在社旗山陕会馆山门前的石狮，人立于狮前，能恰与双狮目光相遇，其设计匠心独运，是山陕商人阴阳交泰、和气生财的思想反映。

图 3-108　洛阳潞泽　　　图 3-109　朱仙镇关帝庙　　　图 3-110　开封山陕甘会馆
　　　　会馆麒麟　　　　　　　　门前石狮　　　　　　　　　大殿前石狮

　　石牌坊一般设在山门之前或者大殿之前。解州关帝庙的大门前就设有雕刻精美的石牌坊（图 3-111），成为解州关帝庙门前广场的视觉中心，这种石牌坊的设置方式为现代景观设计所用。更多的石牌坊与祭拜活动联系在一起，增加祭拜活动的仪式性氛围，在社旗山陕会馆的大拜殿前的月台上设有石牌坊，运用了线雕、浅浮雕、高浮雕、透雕，以及镂空雕等。社旗山陕会馆石牌坊的这种布局方式与周口关帝庙的石牌坊布局方式相似，只不过周口关帝庙的石牌坊两边还设有馔亭和铁旗杆（图 3-112），空间层次更为丰富多样。

图 3-111　解州关帝庙门前石牌坊　　　　　图 3-112　周口关帝庙馔亭、石牌、香炉

　　除了以上说到的石材的建筑细部，还有八字墙、地砖、栏板、望柱等都是山陕会馆颇具特色的建筑细部。例如，在社旗山陕会馆大殿前南檐两侧东西两面八字墙，形式类似于照壁，主体为巨幅石雕，左侧高浮雕刻"十八学士登瀛洲"，右侧高浮雕刻"渔樵耕读"，四周八石龙外框采用透雕，图中为右侧高浮雕刻（图3-113）。在解州关帝庙中，栏板、望柱和地面铺装都运用了大面积石雕艺术（图3-114、图3-115），这些细部在山陕会馆中得到了发扬，例如在自贡西秦会馆中，月台前侧就有一块大型石雕，打破了月台下层基础的单调和简陋（图3-116）。总而言之，石材在建筑细部中的运用极大地丰富了建筑下层结构和装饰。

图3-113　社旗山陕　　图3-114　解州关帝庙　　图3-115　解州关帝庙地面上的　　图3-116　西秦山陕
　　会馆八字照壁　　　　地面上的石雕　　　　　石板和望柱　　　　　　　会馆石雕

（二）木料细部：木雕、木牌坊、藻井等

　　中国古代建筑主体结构为木构，古代匠人对木料的把握当然也最为熟悉和全面。除了主体结构以外，山陕会馆中还有一些精美的细部设计也用木料完成。

　　其中最具代表性的是木牌坊。山陕会馆的牌坊，和其他古代建筑中的牌坊相比，不同点在于其是为歌颂关羽的情操和品德而建的，同时也是为了给建筑室外空间增加正殿肃穆、庄严的气势。解州关帝庙中拥有规模最为庞大、数量最多的牌坊，在结义园中的牌坊为巨型构筑物，在牌坊下还有小型抱厦，可以说，这样的结构和规模无法界定这个牌坊是大型构筑物还是小型建筑。解州关帝庙中牌坊（图 3-117）虽大而多，但架构形式大体相似，一般有三间，中间为主间，旁边为次间，每间立柱均有斜向柱支撑，并有石材支撑脚。从关帝庙到山陕会馆的演化过程中，产生了新的牌坊形式称为鸡爪牌坊，例如，在开封山陕甘会馆牌坊中轴线的背部立有鸡爪牌坊，牌坊为三间、六柱和五楼。其平面布局为三柱一组，呈鸡爪形，因而俗称"鸡爪牌坊"。这种特殊的平面柱网布置，一方面增加了牌坊各个角度的可见面，另一方面有效地增强了其稳固性。

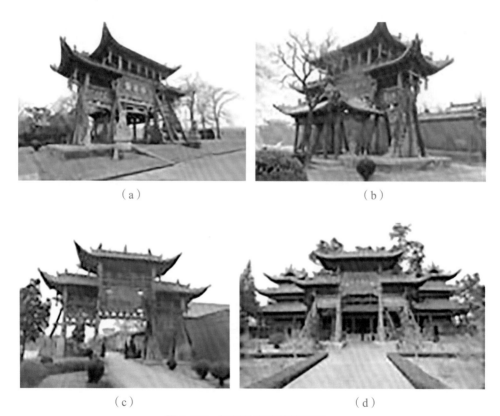

（a）   （b）

（c）   （d）

图 3-117　解州关帝庙牌坊组图

在戏台的细部特点中，
最值得提到的就是藻井。苏州
全晋会馆戏台的鸡笼顶（图
3-118）可谓登峰造极，凹进
的穹顶呈内旋式半球体，外径
约 3.5 米，深约 2 米。四周由
曲木拱搭成架子，俗称"阳马"，
既起到支撑作用，又是一种独

图 3-118　苏州全晋会馆鸡笼顶

特的装饰。从底到顶嵌拼成小斗拱状，成环状旋榫，堆迭向上，从上到下，
共盘旋 18 圈，形状像鸡笼一般，因此得名。拱头甩出，共雕成 324 只蝙蝠，
刷成黑色，相间有 306 朵金黄色的云头圆雕。整个藻井用大红底色作烘托，
顶部正中置一铜制圆明镜，熠熠发光。除了美学的考虑，它还有更深刻的
寓意，圆形的镜子和四方的戏台上下呼应，构成天圆地方、天动地静的意境，
甚至包含有静中有动、阴阳平衡、对立统一的思想。更重要的是，这种高
超的建筑手法，还科学地运用了建筑声学原理，使得演唱者在演唱时声腔
产生共鸣，从而得到余音绕梁的音响效果。另外，藻井还有扩音的效果，
能使演员的自然音质清晰地传递到剧场的每一个角落。全晋会馆的戏台因
有此藻井而成为全苏州最精美、华丽的戏台。有关这个戏台，还有很多值
得人记住的故事。1986 年秋，日本艺术学部剧场史学家松原刚教授访问中
国时专门前来考察。他研究和琢磨戏台的每一处结构和造型，不禁惊叹这
藻井的精巧及独特的音响效果，并由衷地钦佩建造者的智慧和匠心独运。
著名的世界级建筑大师贝聿铭先生也曾来到这里参观，赞叹这个戏台建得
恰到好处，必定出自高人之手。说到精美的藻井，远不止一个鸡笼形的特
殊造型，在解州关帝庙的春秋楼二层顶部（图 3-119），悬着一个三方藻井，
形制华丽，层层下昂倒垂如巨花盛开，整个藻井无一根钉子，颠覆了传统
意义上藻井是凹进去的这一固定思维。在解州关帝庙还有一处著名的八卦
藻井（图 3-120），位于午门前隅的御书楼，原名为八卦楼，楼当中辟透

图 3-119　解州关帝庙的春秋楼
　　　　　　二层顶部藻井

图 3-120　解州关帝庙御书楼藻井

空八角井口，周沿有木勾栏遮护，制成八角形藻井，又名八卦攒顶，井底透雕二龙戏珠，盘曲蠕动，生动自然。步入楼内，自底层穿过楼板中央的八角形井口，可以直接望见楼上木结构藻井的入卦形图案，精巧深邃。二层檐上，四条垂兽各为一条烧制而成的行龙，作法与洪洞广胜寺明嘉靖处间的飞虹塔的垂兽如出一师之手，别致有趣。

　　在前文中提到山陕会馆的装饰题材时已经间接提到了山陕会馆的木雕艺术。木雕艺术由于材料的可塑性和操作性高于其他材料，形成的雕刻成果也最为丰富多变。从木雕的构思到最后的雕刻手法均能完全体现高超的雕刻艺术。在解州关帝庙中额枋上（图 3-121）的绳串起麒麟的整体雕刻（图 3-122、图 3-123）与开封山陕甘会馆大殿上的整体植物木雕（图 3-124），雕刻的构思如出一辙，都是通过多种雕刻对象的互相串联起来形成整体雕刻艺术。这种从构思上的突破也成就了山陕会馆精美的木雕细部。

图 3-121　解州关帝庙枋上木雕

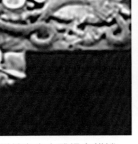

图 3-122　解州关帝庙木雕绳串麒麟　　图 3-123　解州关帝庙廊柱木雕装饰

图 3-124　开封山陕甘会馆大殿上的木雕

（三）砖艺细部：砖雕、砖砌等

　　建筑中砖的运用分为两部分，一部分为建筑布局装饰雕刻，二是基本围护结构的使用。在清代，砖雕艺术进入全面发展时期，而北方砖雕源于山西。山陕会馆中的砖雕更是体现了山西砖雕的独特艺术风格。砖雕主要分布在照壁、硬山建筑的墀头和建筑脊饰上。砖雕技法有浮雕、透雕、圆雕和多层雕等多种。在亳州关帝庙，山门与钟帝庙，山门与钟鼓楼连成一体，在平齐的大型墙面上，标有"钟楼""鼓楼"石雕刻字，四周刻有大型砖雕（图3-125、图3-126），这些装饰用砖雕刻出立体、生动的自然环境、社会环境和人物，使得整个墙面既有秩序，主次分明，又有精美的细节。开封山陕甘会馆的照壁集中了山陕会馆最出色的青砖石雕（图 3-127），整个照壁雕刻的思路比较特别，檐桁以下全部用砖雕仿木结构，这一手法具有独创性。另外，山陕会馆墀头上的砖雕形式也十分常见，图 3-128 为社旗山陕会馆的墀头砖雕。

砖在建筑的细部利用还在于它能够模数化的运用上，例如在解州关帝庙的锥门的八字墙与建筑主体的山墙之间有十字镂空砖砌形成的半高矮墙（图 3-129），这种半渗透的隔断形式不仅使得建筑立面形式更加轻盈和灵活，同时还满足了内部的透光需求。这种通过砖砌方式的变化形成墙面纹理在聊城山陕会馆中也有所使用（图 3-130），在钟鼓楼的二层栏杆上也采

图 3-125　亳州关帝庙鼓楼砖雕　　　图 3-126　亳州关帝庙钟楼砖雕　　　图 3-127　开封山陕甘
　　　　　　　　　　　　　　　　　　　　　　　　　　　　　　　　　　　　　　会馆上的仿木砖雕

图 3-128　社旗山陕会馆墀头砖雕　　　　图 3-129　解州关帝庙十字镂空砖砌

用了这样的形式，和钟鼓楼整体建筑风格配合，形成独特的视觉效果。另外，在郧西上津山陕会馆的墙壁上，整面墙的每块砖上通过浮雕的手法都刻有"山陕会馆"字样（图3-131），所有的字样形成群体效应，成为山陕会馆独特的"风景"，丰富了墙体立面的同时也进一步体现了山陕会馆深厚的文化根基。

图 3-130　聊城山陕会馆钟鼓楼　　　　图 3-131　郧西上津山陕会馆砖上刻字
　　　　　十字镂空砖砌

（四）铁艺细部：霄汉铁旗杆、香炉、铁铸雕塑等

铁材料的运用在中国古代建筑中，主要是在生活用品和工具方面，而在建筑中并不多见。不过，在山陕会馆中，铁艺构件意义非凡。一方面，由于山陕会馆从关帝庙传承下来的祭拜功能，香炉成为必不可少的建筑细部；另一方面，山陕商人用霄汉铁旗杆进一步彰显建筑的气势。另外，还有一些铁铸造的雕塑。

在关帝庙前常常会有旗杆的设立，周口关帝庙铁旗杆高约21.85米，上下分3节精工铸造，4条铁龙上下盘绕，24只风铎悬挂在6节方凌斗之下。山陕会馆继承了这一点，所以在山门前往往设有铁旗杆1对，并且旗杆形式更为精致。例如，社旗山陕会馆的铁旗杆，高约17.6米，下部杆体直径0.24米。下为青石须弥座，上卧铁铸造狮兽，旗杆自铁狮背插入基座（图3-132）。大部分山陕会馆都有铁旗杆，这主要是由于秦巴山内丰富的铁矿资源使得陕西的冶铁业自清代以来有长足发展，清代陕西是全国的主要冶铁铸造中心。铁旗杆这一形式，一方面从物质层面展现了清代陕西精湛的铁器铸造技艺，并从旗杆的整体高度和长细比例丰富建筑外立面；另一方面，从文化层面反映了秦晋商人的乡土文化和客居心理，将铁铸造技术和装饰艺术以及楹联文化结合起来，是技术、艺术、文化的完美结合的体现。

在社旗山陕会馆的铁旗杆的底部铸铁狮就可以体现出当时铸铁技术已经十分精湛，当时的制铁技术不仅可以铸造这样的大型摆件，还可以铸造出精致的小型摆件。例如在解州关帝庙月台的石栏板上置放一个铸铁的小铁狮，旁边站立一个面部表情严肃的士兵模样的铸铁人物（图3-133），铸铁技术的精湛使得这样的建筑细部也令人叹为观止。

山陕会馆因具有不可或缺的祭拜功能，铁香炉也几乎出现在每一个关帝庙和山陕会馆中。不过，根据祭拜的形式不同，香炉也有不同形式。在解州关帝庙中，有一个巨大的塔型香炉（图3-134），约莫有一层楼高度，整体平面为圆形，上有攒尖八面屋顶，香炉主体外有精美装饰，层次分明、比例和谐。大多数山陕会馆中的铁香炉为袖珍版的大殿形式，在社旗山陕

图3-132　社旗山陕会馆
铁旗杆与铁狮

图3-133　解州
关帝庙栏杆顶部

图3-134　解州关帝庙
塔型香炉

会馆中的香炉和解州关帝庙中的香炉形式基本一致（图3-135、图3-136），均上为歇山顶，主体为三开间，下有基座。这些古老的铁铸造香炉因为不断的祭拜者的使用而完整地保留下来。总之，虽然铁艺从使用材料的比例来看，在山陕会馆建筑细部中并不占多数，但是因为具有独特的祭拜文化和传承意义而显得格外不可缺少。

图3-135　社旗山陕会馆香炉

图3-136　解州关帝庙香炉

（五）琉璃细部：瓦、瓦当、吻兽、宝鼎等

琉璃使用量最大的中国古代建筑是宫殿建筑，在一般的民居和馆舍鲜有琉璃的出现。在明清时期，山西地区建筑中使用的琉璃瓦和琉璃脊饰在全国享有盛名，大量建筑用琉璃制品被贩卖到全国各地。特别是这种材质得到了统治阶级的青睐，在宫殿建筑中广泛地运用开来，山西成为当时宫殿建筑中琉璃饰品的供应基地。作为山西商人，异地的建筑当然也大量地采用了琉璃，例如开封的山陕甘会馆的建造者大量采用琉璃瓦饰技术，将山西琉璃饰品大量运用到屋顶、屋脊和照壁的装饰上。琉璃的建筑装饰让山陕会馆产生了更加金碧辉煌、富丽堂皇的感觉，让人不由得想起宫廷建筑。

前文在阐述山陕会馆的装饰题材的时候，就提到了山陕会馆的吻兽和挑角常常采用动物装饰，事实上，解州关帝庙的的挑角、戗脊、屋脊和宝鼎都成为屋顶的装饰重要部分（图3-137）。在解州关帝庙的重要建筑屋顶，一般檐角为龙头式，在檐角上立人物圆雕，沿着挑角还有一些蹲坐的兽雕，接着戗脊进行整体装饰（图3-138），正脊上两端和中间部分也加以隆重装饰。有时，在宝鼎与吻兽之间的中间部位也加上人物或者动物的雕刻装饰。

这些装饰，大部分都用琉璃雕刻，有时是砖雕。它们共同构成屋顶的装饰层次。在解州关帝庙，仅每个屋顶上的细部装饰，就有十多个（图3-139）。与此类似，在开封山陕甘会馆的屋脊上也有着丰富的细节层次（图3-140）。

图 3-137　解州关帝庙戗脊（一）

图 3-138　解州关帝庙戗脊（二）

图 3-139　解州关帝庙春秋阁屋脊装饰层次

图 3-140　开封山陕甘会馆屋脊装饰层次

建筑的宝鼎是关帝庙屋顶上的重点装饰部位，在解州关帝庙午门上的宝鼎（图3-141），中心部位为一个有3层屋顶的类似阁楼的构件，从这个构件的色泽和局部的尺度，笔者认为是铁铸造的。这个宝鼎的3个层次中，上层较高，下两层较矮，为歇山顶，仿木构架。宝鼎两边为两个面对宝鼎的兽雕，从拍摄的图片显示，一边为大象，一边为麒麟。在解州关帝庙其他的等级稍低的建筑屋顶上，宝鼎一般为麒麟（图 3-142），背上有直立装饰，两边也有人物雕刻，面向建筑朝向。在开封山陕甘会馆、社旗山陕会馆、洛阳潞泽会馆屋顶宝鼎也有类似的装饰（图 3-143）。

图 3-141　解州关帝庙午门宝鼎

图 3-142　解州关帝庙宝鼎

图 3-143　开封山陕甘会馆宝鼎

除了建筑屋顶的装饰，还有琉璃照壁的装饰。社旗山陕会馆的琉璃照壁是所有山陕会馆中面积最大、使用琉璃最多的照壁，比解州关帝庙的九龙照壁还要精美华丽，是艺术品质最高的琉璃彩砖雕刻的代表。整个照壁的南北两面共由 300 多块琉璃砖构成，以浮雕为主。南壁主要是以冷色为主的浅浮雕 3 图，分别是《凤穿牡丹》《五龙捧圣》《鹤立青莲》。北面是以浅浮雕为主，深浮雕为辅组成的 3 幅图，分别是《四狮斗宝》《鲤鱼跳龙门》《雄狮斗麒麟》。其中《鲤鱼跳龙门》，龙门呈阁楼状，过龙门之鱼化为龙体，升腾而上，共戏一蜘蛛。与照壁类似的建筑细部还有戏台两边的八字墙，不过一般八字墙都为砖石建造，而只有等级极高的建筑才用琉璃制作。例如，在开封山陕甘会馆中的八字墙为琉璃（图3-144），而前文提到的社旗山陕会馆的八字墙则为砖石建造。

图 3-144　开封山陕甘会馆
琉璃八字墙

三、山陕会馆的构件细部

（一）长短坡与单坡屋顶

在对山陕商人商业和文化传播线路上山陕会馆的研究中，单坡顶屋面形式也有出现，一般位于会馆侧廊之上，如汉口山陕会馆看廊、社旗山陕会馆大座殿与大拜殿之间侧门出入口上屋顶等。另外，长短坡屋顶形式也很常见，其为非对称性双坡屋顶，屋脊不位于正中，一般长坡的一边坡向内院，短坡一边向外，如社旗山陕会馆东西廊房与道坊院厢房、周口关帝庙厢房、半扎山陕会馆山门旁建筑等。其他大部分建筑屋顶均为硬山或悬山双坡顶、卷棚顶或歇山顶形式。

单坡顶建筑是山西商人大院民居建筑中常见的建筑形式，单坡屋顶均坡向内院，有着"肥水不流外人田"的意思。外立面上高耸与平展的外墙又能减小雨水对相邻建筑单元的影响，增加建筑单元横向扩展的可能性，同时又能帮助院内抵御严寒，增加建筑群的防御性能。在会馆中使用长短坡与单坡屋顶，很有可能是受到山陕商人民居与地方建筑的影响。

在山西茶商宅院中一部分屋顶为长短坡形式，如常家庄园石芸轩书院、乔家庄园祠堂戏楼等。但大部分屋顶直接使用单坡形式，这在正房、倒座、厢房上都十分常见。根据屋顶坡向的形式，屋顶又可分为下弧式单坡与屋脊部分上弧式单坡两种形式。下弧式单坡靠院落外侧直接用砖墙砌筑墙体，墙檐装饰线条，如正脊样式，屋面部分做下弧形举折，如常家庄园养和堂第三进院、渠家大院五进院、长裕川茶庄。而屋脊部分上弧式单坡在屋脊处做出卷棚顶类似的 S 形曲线反弓，使室内空间感受更高，建筑山墙面曲线更优美，如乔家大院在中堂第二院厢房、常家庄园杏园连廊等。

会馆以双坡屋顶为主，主要是因为在明清时期砖石与木构结构建筑技术更加成熟，双坡可以满足规模宏大的祭祀与观演活动对于大型室内空间的需求，所以在中轴线主要殿堂与戏楼之上单坡形式的屋顶建筑较为少见，只在次要辅助性建筑中被用到（详见表 3-8）。

表 3-8　茶商老宅与山陕会馆长短坡同单坡屋顶形式对比

茶商老宅		
剖面图示	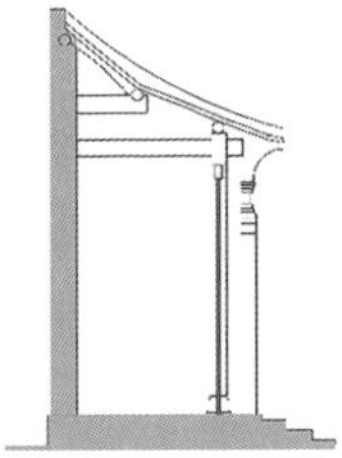	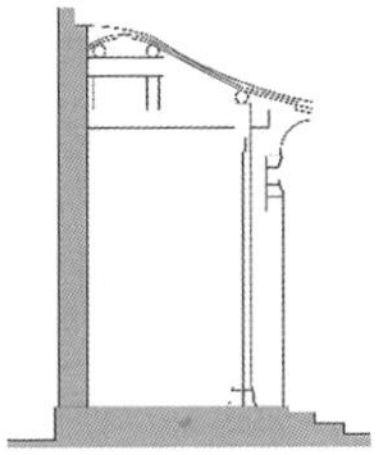	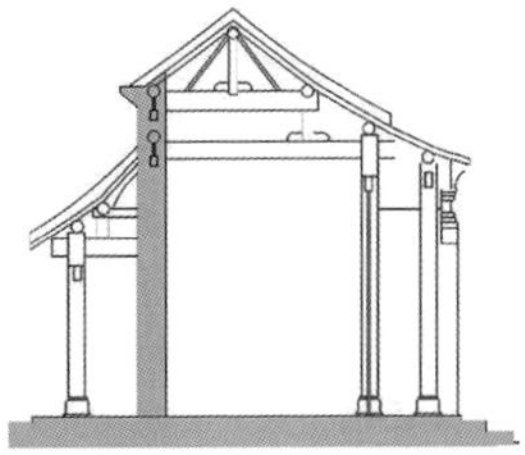
形式	下弧式单坡	屋脊部分上弧式单坡	少数长短坡
使用位置	大部分为单坡，无论倒座、厢房、正房均有使用单坡形式		一般在过厅、正房或较为重要的建筑中使用
案例图片			
	常家庄园养和堂三进院	乔家大院在中堂第二院厢房	常家庄园石芸轩书院

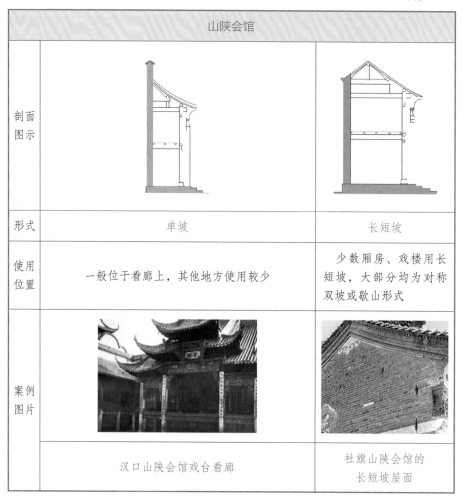

山陕会馆		
剖面图示		
形式	单坡	长短坡
使用位置	一般位于看廊上，其他地方使用较少	少数厢房、戏楼用长短坡，大部分均为对称双坡或歇山形式
案例图片		
	汉口山陕会馆戏台看廊	社旗山陕会馆的长短坡屋面

图片来源：除汉口山陕会馆看廊照片来源于网络之外，其余均为李创绘制、拍摄。

（二）叉手与梁架结构

在山陕会馆中叉手的做法较为普遍，如洛阳潞泽会馆大殿、社旗山陕会馆悬鉴楼与道坊院厢房、半扎山陕会馆戏楼等均使用了叉手（图3-145、图3-146）。社旗山陕会馆大座殿还使用了角背（图3-147），不仅对瓜柱起到支撑作用，还将其雕刻华丽的云龙图案作为室内空间的装饰构件。

图 3-145　潞泽会馆
大殿叉手

图 3-146　半扎山陕会馆
戏楼叉手

图 3-147　社旗山陕会馆
大座殿角背

　　在大多数会馆中均使用抬梁式结构，如多伦山西会馆山门、半扎山陕
会馆戏楼等，但也有结合使用穿斗式结构的情况。如襄阳山陕会馆正殿（图
3-148），檐柱做单步梁直插金柱之上，檐柱、金柱以及单步梁瓜柱之上均
直接承檩，且五架梁直插前后金柱之中，也以柱头承接檩条，是典型的穿
斗式做法，但五架梁上立短柱承三架梁，梁上架檩条，又是抬梁式形式。
抬梁与穿斗式两种形式混合使用是山陕商人原乡建筑风格与地方性建筑风
格的结合。

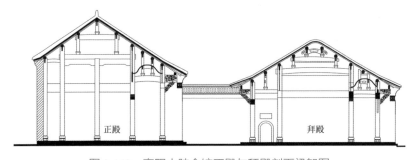

正殿　　　　　　　　　拜殿

图 3-148　襄阳山陕会馆正殿与拜殿剖面梁架图

　　而在山陕茶商宅院中也多使用叉手与抬梁式结构，如常家庄园养和堂
主楼（图 3-149）。还有一些长短坡屋顶结构为三步梁直接插入靠院落外
围一侧的砖墙之中，院落内侧墙面才用木结构梁、枋连接，并承接以木柱，

柱间装饰木板门、直棂窗等维护构件。这种做法既可以减少木料使用，同时又能增加建筑外围的防御性能，如常家庄园石云轩书院、祠堂戏楼等。以石芸轩书院为例（图 3-150），为面阔五开间、进深一开间，带后廊的单层硬山顶式建筑，沿主街立面为高而厚的砖墙，入口沿墙做五开间外廊披檐，中间一进为入口。墙后方为长短坡瓦屋面，砌上露明造，三步梁上立童柱承三架梁，梁架插入砖墙之中，省去一侧的金檩，三架梁上立童柱，并辅以叉手承接脊檩，童柱下方还设脚背，与山陕会馆中梁架常见的处理方法类似。

图 3-149　常家庄园养和堂主楼

图 3-150　常家庄园石芸轩书院

（三）形式简化的墀头样式

墀头是硬山式建筑山墙面端部的重要构件，在《中国古代建筑瓦石营法》中将墀头分为盘头、上身、下碱三部分组成，盘头从上至下又可分为戗檐、二层盘头、头层盘头、枭、炉口、混砖、荷叶墩几部分组成（图3-151），为适应从下往上仰视的视角，斜向的戗檐就成为墀头的重点装饰部位。一般情况下，戗檐部分由一大块方形雕饰繁复的戗檐板构成，其他部位装饰均较少。

而在山西茶商老宅中，墀头形式较为特别（图3-152），装饰中心从戗檐处下移至中部，常两面到三面均有雕刻。从整体构图上看，从上至下分为三部分构成：上部最接近屋檐，常做下凹的弧形形式出挑；中部也为三段式立面划分，上下段为"须弥座"样式，中间段为"亚"字形束腰，束腰部分是装饰最为繁复的地方，常常被雕刻成屋宇式的建筑形象，垂柱、柱廊、栏杆、屋檐等建筑形象，栩栩如生；下部为叠涩出挑，与墀头上身墙体部分相连。

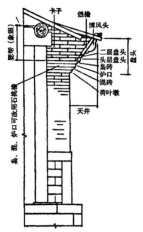

图 3-151　常见墀头样式
（图片来源：刘大可《中国古代
建筑瓦石营法》）

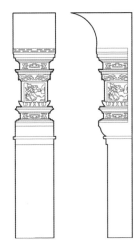

图 3-152　茶商老宅常见墀头形式
（左正立面，右图为侧立面）

219

束腰部位雕刻元素多样，一般有梅、兰、竹、菊、葡萄、牡丹、石榴、荷花等植物图案，也有狮子、麒麟、蝙蝠等动物样式，也有八仙法器、香炉、花瓶、拂尘等器物装饰，还有"福""禄""寿""祯"等文字样式，装饰题材丰富多样。

而万里茶道沿线山陕会馆墀头基本与茶商老宅中的墀头形式相似，如襄阳山陕会馆、社旗山陕会馆、洛阳潞泽会馆、洛阳山陕会馆、开封潞泽会馆、半扎山陕会馆、郏县山陕会馆等，显示出与山西茶商老宅建筑风格在会馆建筑上的传承，具有墀头风格的一致性。但从细节上看，又有少许差异。

第一，从构图层次上看，山陕会馆墀头层次较茶商老宅中有所减少，构图更为简化。大部分会馆保留上部下凹的弧形与中部的"亚"字形束腰部分及下部叠涩样式，而束腰上方与下方的"须弥座"台基则省去，使得装饰部位面积变小，装饰重点更为集中。如半扎山陕会馆戏楼墀头下部分须弥座台基保留，而上部分须弥座台基则省去，仍然有中部"亚"字形束腰装饰，从构图上看，上下部分不再对称，装饰题材为花草藤蔓与天马等形象 [图 3-153（a）]。再如襄阳山陕会馆拜殿墀头保留"亚"字形束腰部分，在其上方还设一块琉璃构件装饰板，但整体上雕刻平整，构图简单 [图 3-153（b）]。在洛阳山陕会馆中，"亚"字形中部装饰甚至直接简化成多边形样式，不雕刻任何元素花纹，形式更为简洁 [图 3-153（c）]。

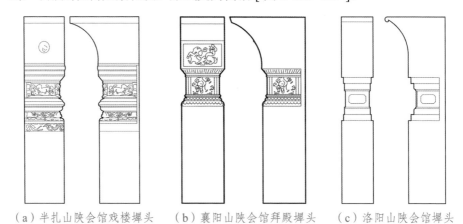

（a）半扎山陕会馆戏楼墀头　　（b）襄阳山陕会馆拜殿墀头　　（c）洛阳山陕会馆墀头

图 3-153　构图简化的山陕会馆墀头

会馆墀头构图简化有以下几点原因：

（1）在山陕会馆中硬山式屋顶建筑有限，一般只用于配殿、厢房等辅助性建筑之中。大部分正殿戏楼又使用木材作为建筑材料，砖石建筑少，使得用于硬山山墙面的墀头数量运用减少。

（2）建筑主要装饰对象向会馆中正殿或戏台的琉璃正脊、飞檐翘角与木雕、石雕、彩绘等装饰部位转变，装饰对象可选择性更大，而非像茶商老宅一样以墀头装饰为主，装饰重心的转移也是墀头层次减弱的主要因素。

第二，从装饰题材上看，大部分会馆雕刻狮子、麒麟、鹿、凤凰、牡丹、梅花、菊花、荷花等题材，而少见茶商老宅中象征多子多寿的葡萄、石榴以及"福、禄、寿"等文字类装饰，笔者调研过程中仅发现河南邓州汲滩镇山陕会馆戏楼有"寿"字砖雕形式，其他沿线山陕会馆中均未出现文字样式墀头图案（详见表3-9）。装饰题材的差异，代表了会馆以祭祀和演戏为主的公共建筑与在宗族、家族关系下私人宅院建筑的不同，同时显示出商业与经济因素对会馆建筑的影响。

综上所述，万里茶道沿线上山陕会馆墀头形象具有较为相似的特点，但在构图与装饰上又有少许差异，显示出山陕商人对原乡建筑技艺与建筑文化的传播。

表3-9　茶商老宅与山陕会馆墀头装饰题材对比

茶商老宅墀头形式     				
乔家大院在中堂第六院门头	乔家大院在中堂第五院厢房	常家庄园石芸轩书院	渠家大院养心斋	渠家大院长裕川茶庄

续表

| 山陕会馆墀头形式 | 襄阳会馆拜殿 | 社旗山陕会馆药王殿 | 洛阳山陕会馆厢房 | 半扎山陕会馆戏楼 | 多伦山西会馆戏楼 |

图片来源：李创摄。

　　但万里茶道沿线山陕会馆中也有少许特例，如多伦山西会馆戏楼的墀头样式 [图 3-154（a）]，装饰部位主要集中于上方戗檐板之上，盘头下方还有垫花，俗称"手巾布子"。从构图上看，与线路上其他山陕会馆和山西商人老宅墀头不同。究其原因主要是，在山陕商人的脚步向北进行的过程中，山西原乡墀头形式发生了一定程度的变异，逐渐与当地墀头形式进行融合，以张家口堡山西商人所建宅院的墀头形象中表现得最为明显。

　　如山西太原与榆次商人在张家口堡建立的永瑞银号旧址门楼墀头 [图 3-154（b）]，构图上与山西茶商老宅形式相似，保留"须弥座"基座与"亚"字形束腰，但在其上方增加了一块方形板的装饰雕刻，上方弧形的出挑被斜向的戗檐板所取代，与山西茶商老宅墀头形象既相同又有差异，显示出山西茶商老宅墀头在向北传播过程中逐步变异的过程。再如张家口李玉玺旧居门头墀头 [图 3-154（c）]，构图形式与北方地区墀头结合更为明显，已经没有"亚"字形束腰装饰，盘头部位均有装饰。可见沿万里茶道向北经商的过程中，从山西晋中到张家口，再到内蒙古多伦，墀头形式逐渐变化，与当地建筑风格相融合，出现杂糅与变异的特点，同时也反映出山西茶商原乡建筑风格沿万里茶道文化线路的传播与演化关系。

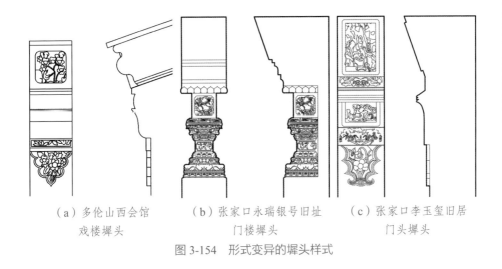

（a）多伦山西会馆　　　　（b）张家口永瑞银号旧址　　　（c）张家口李玉玺旧居
　　戏楼墀头　　　　　　　　　门楼墀头　　　　　　　　　门头墀头

图 3-154　形式变异的墀头样式

四、山陕会馆细部演变的特点

（一）由通透灵动向封闭厚重的建筑风格变化

茶商从茶源地至茶叶销售地需跨越我国南北多个省份，各地气候及文化差异导致了他们在会馆建设时的本源文化与客地建筑文化相互融合，使得沿线会馆建筑风格产生出不一样的特点。从整体上看，从茶叶产地到茶叶运销地，呈现出由通透灵动到封闭厚重的风格变化。

在建筑群体组合与风格上看，以茶源地的汉口山陕会馆为例（图3-155），其位于汉水与长江的交汇处，是山西、陕西、福建、江西、安徽、湖南等地茶商的汇聚之地，在山陕商人修建会馆之时，其建筑风格自然会受到不同地域文化的影响，从而产生南北建筑风格的融合。在建筑布局上，虽然采用"一线天"形式的狭长巷道与四周高耸的围墙将建筑分为若干个区域，看似较为封闭，与山西茶商老宅大院民居形式相同，但从庭院内部来看，建筑却十分开敞。大部分建筑均底层架空，以木制隔扇屏门作为分

图 3-155　汉口山陕会馆主戏楼

隔墙体，用外廊串联整个建筑群体与院落，使围墙内建筑空间联系而又贯通。在主轴线上重要建筑依次排布，等级明确，西院与东院两侧又以基本单元各自形成轴线，形成不完全对称的建筑布局。在东院之中还设置花园，"借以回廊，文以雕栏。廊尽一亭颜曰怡神园之小楼"，花园之中叠山置石、曲径通幽、绿阴匝地、花木蕉桐，宛如置身于江南水乡的私家园林。园中六角攒尖亭、四角攒尖花园戏台，屋檐起翘深远，镂空的挂落与栏杆同装饰精美的斗拱一起，将南方建筑的灵秀细腻与北方建筑的古朴厚重融为一体。

而在茶叶运销地的内蒙古多伦山西会馆（图3-156），大多使用硬山顶，仅大戏台台口部分、小戏楼、大殿前抱厦及钟鼓楼使用卷棚歇山顶，且屋顶起翘较缓，出檐较短。建筑多为落地式单独设置，没有如汉口山陕会馆中大量的建筑架空处理。在建筑材料上看，以砖石为主，木结构仅在廊柱、屋架、额枋等部位才使用，给人以厚重之感，不如汉口山陕会馆中大量使用木料的轻盈。建筑立面上门窗洞口较少，且多数情况下门窗均关闭，反映出北方建筑封闭厚重的建筑特点。

图3-156　多伦山西会馆主戏楼

再以单体建筑类型钟鼓楼为例，在社旗山陕会馆钟鼓楼中（图3-157），将其底层进行架空，只以柱子支撑，撤去底层墙体，这样做不仅可以使得视线在纵向轴线上更加通达，减少会馆建筑给人的压迫性，创造会馆建筑与戏台围合空间的商业及娱乐轻松氛围，也可以为观戏庭院创造更多的疏散通道，起到快速疏散人流的作用。钟鼓楼二层为木构，装饰雕刻精美，屋檐起翘较高，给人以通透灵动之感。

在郏县山陕会馆中，钟鼓楼与山门戏楼连为一体，一层不设洞口，以砖砌而成，二层外廊环抱，中间部位开圆形格栅窗，顶层为木制隔窗，从形制与材料使用上看，较社旗山陕会馆更为封闭（图3-158）。

而在洛阳潞泽会馆中，钟鼓楼与悬鉴楼（戏楼）连接得更为紧密，不但在建筑立面上均以砖石建造，仅在二、三层开小窗进行采光，而且在屋面下传统的木亭形式也省去，一斗二升斗拱之下以砖砌墙承接，除额枋与斗拱之外完全看不见其他木结构构件，与社旗山陕会馆相比，体现出更为封闭的建筑特点（图3-159）。

图3-157　社旗山陕会馆钟鼓楼　　　　图3-158　郏县山陕会馆钟鼓楼　　　　图3-159　洛阳潞泽会馆钟鼓楼

（二）从功能性向装饰性转变的建筑细部

山陕会馆是以盐商、茶商为代表的山陕商人在万里茶道上频繁活动的佐证。他们靠经营茶、盐、铁、布等行业积累了大量的财富，除在本地建设规模宏大的大宅院之外，在重要茶叶转运枢纽建设会馆就成为一项重要举措。这些会馆色彩绚丽、雕刻细腻、富丽堂皇，不仅作为山陕商人在异地展现资本实力的名片，而且可以使他们抢占当地市场，更好地与外地客商竞争。故山陕商人在会馆中倾注的心血很大，在越远离家乡的茶叶转运枢纽城市会馆中表现得越明显，更加注重建筑细部的装饰，逐渐发展出从功能性向装饰性转变的趋势。

以山陕会馆柱础为例，山西本地的关帝庙一般使用鼓形柱础，如太原大关帝庙 [图 3-160（a）]、山西解州关帝庙、大同关帝庙等。而在远离家乡的运茶线路上，柱础的样式发生了较大的变化，形式更加多样化，雕刻也更加细腻，如洛阳潞泽会馆大楼外廊"六兽钻桌"柱础 [图 3-160（b）]，在立面上分三段式布局，最下方为覆盆形状，之上浅浮雕飞鸟，中间段为狮子、老虎、大象、鹿、羊、狻猊等走兽从几形案底钻进和钻出的形象，雕刻生动逼真，最上端为雕刻的双龙戏"蛛"高浮雕环绕一圈，极富艺术表现力。再如社旗山陕会馆的狮子驮莲柱础 [图 3-160（c）]，将柱础雕刻成为一个完整的动物形象，此时柱础的实用性功能逐渐向装饰功能转变，审美的装饰作用增加，柱础也成为一件精美的工艺品，将山陕茶商雄厚的经济实力展露无遗。这种狮子驮莲柱础在万里茶道沿线的其他会馆中也存在，如周口山陕会馆、洛阳潞泽会馆、洛阳山陕会馆等。

（a）太原大关帝庙圆鼓形　　（b）洛阳潞泽会馆几形　　（c）社旗山陕会馆狮子驮莲形

图 3-160　形式变异的墀头样式

再如斗拱形式。多伦山西会馆建筑中斗拱用材硕大，以大戏楼斗拱为例 [图 3-161（a）]，为六铺作计心造斗拱，形式较为常见，但台口柱头铺作之间有补间铺作八攒，数量繁密，在立面构图上占比较大，横拱上雕刻云纹，昂头雕刻象鼻，彩绘装饰精美。在洛阳山陕会馆中，大殿为五铺作计心斗拱 [图 3-161（b）]，选材较大，其上着以彩绘，横拱及昂上配以浅浮雕花草纹或祥云纹样，形象更为丰富。郏县山陕会馆戏楼补间铺作虽只有一攒，但是雕刻繁密，昂头雕刻龙身龙尾造型，鳞片、翘尾等细节勾画生动形象，栩栩如生 [图 3-161（c）]。在郏县山陕会馆、洛阳潞泽会馆与社旗山陕会馆中还有使用单拱造的情况。在社旗山陕会馆中，斗拱多用斜翘或斜昂，不仅在用料选择上木构件尺寸更小，还在耍头、昂身等之上以镂空方式雕刻龙头、龙身、象鼻、天马等祥兽形象，以此增加建筑的表现力。如马王殿、药王殿斗拱耍头雕刻的猴、牛，戏楼第三层的斗拱也雕刻有丰富多变的龙、凤、象等动物形象 [图 3-161（d）]。

因为远离故土，山陕会馆的商业性质增加，导致斗拱的承重结构逐渐减弱，雕刻由浅浮雕向深浮雕，再向透雕转变，艺术表现力增加，逐渐成为建筑的装饰构件。

（a）多伦山西会馆　　（b）洛阳山陕会馆　　（c）郏县山陕会馆　　（d）社旗山陕会馆
　　戏楼斗拱　　　　　　　大殿斗拱　　　　　　戏楼斗拱　　　　　药王殿斗拱

图 3-161　细节丰富的斗拱形式

再以会馆梁头兽头装饰为例。大同关帝庙戏楼梁头不饰彩绘，仅面向台口一侧才做兽头雕刻 [图 3-162（a）]。兽头不仅可以保护木梁不受风雨侵蚀，还可以增加建筑的艺术表现力。而在多伦山西会馆戏楼梁头上，不仅在台口正面与侧面上均有雕刻，而且都着以彩绘，虽现今大多已脱落，但仍可以想象出昔日色彩的艳丽 [图 3-162（b）]。再如开封山陕甘会馆大殿梁头，其雕刻更深，用材硕大，外加上梁枋之上的繁复密集的高浮雕与彩绘等表现，使得其视觉冲击力更强 [图 3-162（c）]。这表现出山陕会馆在山西原乡建筑的基础上装饰细部逐渐精细化，甚至向装饰性转变的特点。

（a）大同关帝庙戏楼　　　　（b）多伦山西会馆戏楼　　　　（c）开封山陕甘会馆大殿

图 3-162　装饰性增强的梁头装饰

第四节　会馆的比较研究

本节将山陕会馆与其他建筑进行对比分析。

这些对比分为两大类别，包括地域性差异的分类和建筑功能的分类。前者选取湖广会馆、江西会馆与山陕会馆进行对比，后者选取山陕地区的民居、祠堂、庙宇、书院与山陕会馆进行对比。这些对比是为了强调山陕会馆建筑和建筑文化，以及关帝庙与山陕会馆之间的传承关系具有独特性。

一、按地域差异分类进行比较

会馆中，除了山陕会馆，还有湖广会馆、江西会馆、福建会馆等。从名称上就可以明显发现，由于会馆的特殊地域性属性，这些会馆自然而然地以地域差异进行区分。不同会馆类别之间由于地域差异性产生不同，同时，又由于同为客地建筑这一本质属性而产生的一些同性，这里将重点对山陕会馆与湖广会馆、山陕会馆与江西会馆进行较为抽象和概括的比较。

（一）与湖广会馆之比较

如前文所述的山陕会馆一样，湖广会馆是一个统称，一般包含有湖北、湖南、广东等地同乡在客地建立的会馆，以下从起源、命名、分布、形制、局部四个方面对山陕会馆与湖广会馆进行比较。

1. 起源比较

湖广会馆作为"湖广填四川"移民运动的"产物"，移民运动赋予湖广会馆移民性质。远离家乡的湖广人迁移异地，开荒垦地，经商贸易，为寻求内心的归属感和慰藉思乡之情，增强同乡情谊，以原籍地缘关系为纽带，组成了民间互助组织便有了湖广会馆，从而形成了特定历史条件下四川的移民社会形态。同样为以亲缘关亲为纽带形成的会馆组织，山陕会馆在创建者的组成上较为单一，大部分为山西、陕西两地商人，不同于"湖广填四川"这样的全面移民。

一般来说，湖广移民入川主要分水路和陆路两路。水路主要是溯长江而上入川，即由孝感麻城乡、随州、武汉、荆州一带，沿长江而上，穿越三峡，进入重庆、川东地区，再逐渐向西迁移。陆路则是走湘川古道入川，即由湖南长沙、永州、郴州、衡阳的移民以及客家人，从湘西进入贵州，穿越黔西山区，进入川南，或翻越大巴山，进入涪陵地区，再向川中和川西迁移。由于移民大潮涉及更为复杂的人流，较规律的移民线路，山陕会馆的创建者山西、陕西商人的商旅路线较为自由和灵活。

2. 命名比较

与山陕会馆的命名方式类别相似，湖广会馆的命名方式也十分复杂。

湖广会馆祭祀大禹，这与传说中的"禹王疏九州，使民得陆处"相关，加之两湖水患连年，故有借禹王之威来镇邪之意。所以，湖广会馆为人所熟知的命名有帝主庙、帝主宫、禹帝宫、护国宫等。这一特点，与山陕会馆祭祀山西乡土神关羽可以对照，事实上，有部分禹王宫由于如今作为宗教建筑，因此隐去过去的名字，而采用宗教建筑的名字的，如宜宾李庄的慧光寺，重庆龙兴古镇的龙兴寺。所以，本节所主要探讨的关帝庙与山陕会馆的传承演变关系在禹王庙与湖广会馆之间也有涉及，但是由于大禹不比关羽在全国范围内的影响，原有的禹王庙数量远不及关帝庙，故这种传承与演变关系并不十分显著。

除了以省籍命名的会馆，还有部分是地区级别的会馆。黄州作为湖广的交通要道，黄州麻城是明清时湖广填四川最主要的移民集散地，因此黄州移民在外地建造的会馆最多，所以很多黄州会馆也十分常见。不过，很多黄州人所建会馆并不直接命名为黄州会馆，还有命名称为护国宫、帝主宫，主要是由于曾经供奉的圣人和先贤，有称为福主。福主成了人们追求美好幸福生活的代名词。现在位于麻城五脑山上的帝主宫树木葱茏、香火旺盛，全国诸如四川、云南、贵州、台湾等地的善男信女，都不远万里到五脑山帝主宫朝拜。另外，黄州古为湖广行省州府，即黄州府，而黄州府曾叫过永安郡、齐安郡，因此，湖北黄州府商人修建的会馆有时也以齐安为名，如重庆湖广会馆中的齐安公所。湖广会馆中以地级地名命名的会馆除了黄州会馆以外，还有鄂州会馆。鄂州明清时期也曾为湖广州府，因此各地也有不少以鄂州为名的会馆，如十堰黄龙镇的鄂州驿馆。

3. 分布比较

通常情况下，会馆的分布与入川移民的分布及数量是密切相关的，四川境内拥有大量的湖广会馆。据统计，全川一共有明清省籍移民地名 1 038 个，湖广籍有 832 个，占整个省籍贯移民地名总数的 80.15%。四川境内的 1 400 余所会馆中，湖广会馆数量最多，共 477 所，占会馆总数的 34.07%。这些会馆主要分布在以下几个区域：川东以重庆为中心长江水系区，川西以成都为中心的成都平原地区，川南以犍为、自贡、宜宾为中心的区域，川北以阆中、南充、达州为中心的地区。究其原因：川东的重庆是长江上最主要的交通枢纽，亦是湖广移民沿长江水路入川的必经之地；川西的成都一直是四川的政治中心，是移民的主要迁入区；川南的犍为、自贡、宜宾，由于其物产丰富、商业繁荣，依靠着沱江和岷江便利的交通，吸引了大量的移民和商人前来；川北大部分地区与陕西接壤，有大量来自陕西的移民。这么大规模的湖广会馆的建造的现象在四川以外的其他省份和区域是没有的。将湖广会馆的分布与山陕会馆比较，前者更加集中在四川省境内，而后者更加广泛，遍及全国大部分省份。

4. 形制比较

湖广会馆多出于巴蜀地区，巴蜀地区地处秦岭、武陵山脉、横断山、五莲峰环抱中，可谓群山环绕。而建筑形制往往受地形制约，在坡地中，单体建筑多采用"吊脚楼"的形式，群体建筑则随地势的高低起伏而布置，布局灵活，层次丰富，会馆建筑也不例外。这样的特殊地形更容易创造层层升高的空间序列，如位于重庆东水门内的禹王宫就是面向长江，依山而建，上下高差达十余米，整个建筑群和山势完美结合，建筑借助于山体来烘托出恢弘的气势和居高临下的地位，从而达到一种凌驾于其他建筑之上的优越感。位于龙兴古镇的禹王宫也是随山势而展开，其地势较重庆湖广会馆略显平坦，但逐级上升的感觉犹在。

除此之外，由于山地特殊地形的限制，巴蜀地区的建筑群通常无法在横向上拓展空间，而主要在纵向上表达建筑的层次与变化。因此，通常只有一条轴线，轴线上依次分布着戏楼、院正殿、后殿，两侧辅于厢房和耳房连接主体建筑，从而组成院落式空间。当然，也有一些湖广会馆建在地势平缓的地方，空间开阔之地，多采用多轴线的布局形式。如成都以东的平原地带东山地区的洛带古镇的湖广会馆，则采用的是双层轴线的布局方式，从而形成三个院落的格局。

而山陕会馆由于分布范围较广，建筑的地形环境较为复杂，布局方式更加灵活多变。

5. 局部比较

湖广会馆在建筑单体、结构、装饰上也有其独特之处。

前文在提到山陕会馆的山门形式时，提到了牌楼式，而最典型的牌楼式山门就是四川自贡西秦会馆的牌楼门，这种牌楼的形式在北方建筑体系之下的山陕会馆中并不多见。而牌楼是巴蜀地区建筑的特色，也是湖广会馆特色之一。牌楼一般位于戏楼与正厅之间，作为正殿的前序。牌楼多由六柱形成五开间，明间最大。屋顶多为歇山，且错落有致，明间最高，次间、稍间逐级跌落，从而形成阶梯状，重庆禹王宫的牌楼门（图3-163）就与自贡西秦会馆的牌楼门形式极为相似。

图 3-163　重庆禹王宫牌楼

较之山陕会馆，湖广会馆的斗拱运用并不算多，大多置于牌楼下或入口处。一般用材细小，数量较多，下昂繁复。此时的斗拱已无结构作用，仅作装饰，是典型的清前期的建筑风格。湖广会馆建筑群禹王宫牌楼龙头斗拱即为最好的实例，斗拱为九踩四下昂，昂头施金色，雕成龙头状。和四周的山墙一同，取"猛龙如江"之意。

在装饰雕刻方面，山陕会馆的装饰取材更为广泛。湖广会馆的雕刻则多以"水"为主题，一方面间接地表达对大禹的崇拜，敬仰大禹治水的功勋，一方面突出湖广地区湖泊众多、水系发达的特色，以此突出湖广移民对故土思恋之情。如重庆龙兴古镇龙兴寺禹王宫中戏楼栏板的雕刻就多以水来表现（图3-164）。另外，湖广会馆在雕刻上表现出了对本土文化的认同感和自豪感，如齐安公所戏楼额枋下有一副以唐代著名诗人杜牧的七绝《清明》"清明时节雨纷纷，路上行人欲断魂。借问酒家何处有，牧童遥指杏花村"描写的意境为雕刻的图案。杏花村古时隶属马麻城孝感乡，麻城孝感乡为著名的移民集散地，而齐安公所则为湖北黄州棉花帮的行业会馆，"杏花村"的雕刻图案不仅表现了移民者对故土的思恋之情，更表达了对本源文化的探求与赞誉。

图3-164　重庆龙兴古镇禹王宫雕刻

（二）与江西会馆之比较

江西会馆是江西人在客地建立的会馆，也属于"湖广填四川"移民运动背景之下的产物。以下从起源、命名、分布、形制、布局五个方面对江西会馆与山陕会馆进行比较。

1. 起源比较

在"湖广填四川"的迁徙的过程中一部分江西移民选择在湖广地区定居，有些则继续西行到了四川、陕南等地。与大多数的会馆性质相同，这些江西籍的移民就地建造祠堂、会馆，一则缅怀故土，二则增加同乡情谊，以抒桑梓之情。因此，在湖广地区和川地都曾经建有许多江西会馆，至今仍留存一部分江西会馆。前文在谈到了山陕会馆与湖广会馆在起源上的异同，而江西会馆在会馆属性上更靠近湖广会馆，受到移民运动的极大影响。

2. 命名比较

江西籍移民在川的会馆称谓多。省级的称之为"万寿宫""江西庙""旌阳宫""轩辕宫""真君宫",有的还称"九皇宫""五显庙"。江西会馆中,府、县人氏建的赣籍会馆称谓更多,如吉安府人氏的"文公祠""五侯祠",南昌府人氏的"洪都府""豫章公馆",抚州府、临江府人氏的"昭武公所""萧公庙""萧君祠""晏公庙""三宁(灵)祠""仁寿宫"等,还有各县人氏的如"泰和会馆""安福会馆"。较山陕会馆而言,江西会馆的命名方式更为丰富和杂乱,特别是山陕会馆中鲜有以独立个人姓氏为会馆命名方式,这种差异性主要来源于移民运动中以宗族迁移和不断繁衍的结果,江西会馆的这种演化过程和组织关系明显区别于主要由商业会馆为核心的山陕会馆。江西会馆与湖广会馆由于具有相同的"移民特征",在许多方面具有很大的相似性,这种相似性也正说明其移民路线的"交融性"。

3. 分布比较

据统计,在四川境内的1 400余所的会馆中,江西会馆320,占总数的22%,在四川境内的会馆数量比例当中,江西会馆仅居于湖广会馆之后,成为移民会馆中第二多的同乡会馆(图3-165)。如湖广会馆在川的数量位居

图 3-165　四川洛带江西会馆

第一，而江西会馆紧随其后，湖广会馆与江西会馆在称谓的数量和种类上也是不相上下。会馆的建立与移民的地理分布大体成正比。在川东、川西、川北和川南各地皆有江西籍人建立的会馆。特别在川西平原，在川东、川南和川北的平坝江河流域，人口较多，商贸繁荣，江西移民多，其会馆也多。而在矿山开矿之地，也是移民劳动力的聚会之地，会馆也相应建得多。

4. 形制比较

相对于山陕会馆，江西会馆规模要小得多，所以，江西会馆的整体建筑形式较为简单，一般只有一个主要院落和一个戏台。江西会馆入口空间与山陕会馆差异很大，一般山门多做成随墙式，并且墙体紧逼主要街巷。墙为风火山墙形式，上开左、中、右并排三个门，主入口位于正中央，笔者猜测这可能起源于江西南昌西山万寿宫的牌楼。江西南昌西山万寿宫是纪念许真君而修建的一座宫殿，亦是最早的万寿宫，所以江西会馆的雏形源于此庙。从这一点上，正如解州关帝庙是很多山陕会馆的雏形。值得说明的是，由于江西会馆主要分布的区域大体有湖广地区和巴蜀地区，而两者之间的环境、地形差异较大，虽湖广地区的江西会馆与巴蜀地区江西会馆同源，但随着移民的不断西行，两地江西会馆在建筑中呈现出差异性。

5. 局部比较

巴蜀地区的会馆往往檐口高翘，连在巴蜀地区的山陕会馆的戏台也往往出现高翘的檐口，而江西会馆戏楼通常檐口平缓，不及其他会馆檐口高翘。且通常戗脊较长，正脊山墙两侧收山明显，整体稳重端庄。且建筑用材较大，柱子较粗壮，撑弓直径较大。如复兴古镇的万寿宫、尧坝古镇江西会馆的戏楼。不过，也有特例，凤凰的江西会馆戏楼则檐口起翘较高，且檐口下施装饰斗拱，这是巴蜀地区会馆不曾见到的。

正如山西人崇拜关羽，江西人一般祭拜许真君，所以建筑中的书法楹联多用于赞颂许真君的忠孝事迹和缅怀故乡。如重庆市江津仁陀镇真武场万寿宫大门有联"玉诏须来万古常留忠孝，金册渡出戍家都是神仙"，是一副褒扬许真君生平忠孝事迹和其道教思想的对联，对仗工整，寓意深刻，令人玩味无穷。

在山陕会馆中，建筑用色较为灵活，一般以砖、石、瓦、木的原色为建筑主要色调，凸显类似北方建筑的稳重大气，只是在局部雕刻和一些主要建筑的梁架结构上进行彩绘或者镶金。江西会馆建筑色彩一般较典雅，一般很少施金。多为黑色、红色，建筑朴实庄重。但凤凰万寿宫在色彩上则较为明亮，多为红色，戏楼底部的斗拱施蓝色。

二、按建筑功能分类进行比较

会馆建筑作为明清时期一种新的建筑形制，而山陕会馆作为形制最复杂、规模最庞大、现存最完整的会馆，实为公共建筑的内核，却深受山西、陕西两地民居的影响；其形制源于祠堂，从某种意义上是血缘宗族文化的扩大与演变；与书院同为公共建筑，却受不同的精神追求所支配。因此，会馆与祠堂、民居、书院有同有异，本节将着重对山陕会馆建筑与民居、祠堂家庙、书院等建筑进行比较，以示山陕会馆在建筑形制、风格等各方面的特点，并着意发掘其不同特色的本质。

（一）与山陕民居之比较

在中国古代，民居是数量最大、形式最丰富的建筑类别，民居的发展情况受到自然、地理、经济、文化、民俗等各种条件的影响，对其他类别的建筑产生深远的影响，包括山陕会馆和关帝庙。山陕会馆以关帝庙为雏形，或者直接在关帝庙的基础上改建或加建，不过山陕会馆在功能上接纳初来客地山西、陕西的人短暂居住，所以从功能的角度更需要民居尺度的建造。山西、陕西地域广阔，地形较为复杂多样，既有山地、高原又有丘陵、盆地，所以民居的形势也多种多样，有窑洞、木构架平房、阁楼、瓦房、楼房等。到了明清时期，山西、陕西两地窑洞民居较少，传统民居的主要形式是以平房和瓦房为主的院落式民居。尤为出名的是被称为"山西大院"的处于晋中地区的太谷、平遥、祁县、介休、榆次、阳泉，处于晋北地区的保德、大同、浑源，处于晋东南的沁水、阳城和晋南的临汾、襄汾等地的典型的北方深宅大院。以上提到的很多区域有大量外出经商的山陕商人，并在各地建立起以县级地方名称命名的会馆，由此便可知山陕会馆必然受到山陕地区民居的深重影响。以下对山西、陕西两地的民居中各类别的典型特征与山陕会馆作比较，以进一步探讨山陕会馆建筑形式的起源。

首先，山西、陕西两地民居楼高院深，墙厚基宽。防御性极强，一般外立面以砖砌实墙为主，有现代建筑的四五层楼高，并不开窗，偶尔开小洞，有很强的防御性，一方面在功能上起到了抵抗风沙的作用，另一方面形成森严气势。分布在全国各个地区的山陕会馆基本继承了这一特色，一些山陕会馆的钟鼓楼高耸，面对主要街巷为石墙，上开小洞，例如洛阳潞泽会馆的山墙面。不过山陕会馆也融入地域性特征，在保持这一北方民居防御性特色的同时也吸纳了一些中原建筑甚至水乡建筑特色。

其次，明清时期以前，山西、陕西主要民居的房屋都是单坡顶，双坡顶民居数量较少，这样建造的目的是使外墙高大，而雨水沿单坡面流入院落，即为"聚水而聚财"。另外，因为陕西关中传统民居屋舍结构多为木构瓦房，这种瓦房为一面坡式的房屋，所以关中民居特色向来"房屋一面盖"。到了明清时期，为增加建筑跨度，并使建筑结构更加合理，双坡面屋顶迅速发展，成为大部分建筑屋面形式。双坡面屋顶形式不仅推进了建筑梁架结构，更带来了更加丰富的建筑造型，这些建筑大多檐口结构复杂，形式多变，更重要的是山脊形式多样，脊饰丰富。明清时期为山陕会馆发展的重要时期，所以大部分山陕会馆都为双坡面屋顶，不过在部分主体建筑搭接的空隙中，为解决排水问题，在门洞上设小型单坡屋面，使雨水能聚集到院落中的水池中。

再次，四合院是中国传统民居主要院落组织形式，山陕两地民居也是如此。院落多为东西窄、南北长的长方形平整空地。山陕两地院落分为二进、三进甚至四进院落不等，规划整齐匀称，体现出典型的中轴线对称式院落特点。山陕会馆也是以院落组织起各功能分区与建筑，较民居的院落而言，山陕会馆的庭院由于作为戏台前的观演场所，尺度更大，地面铺砖更为讲究。

最后，明清时期的山陕两地民居完全将建筑构架的功能性与装饰性结合在了一起，不论民居的建筑规模是大是小，都进行全面的装饰，柱身、檐口、山脊都集结构作用与装饰功能于一体，各种雀替、额枋、柱础、抱鼓石等建筑构件更是在受力的同时，成为进行装饰的重要部位。从前文对山陕会馆的装饰题材和细部进行探讨时也全面地考究了山陕会馆中结构和装饰融合一体的特征，这一特征与规模较大的民居可类比，只不过由于山陕商人的强大经济实力，让建筑装饰较民居更为华丽和精致。

（二）与山陕祠堂、庙宇、书院之比较

首先申明，这里着重对比的是会馆与祠堂、庙宇、书院，但是由于本章重点比较的是山陕会馆与其他建筑，故这里与之比较的是山陕人建立的祠堂、庙宇、书院。之所以将山陕会馆与祠堂、庙宇、书院建筑进行同时比较，是因为，这些建筑无论从建筑建造属性、建筑规模、建筑形制等方面都极为相似。首先，前文提到了血缘与业缘村落，血缘村落孕育祠堂的诞生，与之相对应的是，业缘村落产生会馆，从某种意义上说，会馆是在业缘村落因血缘关系而建；其次，本节论述的重点是山陕会馆与关帝庙的关系，而很多名为关帝庙的建筑随时间的不断变化就很难界定是否属于庙宇或者会馆，但是对于纯粹的庙宇建筑，如孔庙等，也有其与山陕会馆的相同点与不同点；最后，作为与会馆同时期出现的公共性建筑，书院与会馆也有极大的可比性。以下，就上面几点展开论述。

1. 山陕会馆与祠堂

祠堂作为宗祠建筑是一种礼制建筑，执"家礼"之处，亦即"家庙"。祠堂功能首先是本族人敬祀祖先，然后执行族权，劝善解纷，惩治家门不肖。会馆建筑与祠堂建筑之间是一个传统建筑类型转承演化的脉络关系。从建筑形制上看，会馆建筑直接脱胎于祠堂和家庙建筑。对应于祠堂和会馆的

血缘宗族传统，会馆建筑代表着中国 17 世纪以来，平民社会原则的兴起与确定，亦即血缘宗族观念的扩大与演变。会馆建筑与会馆文化，从形式到内容，都是家族与祠堂的扩大和不同时空背景条件下的再组织化，即由宗族的兴盛和组织管理到民系、乡系，在一个特定生活圈的兴盛和组织管理。

前面章节已经介绍过会馆建筑多选择码头港口、城镇场镇的中心，既是该地区经济繁荣的贡献者也是见证者。总而言之，何处繁荣何处建馆，是商人经济思维的集中体现。相对于会馆，祠堂的选址则更具有多样性。通常根据每个家族的情况而定。有的建于场镇，有的却散布在场外或周边，自成一个小环境。为安全起见，有的还建有碉楼和箭楼，以备不时之需。

相对于祠堂建筑，会馆建筑更具规模。祠堂多由家族成员集资修建，其规模和形制也会因为家族的经济实力而有所差异。有的祠堂中没有设置戏楼，讲排场的祠堂则设置戏楼，祠堂的规模尺寸一般鉴于住宅和会馆之间。由于会馆多由同一省籍商人合资修建，商人的实力通常比家族实力强盛，因此无论是从规模、气势还是从艺术价值各个方面都略胜一筹。山陕会馆更是比山陕地区的祠堂规模更大，气势更强，艺术价值更高。

祠堂虽然也是礼制建筑的一部分，但由于其使用功能的多样性、分布地区的广泛性以及与民间建筑保持着密切联系，造成祠堂建筑与官式坛庙祭祀的建筑面貌有很大的差异。除了保持共有的封闭和严整的风格以外，又融合许多活泼的精巧的民间建筑风格，具有浓厚的生活气息和鲜明的地方性。和会馆建筑风格相比，祠堂建筑更具有民居的特色，朴质清新，而会馆建筑则显得商业气息浓郁，大多精雕细琢，辉煌无比。

2. 山陕会馆与庙宇

中国古代建筑中，庙宇是涉及甚广的庞大的建筑群体。这里说的庙宇，是广义上的庙宇，不仅仅是宗教建筑，而是包含了儒家、道家、佛家的所有建筑。儒家中的庙宇名称有"庙""宫""坛"，例如孔庙、文庙、雍和宫、天坛等；道教建筑在发展过程有被称为"治""庐""靖""观""院"或者"祠"的；而佛教建筑一般较为统一，称为"寺"或者"庵"。我们所熟知的关帝庙也是出于庙宇建筑，属于武庙。与文庙相对应，武庙是祭祀姜太公以及历代良将的建筑，有专门祭拜关羽的武庙称为"关帝庙"，也有合祀关羽、岳飞的武庙叫"关岳庙"。

在山陕会馆中，由于与关帝庙同样祭拜的是关帝，融汇儒、道、佛于一体，可以说在精神层次上是各种庙宇风格的融合。在物质形态上，也有相似之处：从建筑布局来说，山陕会馆与庙宇建筑一样讲究建筑的序列感和仪式感；在建筑单体形制上，庙宇建筑有台基，在山陕会馆建筑当中的主体殿堂均有台基；从建筑装饰来说，山陕会馆装饰融合了儒、道、佛庙宇风格，比如，有儒家的代表性的牌匾"履中""蹈和"，有道家中的龙纹饰，以及佛家的须弥座，等等。

3. 山陕会馆与书院

书院和会馆同为明清时期重要的公共建筑，山陕会馆中还有不乏会馆和书院并用的例子，例如广西南宁的秦晋会馆又称秦晋书院，是一座集传统书院和会馆功能为一体的建筑。这座奇特的建筑据说在民国时期仍然存在，但目前所剩无几，只能从残留的防火墙和雕花梁柱看出一些痕迹。

总的来说，不同的建筑功能和追求使得会馆与书院在选址择地、空间布局、造型风格和装饰特点等方面都存在着较大的差异性：

首先，在选址择地方面，山陕会馆往往选择交通便利、人流嘈杂的商业重镇，而书院选址由于强调人文环境的营建，一般多选在远离尘俗的清幽秀美的自然山水间，环境优美宁静，利于清心静修，或者结合历史文化古迹、圣贤之迹、名人遗迹选址。和所有的中国古代建筑一样，山陕会馆和书院都受到封建思想影响，讲究建筑所处的环境，注重环境的山水格局，强调风水观念。不过不同的是，书院视自然山水为道德品行和知识素养的象征，身临其境于自然山水环境以获得精神上的感应与共鸣。而山陕会馆则是将封建的商品经济、宗族制度以及地方俗文化合为一体，更加侧重生财、旺财、聚财。书院崇尚儒家和道家文化，书院的选址与建设，深受其影响。而山陕商人也深受儒家和道家文化的熏陶，随着财富的积累，将商业道德与社会公德接轨，塑造良贾形象，提倡重利尚义、义中取利，遵从诚信无欺、和气生财等经商品德。

　　其次，书院建筑群体布局严谨，总体分四大部分：教学、祭祀、景园和生活辅助空间。中轴线上按顺序依次布置大门、讲堂、祭殿和藏书楼等重要建筑，斋舍与其他附属建筑分别对称置于轴线两旁，形成多进围合的院落空间。山陕会馆集祭神、乡聚、娱乐、寓居等功能为一体，主要由戏楼、厢楼、正厅、后殿、居住及辅助用房组成。中轴线上按顺序布置照壁、大门、戏楼、正殿、后殿等重要建筑，厢房、钟、鼓楼、配殿等对称布置于轴线两侧，同样形成多进院落。

　　再次，从建筑本身来说，书院以自然地形为依托，错落有致，曲折蜿蜒构成富于变化的轮廓线，呈现极强的层次感和曲线美。建筑以单层为主，体量小巧，院落、回廊、亭台楼阁，取得亲切宜人的尺度。书院造型简约，一般以砖木结构为主，构架以穿斗与抬梁结合，砌上明造，忠实结构本色，展示材质无华的自然美。为突出祭祀建筑的神圣和尊严，礼圣殿多重檐歇山，黄瓦红墙，与其他建筑的灰瓦白墙，形成强烈对比。讲堂造型庄重肃穆，藏书楼多为楼阁式。

　　最后，书院与会馆在装饰特色上形成强烈反差，个性鲜明突出。书院所有建筑既无繁复的装饰和夸张的细部，也无故作粗野之态，大多朴实无华。会馆则流光溢彩、雍容华贵，可以说无石不雕，无木不刻，无板不绘，装饰渗透到建筑的每个部位。如前文所提到的，会馆装饰题材丰富，既有历史典故、民间传说、文学戏剧故事，又有各路神仙造型，百姓生活场景、动物花草也尽显其间。馆内大量引经据典的匾额楹联、文人故事图案，表明商文化尊儒崇文的独特景观。将商德规范、行会规则等雕刻在石碑上，隐喻在图案和造型里，宣扬商德，塑造良贾形象。装饰题材融儒、佛、道、民间文化为一体，和谐共处，体现商人文化的兼收并蓄、灵活变通。当然，过分追求富丽堂皇、琳琅满目，不免给人以堆砌、造作、张扬之感，是商人铺张奢华、繁缛喧嚣审美情趣的表现。

第四章
山陕会馆的建筑
实例

第一节　河南地区的山陕会馆建筑实例

一、河南周口关帝庙

河南周口关帝庙，本名为山陕会馆，现为国家级文物保护单位，为"周口八景"之首。同亳州大关帝庙一样，周口关帝庙的发展历程使人难以界定其属于庙宇还是会馆。

（一）从建造历程看传承与演变

周口地处河南省东南部，沙河、颍河、贾鲁河在市区交汇，三岸鼎立，古为漕运重地，素有"小武汉"之称。明清时期，舟车辐辏，商家云集。根据史料记载，清代在周口经商的山陕商人，曾在沙河两岸修建了两座山陕会馆，因两庙内主祀关羽，故又称南、北关帝庙。现存的河南周口关帝庙是其中一座，它位于周口市富强街，始建于清康熙三十二年（1693 年），经雍正、乾隆、嘉庆、道光年间扩建重修，于咸丰二年（1852 年）全部落成，历时 159 年。1983 年以来，各级政府和文物保护部门多次拨巨款对山陕会馆进行维修和保护，建筑群体基本保存完好。从关帝庙的建造历程可以看出，周口的优越的水陆交通条件创造了商业繁荣的历史，山陕商人修建关帝庙的目的主要是为商业服务，祭祀关羽一方面为解乡愁，一方面是为商路祈福。所以，周口关帝庙与亳州大关帝庙性质相同，均为"关帝庙"表皮之下的山陕商帮行业组织。

（二）从建筑形制看传承与演变

河南周口关帝庙坐北面南，占地面积 21 600 多平方米，现存楼廊殿阁 140 余间。整个建筑为仿宫殿式三进院落，布局严谨，巍峨壮观，装饰富丽，工艺精湛。照壁、山门、钟楼、鼓楼、铁旗杆、石牌坊、碑亭、飨殿、大殿、河伯殿、炎帝殿、戏楼、拜殿、春秋阁由南向北，依次建于中轴线上；药王殿、灶君殿、财神殿、酒仙殿并老君殿、马王殿、瘟神殿及东西看楼、东西庑殿、东西厢房、东西马房，左右对称，建于两侧，与重点交相辉映。院内古柏参天，环境清幽，碑碣林立，殿堂秀丽。该建筑群体的建筑布局不同于其他很多关帝庙和山陕会馆的在于，将会馆的戏楼置于主要轴线的中部位置（图4-1），戏楼下部无穿越空间。而比较戏楼在亳州大关帝庙中的重要位置，可以发现，河南周口关帝庙将祭祀作为主要功能，而这种祭祀方式又不同于纯粹的关帝崇拜，更加带有明显的商业色彩（图4-2、图4-3）。

图4-1　河南周口关帝庙戏台

图4-2　周口关帝庙牌坊和飨亭

图4-3　周口关帝庙空间

（三）从装饰艺术看传承与演变

周口关帝庙的建筑装饰的题材极为丰富：包含吉祥如意图案，如"二龙戏珠""凤凰牡丹""五福捧寿""加官进爵""金玉满堂"等；还包含有神话故事，如"八仙过海""竹林七贤""天马行空""喜上眉梢"等；还有民间传说故事，如"刘海戏金蟾""王祥卧冰""张良进履""白状元祭塔""马上封猴""鲤鱼跳龙门""喜鹊闹梅""狸猫戏蝶"等。这些装饰题材一方面反映了山陕商人为客地生活的美好远景，一方面也反映了关帝庙和山陕会馆建筑在集佛、道、儒三家装饰艺术于一体的共性。周口关帝庙建筑特色在于在大殿之前的月台上立有一个石牌坊，两侧各有一个飨亭，这样特殊的月台布置方式有别于其他的山陕会馆和关帝庙。这样的布局方式更加强调了该建筑群体的祭祀功能，表现出山陕商人对关帝崇拜的虔诚。

如今，周口关帝庙大殿月台前的香炉依然香火旺盛，这一建筑作为文化载体把祭拜文化不断传承直到几百年以后的今天。

二、河南朱仙镇大关帝庙

河南朱仙镇大关帝庙现存为小规模关帝庙，原名为山西会馆。1986 年被河南省人民政府公布为省级文物保护单位。

（一）从建造历程看传承与演变

朱仙镇是清代四大名镇之一，交通便利，商业繁荣。乾隆年间该镇商业进入鼎盛时期，经商的商人商号达 1 200 多家，尤以山西商人最多。山西商人多来自平阳、绛州、曲沃、翼城及太原府。现如今的朱仙镇已经没有往日的繁荣景象，街道冷清，分外落寞，已难以让人想象往日场景，只有几家商铺还在继续着朱仙镇有名的版画生意。

据记载，朱仙镇曾有两处会馆：一处在镇西北部，与岳王庙毗连，合称关岳庙，又称大关帝庙；另一处在原镇区公所和镇立小学所在地，俗称小关帝庙，目前幸存的这座关帝庙为大关帝庙。据志书记载，这座关帝庙的前身是山西商人在明代嘉靖六年（1527 年）就建立的一座山西会馆，到了清代康熙十七年（1708年）由于朱仙镇商业发展迅速成为开封城南的大都会。外地商户云集朱仙镇，为了搭台唱戏，山西众商号捐资重建关帝庙，后经过清代雍正、乾隆、道光朝代的几次改建和扩建后达到建筑规模的鼎盛时期，在日军占领朱仙镇时，日寇为修筑炮楼拆除戏楼。其间大关帝庙曾被改为教养院、工厂、小学、公社，目前为朱仙镇木版年画社所在地。可以说，朱仙镇大关帝庙经历的历史的变迁远比现存建筑本身精彩，留下了丰富的近代历史资料，是宝贵的非物质文化遗产。同时，清代早期大关帝庙的盛况说明，对关帝的崇拜精神远高于山西商贾在朱仙镇的影响力，使得"山西会馆"被迫改名为"大关帝庙"，从名字的变迁可以察觉从山陕会馆到关帝庙的演化过程。

（二）从建筑形制看传承与演变

在朱仙镇大关帝庙的鼎盛时期，主要建筑有照壁，山门、钟鼓楼、牌坊、大殿、春秋楼、戏楼、铁旗杆、厢房及耳房。会馆建筑规模宏大，装饰精美，是全镇之冠。在历经了战争和政治斗争的摧残以后，大关帝庙现在只剩下一进院落（图4-4），戏楼、钟鼓楼、春秋楼、牌坊和铁旗杆等重要建筑和构件均已不存在。

图4-4　河南朱仙镇关帝庙内院

（三）从装饰艺术看传承与演变

朱仙镇在中国近代历史中遭遇的人事战乱，导致大关帝庙的盛况已经不复存在，山门也只是简单的比例略显怪异的围墙，主体建筑也极为简陋，不见多少雕刻装饰。但是从现有的一些细节，如门前的石狮（图4-5）等还是可以想象当时建筑群的盛况,可以想象山西商贾在朱仙镇雄霸一方的历史。朱仙镇关帝庙代表的是一批在近代史中饱受摧残的中国古代建筑,它们用仅有的残破的躯体记录了不堪回首的战争。

图 4-5　朱仙镇关帝庙入口景象

三、河南社旗山陕会馆

河南社旗山陕会馆(图 4-6),又名关公祠、山陕庙。在所有的会馆中,被业内专家誉为"辉煌壮丽,天下第一"。1988 年 1 月,社旗山陕会馆在全国现存同类建筑中,成为首家被国务院公布为全国第三批重点文物保护单位。

图 4-6　河南社旗山陕会馆

（一）从建造历程看传承与演变

社旗原名为赊旗，是万里茶道上的重要水陆转运枢纽，大量的山陕茶商需要在此处换小船或转陆路至其他各地销售。其水陆交通发达，商人云集，是南北九省过往要道和货物集散地。故此，山陕会馆的建设就显得尤为重要。

会馆始建于清乾隆二十一年（1756 年），是寓居此地的山陕二省商人集资兴建的同乡会馆。在道光年间才初具规模，包括春秋阁在内的大部分建筑均已建成。可惜咸丰七年（1857 年）建筑北部部分被捻军烧毁。经嘉庆、道光、咸丰、同治到光绪十八年（1892 年）完全竣工，历时 6 个朝代共 136 年。现存大拜殿、大座殿、药王庙、马王庙、东西廊房、腰楼等均是同治至光绪年间重修时建成，但后方春秋阁并未重建，后人在其遗址上修建一关公坐像，供人瞻仰，现会馆主体大部分保存完好。

建成后的山陕会馆坐北朝南，南对最繁华的瓷器街，北靠五魁场街，东邻永庆街，西伴绿布场街，处于居于赊旗镇闹市中心。后赊旗镇被周恩来总理更名为"社旗镇"，寓意为"社会主义的一面旗帜"。如今，社旗镇已经失去了当时对全国商业贸易中的重要地位，但是这一辉煌的建筑群记录了社旗镇的辉煌商业历史。

（二）从建筑形制看传承与演变

社旗山陕会馆，主体建筑呈前窄后宽形态，东西最宽 62 米，南北长156 米，总占地面积 12 885.29 平方米，建筑面积 6 235.196 平方米，现存建筑 152 间。整体建筑分前、中、后三进院落，主轴线上分别布置琉璃照壁、悬鉴楼、石牌坊、大座殿、大拜殿、春秋阁，轴线两边分别设置马房、东西辕门、钟鼓楼、铁旗杆、东西廊房、马王殿及药王殿、刀楼、印楼等建筑（图4-7、图 4-8）。西侧跨院现仅存最后一进院落的道坊院，为会馆管理人员及来往商旅住宿之处，也为四合院式布局，由门楼、东西厢房、凉亭、接官厅构成。

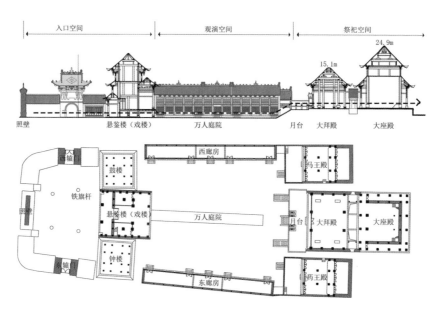

图 4-7 社旗山陕会馆剖面与平面图

（a）悬鉴楼南面

（b）悬鉴楼北面

（c）月台上的石牌坊

（d）拜殿及两侧配殿

（e）西廊房与配殿

（f）药王殿

图 4-8 社旗山陕会馆各建筑图

社旗山陕会馆周边的街市格局如今得到了良好的保存，也从侧面说明当时社旗山陕会馆在城镇中的规划、选址具有前瞻性。社旗山陕会馆处于用地紧张的闹市，一反中国传统建筑特别是民用传统建筑的横向铺展，而是在有限的地形上建立了庞大的建筑体量，却不显丝毫的拥挤，还创造了传说可容纳1万人同时观看演出的"万人庭院"（图4-9），充分说明社旗山陕会馆在建筑布局设计上的独具匠心。其中，对于铁旗杆、大拜殿、大座殿的布局充分显示建筑受到关帝庙影响至深。

图4-9　社旗山陕会馆万人庭院

（三）从装饰艺术看传承与演变

社旗山陕会馆的装饰艺术已有不少学者进行了专题研究，其突出的特征有以下4个方面：

首先，从《创建春秋楼碑记》可知，"运巨石于楚湘，访名匠于天下"。社旗山陕会馆的很多装饰细节都出自从远道请来的秦晋匠人之手，耗费了巨资，据说单是一座春秋楼就耗费白银70万余两，只可惜春秋楼于咸丰四年（1854年）毁于捻军烧焚，现仅存遗址。从建筑的整体外观到建筑装饰细部可以明显表现建筑的山西、陕西风格。

其次，装饰艺术在建筑群体中覆盖极为广泛，包括如木雕、石雕、琉璃、砖雕、宫灯、彩画、刺绣品等，这些装饰艺术品镂雕精巧、内容丰富、色彩华丽，堪称绝品。

再次，不仅使用民间的装饰题材，如蝙蝠、如意、牡丹、莲花、石榴等，还将皇家装饰元素融入其中，使用龙、凤、麒麟等雕刻其上（图4-10）。仿造北京宫殿里的照壁修建的精美琉璃照壁以及慈禧太后刻于石碑上的草书"龙""虎"二字，充分证明当时社旗山陕商人势力强大，同时也是商人阶层对于封建社会等级制度的挑战。在雕刻之中，还使用算盘、账谱、元宝、钱币等元素，深刻地反映出其对经济利益的追求。另外，建筑雕刻集"儒""释""道"文化于一体，使用佛教文化中的须弥座、麒麟驮宝瓶，道教文化的暗八仙、"福禄寿"三星，以及会馆中儒家文化"渔樵耕读""八爱图"等雕刻题材，带有极强的世俗性与商业性特点。

| （a）大拜殿石雕影壁 | （b）琉璃照壁 | （c）悬鉴楼木雕 |

图4-10　社旗山陕会馆装饰细部

最后，社旗山陕会馆中有多个供奉神灵的殿堂，而位置最重要、体量最庞大的大座殿与大拜殿，以及月台上设置的石牌坊均为祭拜关羽的场所，有效地证明了关帝庙与山陕会馆紧密的联系。在社旗山陕会馆后院中，关帝庙的标志性建筑春秋楼的遗址存在也很好地证明了这一联系。

四、河南开封山陕甘会馆

在河南开封的山陕甘会馆，原为山陕会馆，为全国重点文物保护单位。

（一）从建造历程看传承与演变

在中国古代，河南开封拥有得天独厚的地理条件。从明至清的数百年间，山西商人就来到这块商业贸易的黄金地带，将皮毛、山货等物品源源不断地运抵开封，开拓了一片属于山西商人的天地，不久便建立了山西会馆。乾隆年间，开封山西商人与陕西商人商定联合建立山陕会馆。经过对选址周边环境的仔细考察，明代徐府旧址被选为被改造和扩建的对象，建立了山陕会馆，并在此后长年筹集资金作为会馆修缮和扩大的费用。后经几次扩建，一组较为完整的关帝庙古建筑群就建立起来。光绪年间，由于甘肃商贾加入，山陕会馆遂易名为山陕甘会馆。从山西会馆发展到山陕会馆，再到山陕甘会馆，该会馆是全国范围内少有的三省联合的会馆，在众多会馆的发展历史中独树一帜，从侧面也能反映出山陕两省在传播和发扬关帝崇拜文化方面所做出的贡献，并清晰地体现了山陕会馆的文化发展脉络和轨迹。

（二）从建筑形制看传承与演变

山陕甘会馆坐北面南，在中轴线上修建主要建筑为照壁、戏楼（图4-11）、关帝殿和牌楼，庭院两边为翼门、钟鼓楼、东西配殿（图4-12），左右分别有东西跨院侧院。整个庭院向纵深方向发展，为长方形，在靠近关帝殿的地方有一座鸡爪牌坊，将庭院进深缩短。整个建筑可以明显区别于前面提到的新建的山陕会馆和关帝庙，从尺度和风格上可以感受到原来建筑为宅院。在改"宅"为"馆"的过程中，特地为会馆修建了一座关帝大殿。据说每逢祭祀关羽之日，会馆连日演戏，人山人海，十分热闹。开封山陕甘会馆的建筑完成了从宅院到会馆，从会馆到关帝庙的演化过程。

图 4-11　河南开封山陕甘会馆　　　　　　图 4-12　开封山陕甘会馆鼓楼和配殿

（三）从装饰艺术看传承与演变

开封山陕甘会馆中还有一座为关公而建的牌楼，名叫"鸡爪牌坊"（图 4-13），相同的特征的牌坊还出现在北舞渡山陕会馆中。可以说"鸡爪牌坊"是山陕会馆的一个创新性、标志性的构筑物。如前文所述，牌坊原是关帝庙中赞颂关帝品格的建筑元素，在从关帝庙到山陕会馆的传承与演变过程中，这种牌坊在保留的同时具有了山陕会馆独立的特色。而有关鸡爪牌坊由来和起源的有趣故事也变成了独特的山陕会馆文化的一部分。

图 4-13　开封山陕甘会馆鸡爪牌坊

开封山陝甘会馆砖雕、石雕、木雕装饰艺术堪称"三绝"，内容丰富，雕工精细、技法不一、题材多样，不愧为会馆建筑之瑰宝。在照壁内侧的砖雕、柱础上的石雕、大殿额枋上的木雕都是山陝甘会馆的标志性雕刻艺术。

五、河南洛阳山陝会馆

洛阳城有两处会馆，分别为东西会馆。洛阳山陝会馆为西会馆，目前还在积极的修复过程中（图4-14），为河南省文物保护单位。

图 4-14　河南洛阳山陝会馆

（一）从建造历程看传承与演变

该会馆位于洛阳县城南关之外洛水北岸，为山西、陕西两省商人所共建。道光十五年（1835年）《东都山、陕西会馆碑记》记载：洛阳"城南郭外有山陝西会馆一区，创自康熙雍正间。计什一之盈余，积镏累铢，殆经始十有余载而后成功。……嘉庆中，雨风剥蚀，颇有倾颓，两省之人惧其湮废，重葺而新之，经营又廿余年"，至道光十五年竣工。依据碑文所言，山陝会馆始建于康熙末年，至雍正年间落成，历时十余载；而此次重修，自嘉庆年间至道光十五年，更长达20余年，耗银25 000余两。该碑开列了此次重修会馆的董事，计有：元亨利、泳盛、隆兴西、合盛顺、义兴隆、合兴涌、魁盛永、元益当、兴盛郑、义新盛、李元泰、永合源、兴隆合、永盛郑、大聚隆、永兴通、仁和德、义成生、新和荣、泰成豫、协盛玉、张元发、敬盛允等，共23家。除两省商人参与集资之外，河南府知府陕西长安李裕堂、洛阳知县山西介休马懿二人也分别捐银800两和500两。

（二）从建筑形制看传承与演变

山陕会馆建筑有山门、照壁、正殿、拜殿、牌坊、舞楼、东西门楼、修廊、配殿、官厅，以及香火僧住房等。山门建筑面阔三间，进深一间，屋顶为歇山式。现存琉璃照壁，形式类似于社旗山陕会馆照壁，正中用彩釉琉璃方砖砌成二龙戏珠图案及人物、花鸟等，高12米，宽13.2米。舞楼面阔、进深各三间，为凸形舞台，但挑出较小，面宽较大，屋顶为歇山式。正殿为中心建筑，面阔五间，进深三间，歇山式。轴线尽端的拜殿为重檐悬山式顶。在调研过程中发现，由于山陕会馆周边街区结构发生改变，建筑是从正殿和拜殿侧方直接进入建筑庭院，如此改变整体建筑次序，不利于建筑整体和单体的保护与修复。

六、河南洛阳潞泽会馆

洛阳潞泽会馆为洛阳的东西会馆中的东会馆，现为洛阳民俗博物馆（图4-15）。

图 4-15　河南洛阳潞泽会馆

（一）从建造历程看传承与演变

洛阳在中国的历史上曾辉煌一时，先后有 13 个朝代在此建都。在很长一段时间里，它都是中国政治、经济和军事中心。在盛唐时候，洛阳是享誉世界的国际商业城市。宋代以后，洛阳地位衰弱，降为陪都，元、明、清为河南府治所在。顺治、康熙、乾隆年间，先后重修洛阳城池，形成了现今的洛阳老城。老城大致呈正方形，边长三华里，为洛阳历史上最小的城池，和汉唐相比，已是不可同日而语了。可即便如此，它仍是繁华的商业中心、交通要道及军事要地。潞泽会馆位于历来以商业繁华著称的洛阳老城新街南端东侧。

潞泽会馆是在原"关帝庙"的基础上，由长治和晋城两地商人筹资所建的。古时漯河货运繁忙，因此商人利用这个地方住宿、集会及洽谈生意。会馆建在关帝庙的基础上，是因为生意人敬奉关公做事为人讲求仁义和诚信。这座会馆就这样被利用了 100 多年，直到民国期间，被改作"潞泽中学"，后来甚至成为国民党临时关押壮丁的地方。新中国成立后，洛阳市政府接管了此地，继而成为看守所。后来至 1983 年，本打算在这里兴建"豫西博物馆"和历史名人馆，但最后还是改建成民俗博物馆，沿用至今。

（二）从建筑形制看传承与演变

潞泽会馆占地面积为 15 750 平方米，是中原地区保存最完整、规模最宏伟的古建筑群之一。它坐北朝南，西靠商业区，南濒临漯河，古洛河河道宽阔，流量大，水运繁荣，可见会馆交通之方便，地理位置之险要，这是作为商业贸易中转站以及商人聚点的重要条件。整个建筑群落，现存的有舞楼、大殿、后殿、钟鼓楼、东西穿房、东西厢房、东西配殿及西跨院等建筑。而据老辈人讲，原来舞楼前还有魁星楼、文昌阁、九龙壁，但惜之不存，已毁于 20 世纪 60 年代。潞泽会馆的正门上，镶嵌着一款石质匾额，上刻"潞泽会馆" 4 字，是 1941 年题写的，出自潞安府王毅之手。舞楼实际上成了会馆的穿堂大门，舞楼也叫戏楼，主要用来唱戏。穿过舞楼，中间稍稍搞起的大块平地上巍巍屹立着大殿和后殿两个主殿。两侧长近百米的厢房延伸过去，中间围抱出一大块空地，这是以前人们集会和看戏的地方。那时，每逢春节，这里便很热闹，从当年三十晚上开始，要连演 3 天大戏。3 天之内，潞泽两州因生意不能回山西老家的商人，都要在舞楼前面正中场地上落座，附近老街坊、城郊众戏迷，也纷纷赶来，过把戏瘾。据几位老人回忆，当年的演员们来到会馆之后，都住在舞楼两侧的耳房内，男演员住一间，女演员住一间。耳房与舞台之间，有穿堂相连，演出时，演员可直接从耳房来到舞台上而不需绕路。舞楼的舞台，正对着大殿，大殿也是重檐歇山式，面阔五间，进深五间，不过比舞楼更加宏伟，整体呈方形。

（三）从装饰艺术看传承与演变

潞泽会馆建筑装饰艺术十分考究，木雕和石雕作品非常精美，堪称中原地区雕刻艺术宝库中一束光彩夺目的奇葩。这座会馆建筑中最典型最完美的当数柱础。要知道这里的柱础，并非拿一般的石头作个垫脚而已。每个柱础，都堪称雕刻精美的石雕作品。大殿外檐有 6 个石柱础最具有特色：上层为二龙盘鼓，二龙首尾相连作环绕状，采用的是最费工的透雕形式；中层系六兽钻桌，幼象、幼羊、鹿、狮子、老虎、狻猊嬉戏玩耍，有的钻进，有的钻出，神态十分可爱；下层为十二覆盆莲瓣纹，每瓣里面用浅浮雕雕刻了燕子、蜻蜓、蝙蝠和蝴蝶。

潞泽会馆是晋商文化的产物。商业的发达和繁荣，加之晋商的雄厚经济基础，才得以建造出如此富丽堂皇的建筑。它是晋文化和中原文化的融合，其建筑风格既有晋南地区的风韵，又反映了河洛地区的特点，既承袭古制又不乏当时的时代特征。在建筑技艺上潞泽会馆大胆创新，达到了艺术风格和实用价值的完美结合。

七、河南荆紫关山陕会馆

荆紫关山陕会馆（图4-16），又称为陕山会馆，是四大名镇之一的荆紫关镇的最大古建筑群之一，现为荆紫关民俗博物馆。

（a）　　　　　　　　　　　　　　（b）

图 4-16　河南荆紫关山陕会馆入口与钟鼓楼

（一）从建造历程看传承与演变

荆紫关位于河南省淅川县西北边陲，地处豫、鄂、陕三省接合部，面临丹江，背负群山，地势险要，为"西接秦州，南通鄂渚"之交通要塞，素有"一脚踏三省"之称。荆紫关凭着独特优越的地理位置，常常成为历代商贾云集和兵家必争之地。清道光年间，山西、陕西两地在荆紫关经商的商人，联手修建了规模宏大、建筑精美、气势雄伟的山陕会馆。

（二）从建筑形制看传承与演变

山陕会馆位于荆紫关古街东侧面，面积4 000余平方米。坐东向西，面临丹江。现存建筑6座，房屋29间。中轴线上依次有大门楼、戏楼（过道楼）、春秋阁、后殿等。大门楼3间，门前有青石阶，两侧各有造型奇特的石狮，门楣与檐间有两层石雕图案，庄重威严。戏楼3间，重檐硬山式建筑，下层为过道，上层中间为戏楼，故也称为过道楼。戏楼北间为乐队室，南间为化妆室。从过道楼下穿过一条宽2米、长30米的甬道，便是春秋楼。春秋楼面阔3间，屋顶为硬山式建筑。春秋阁前南北两侧，建有钟楼和鼓楼，高约10米，为方形攒尖顶，四角悬铃。沿春秋楼北侧殿房穿过，便进入后殿。最后有卷棚和住房6间，后殿3间，歇山式建筑。南侧钟楼已毁，现仅存北侧鼓楼。山陕会馆的建筑面积虽然不算大，但是各重要的建筑一应俱全，建筑布局颇具特色，例如钟鼓楼建于春秋阁两侧，春秋楼后继续建有后殿，这些都是荆紫关山陕会馆的独特特色。

（三）从装饰艺术看传承与演变

山陕会馆建筑结构新颖独特，装饰技艺精巧复杂，木雕、石雕随处可见。楼的前后檐均有木雕组画《唐僧取经》等6组，雕绘精湛。春秋楼两侧有形态逼真的透花木雕，包括"麒麟望北斗""丹凤朝阳""习武图"及"雄鹰展翅"等，前后檐设木雕斗拱，阁内昔供泥塑关公像。春秋楼内有"哪吒闹海""仙鹤送书"等故事木雕。从装饰题材可以看出山陕会馆中蕴含的浓厚的关帝崇拜文化。山陕会馆最具特色的是石狮子很多。各个房柱都有顶石，柱顶石均雕有神态各异的小狮子，加上会馆前门、门沿及房角等处的石雕狮子，令人目不暇接，故有"会馆石狮子数不清"之说。

山陕会馆是荆紫关镇最大的建筑群，对研究古代的历史、经济和文化，都有重要的价值。

第二节　山西地区的山陕会馆建筑实例

山西解州关帝庙是全国范围内最大的关帝庙（图4-17），为武庙之祖。从建筑布局到建筑功能，从建筑单体到建筑结构，从建筑装饰到建筑细部，几乎所有的关帝庙和山陕会馆都是以该庞大的建筑群体作为雏形修建的。

图 4-17　山西解州关帝庙午门

（一）从建造历程看传承与演变

解州古称解梁，为山西省运城市西南约 15 千米的解州镇，其东南 10 余千米常平村是三国蜀汉名将关羽的故乡。解州关帝庙位于解州镇西关，北靠盐池，面对中条山。自古以来，这块土地是地质肥沃、阡陌纵横、交通便利的盆地。民间祭祀古代的良将很多，唯关羽最盛。而一般祭祀良将，兴建大型祭祀建筑的地点一般为出生地、埋葬地以及生平著名战役地点，其中出生地是祭祀规模最大、名气最响的地点。

解州关帝庙兴建历史久远：据记载，其初始创建于隋开皇九年（589 年），宋元到明清，随着统治阶级和民间对关公美化、圣化和神化的浪潮，又对解州关帝庙进行了多次大规模的修复、重建和扩建。清朝末期，该庙曾数次失火，损失惨重。清康熙四十一年（1702 年）毁于大火，后历时十载而重建。中华人民共和国成立之后，政府对解州关帝庙这座古老的建筑群落极为重视，不仅将它及时列入了国家重点文物单位，并且一再拨款，对这座庙宇进行维护修复，使之基本上恢复了历史的原貌。在调研中发现，其建筑巧妙而精致的修复手法值得全国建筑遗产保护界广泛学习。目前，虽然解州交通并不便利，解州关帝庙成为山西省境内著名旅游景点，充分说明了其建筑成就的卓越。

（二）从建筑形制看传承与演变

解州关帝庙建筑总占地面积约 6.6 万多平方米，建筑主体部分总占地面积为 1.8 万多平方米。建筑外围立有一座石牌坊（图 4-18）。建筑坐北向南，以东西向街道为界，分南北两大部分。南面部分为结义园，以纪念性园林景观为主，由结义坊、君子亭（图 4-19）、三义阁、莲花池等景观建筑和构筑物组成。结义园内桃林繁茂，千枝万朵，有意营造出"三结义"的桃园景象，企图通过再造"三结义"故事场景来歌颂关羽。建筑群北面部分为主体部分，在东西向横线上分中、东、西三个院落。中院是主体院落，落于主轴线上，主轴线上又分前院和后宫两部分。前院由北向南依次是照壁、端门、雉门（图 4-20）、午门、山海钟灵坊、御书楼和崇宁殿。两侧是钟鼓楼、"大义参天"牌坊、"精忠贯日"牌坊、追风伯祠。后宫中间为春秋楼和分居两侧的"气肃千秋"牌坊，左右有刀楼、印楼对称而坐。东院有崇圣祠、三清殿、祝公祠、葆元宫、飨圣宫和东花园。西院有长寿宫、永寿宫、余庆宫、歆圣宫、道正司、汇善司和西花园以及前庭的"万代瞻仰"坊、"威震华夏"坊。整个建筑北部有极强的宫殿建筑的形制，好似关羽真的处于是与当朝天子平起平坐的帝王地位，这里俨然就是关帝的人间寝宫。如此宏伟的建筑群体熏陶了一代又一代从山西走出去的商人，这些精美的建筑深深烙印在山西商人的脑海中，使得他们将建筑艺术通过山陕会馆的方式传播到全国各地。

图 4-18　解州关帝庙
　　　　入口处石牌坊

图 4-19　解州关帝庙
　　　　君子亭

图 4-20　解州关帝庙
　　　　雉门

（三）从装饰艺术看传承与演变

解州关帝庙中的每一个细节都无不歌颂关羽。包括了各个重要建筑、牌坊上的命名、牌匾、楹联是对关帝的道德品质的高度概括；包括了照壁、石栏板、柱础、柱身、基台上的石雕和砖雕；包括了建筑梁架结构、装饰构件上的木雕，包括了香案、铁鹤、铜钟上的铁艺；这些装饰艺术和建筑细部都成就了极高的建筑艺术价值。在解州关帝庙中，装饰艺术最具有特色的有以下几点：一是遍及整个建筑群体多个牌坊的设立，包括"大义参天""精忠贯日""气肃千秋""万代瞻仰""威震华夏"等，这些牌坊通过最华丽和最具气势的辞藻高度赞扬关公；二是崇宁殿（图4-21）周围回廊中的 26 根龙石柱，这样的龙柱在等级制度森严的封建社会中是除宫殿建筑以外的建筑所不能拥有的，大面积的龙纹雕刻直接反映了建筑的等级。三是在解州关帝庙的相应庭院中存在石华表两柱、焚表塔两座、铁旗杆 1 双、香案 1 台、铁鹤 1 对，这些用来祭祀的物件在随后建立的山陕会馆中成为标志性的物件，直接成为从关帝庙到山陕会馆传承的直接证据。

图 4-21　解州关帝庙崇宁殿

解州关帝庙是所有山陕会馆和关帝庙建筑与建筑文化的起源之地。研究从关帝庙到山陕会馆的传承与演变关系的起始要从解州关帝庙开始，而其他所有的关帝庙和山陕会馆的整体建筑艺术成就无一超越解州关帝庙。

第三节　山东地区的山陕会馆建筑实例

山东聊城山陕会馆，俗称关帝庙，为聊城"八大会馆"之首，也是其中唯一保存下来的会馆。聊城山陕会馆是历史上的聊城经济繁荣、文化昌盛的见证，更重要的是，聊城山陕会馆文化是运河文化一个重要组成部分。1977年，山东省人民政府将其列为省级重点文物保护单位。1988年，国务院将其列为全国重点文物保护单位。

（一）从建造历程看传承与演变

一句话可以概括聊城山陕会馆的发展历史，那就是"京杭漕运开省世，山陕会馆占天机"。因为，聊城的一切都与水有关，它最繁华兴盛的时期恰恰是水脉最多最旺盛的时候。聊城靠运河而兴盛。发达的大运河穿城而过，漕运繁忙，两岸商铺众多。在聊城太平街、双街及越河一带，各地商人纷纷前来开设商号，创办手工业作坊。山东聊城就是占尽这样的天时地利。各地商人来到这里，长期地行走他乡，思亲恋旧之情使他们萌生出一个迫切的愿望，就是要建一处"悦亲戚至情话，慰良朋之契阔"的场所来稍事休整，于是山陕会馆、江西会馆、苏州会馆等20多家会馆林立在运河两岸。山西的商人适时地来到了这里，这里成为运送茶叶时由水陆转入陆路的重要码头。后来，山西商人在聊城的资本最为雄厚，加上山西商人，有1 000多人，所以山陕会馆气魄最大，位于双街至龙湾停靠船只最多的地方，风光占尽，是秦晋富商独立商海，雄踞齐鲁的见证。

据清朝人李弼臣的《旧米市街太汾公所碑》中的记载，山陕会馆的前身是一处旧家宅，称为"太汾公所"，后来山陕商人增加以至于太汾公所不能容纳，就建立了山陕会馆。清乾隆八年（1743年），山陕会馆开始兴建，在会馆复殿正堂的屋脊檩条上至今仍保留着"乾隆八年岁次癸亥闰四月初八日卯时上梁大吉"的朱墨文，南间屋脊檩条还用朱笔写着山陕工匠的名字：梓匠（即木匠）赵美玉、常典；泥匠孙起福；油匠李正；画匠霍易升；石匠李玉兰。北间屋脊檩条上写着会馆住持张清御和山陕经理等 18 人的名字。会馆最初的建筑规模并不很大,历史上先后进行了 8 次扩建和维修。据记载,其中第 4 次维修从清嘉庆八年(1803 年)到嘉庆十四年(1809 年),历时 7 年之久,第 5 次维修是在道光二十五年(1845 年),至清嘉庆十四年(1809 年)才有了现在的规模。

(二)从建筑形制看传承与演变

山东聊城山陕会馆坐西面东,阔 43 米,深 77 米,占地总面积达 3 311 平方米。整个建筑群由山门(图 4-22)、戏楼、钟鼓二楼(图 4-23)、南北两看楼、南北两碑亭、关圣帝君大殿、财神大王北殿、文昌火神南殿、春秋阁、南北两跨院等组成,共计房间 160 余间。面积虽不算大,但布局紧凑,设计合理,大小间错,疏密得体。会馆的布局为典型的山陕会馆的布局方式,在轴线末端设置春秋阁,表现了对于关帝庙建筑文化的传承。该会馆布局特色在于将钟、鼓二楼设在小型侧院当中,从建筑的外立面可以窥见钟、鼓二楼全貌,比例尺度和谐,为建筑的外立面增添了活力。

图 4-22　暮色中的山东聊城山陕会馆

图 4-23　暮色中的
聊城山陕会馆钟鼓楼

（三）从民间故事看传承与演变

有关山东聊城山陕会馆更多细节，笔者有幸搜集到几个与此相关的民间传说。

（1）在山陕会馆极盛时期，内外共有各种花灯350盏，其中大殿供桌前的一堆大蜡烛有5尺多高，直径超过1尺。据说，这两个大蜡烛点上后可以燃烧1年，是山西一个经营蜡烛的商人特意制作的。每年快到关帝生日的时候，他就计算好日子，用一头小毛驴驮着两只大蜡烛起程了，在关帝生日这一天会准时赶到聊城，点上新蜡烛以表对关帝的尊敬。这样年复一年，从不间断。

（2）山陕会馆中要数戏台最热闹，据记载，每逢庙会，河北梆子、山西梆子、秦腔、昆曲等都会在这里演戏娱神，让老百姓免费观看。但会馆的戏台一般不演关公戏，关公老家的商人们尊关公为帝君，认为帝君在殿一切活动都应严肃，不能容忍关帝随便粉墨登场扮演唱作。

（3）会馆二进院内有两株古槐，已经有四五百年。某年盛夏，烈日炎炎，大槐树突然起火。这棵槐树从根至顶树心已空，好似一个高大的烟囱助火燃烧，人们担水灭火，却无济于事，就在大家绝望之时，天空电闪雷鸣，倾盆大雨瞬间来到，很快将大火浇灭。至今人们仍可以看到那棵槐树着火的痕迹，人们都说是关帝显灵，救下了这棵槐树。

这三个故事都充分表现了聊城山陕会馆对于关帝崇拜文化的传播和发扬作用，使得这些有关关帝的故事和传说在民间留存，这是非物质文化被积极保护和发扬的表现。

第四节　安徽地区的山陕会馆建筑实例

安徽亳州大关帝庙，俗称花戏楼，又名山陕会馆（图4-24），现为全国重点文物保护单位。这座建筑究竟属于庙宇建筑还是会馆建筑至今未有共识，这种界定模糊的现象恰好说明了山陕会馆与关帝庙的传承关系。

图 4-24　安徽亳州关帝庙

（一）从建造历程看传承与演变

安徽亳州大关帝庙位于亳州城北关涡水南岸，整个建筑为山西商人王璧、陕西商人朱孔领发起筹建，始建于清顺治十三年（1656 年），后康熙十五年（1676 年）建立戏楼，至此总占地面积达到 3 163 平方米。从亳州大关帝庙的建造历史可以看出，该关帝庙是两位山陕商人为了突破封建社会背景下对建筑的种种限制，以关帝庙的名义建造山陕会馆。

（二）从建筑形制看传承与演变

亳州大关帝庙分为戏楼、钟楼、鼓楼、座楼和关帝大殿五个部分。山门前有大片空地广场，山门为 3 层牌坊式仿木结构建筑，与两边的钟鼓楼形成整体。建筑只有一进院落，庭院为观看戏楼表演的场地。亳州大关帝庙的建筑精髓在于花戏楼，所以民间以花戏楼来称呼整个建筑群体（图 4-25）。换句话说，亳州大关帝庙也是一座古代戏院。这座花戏楼在亳州地区享誉盛名，充分说明了这个建筑群体表面是以"关帝庙"的名义进行祭拜，而实际上祭拜功能是其次，花戏楼上的娱神、娱商、娱民的表演才是建造这座建筑群体的最主要目的。这充分反映了在从关帝庙到山陕会馆的演化过程中，建筑主要功能偏向产生的变化。

图 4-25　亳州关帝庙戏台

（三）从装饰艺术看传承与演变

亳州大关帝庙远近闻名的"三绝"为山门前高达 16 米、2.4 万斤的铁旗杆，山门上精美的砖雕（图 4-26）以及花戏楼额枋上华丽的木雕（图 4-27）。如此高大、沉重的铁旗杆在没有起重机的古代铸造起来是一个奇迹；而山门上的砖雕勾勒的"吴越之战""三酸图""甘露寺""三顾茅庐"等经典故事证明了我国古代高超的烧砖技术；花戏楼上有限的额枋上竟雕刻有 18 出三国戏文，颜色艳丽、层次分明、手法娴熟，令人称奇。这些装饰艺术成为亳州大关帝庙的标志，同时也在述说同为关帝庙、山陕会馆、戏院的建筑传奇。

图 4-26　亳州关帝庙的精美砖雕　　　　　图 4-27　亳州关帝庙花戏楼上的装饰

第五节　四川地区的山陕会馆建筑实例

一、四川自贡西秦会馆

四川自贡西秦会馆（图 4-28），亦称为陕西庙或关帝庙，俗称陕西会馆。1988 年 1 月，西秦会馆被公布为中国重点文物保护单位，目前为自贡市盐业历史博物馆。

（一）从建造历程看传承与演变

自贡旧称自流井，她的一切与"盐"有关，被誉为"千年盐都"。在极盛时期，自贡曾有西秦会馆、贵州庙、火神庙、王爷庙、桓侯宫等庙宇以及会馆。前文提到，在其他地区时常可以见到山西会馆以及山陕会馆，而陕西商人独自修建的陕西会馆则基本只存在于四川省境内，这一切都是由于陕西商帮在四川境内的盐业贸易发达，自贡西秦会馆就是由资金实力最为雄厚的陕西商人捐资修建的。

图 4-28　四川自贡西秦会馆

　　西秦会馆始建于清乾隆元年（1736 年），至乾隆十七年（1752 年）竣工，历时 16 年，成为自贡地区首座会馆建筑。道光七年（1827 年）至九年（1829 年）间，西秦会馆进行了一次大规模的维修与扩建。辛亥革命时期，同志军设总部于西秦会馆，后会馆曾遭滇军炮轰，龙亭被毁。从 1938 年起，这里先后成为了自贡市政筹备处和自贡市政府所在地。1952 年，自贡市盐业历史博物馆以西秦会馆馆址正式成立并对外开放，并进行了一次大规模的维修。后来博物馆的职工为了使馆内精美的木雕和石雕免遭人为破坏，用木板将其封盖，刷上红漆特别处理。虽然经历了这么多风雨，自贡西秦会馆还是有幸地保留与修缮完好，目前成为自贡市盐业博物馆对外开放，成为自贡市重要的旅游资源。自贡西秦会馆建筑承载的不光是陕西商人的商业文化，还有当时的盐业文化，以及关公祭拜文化。

（二）从建筑形制看传承与演变

西秦会馆后枕龙凤山，前临解放东路大街。其总体布局方正，坐南朝北，中轴线布局，强调对称，占地面积约 3 600 平方米。沿中轴线布置一系列建筑单体，融官式建筑和民居建筑于一体。西秦会馆在轴线上布置主要殿宇厅堂，依次为武圣宫大门、献计楼、参天阁、中殿和祭殿，两边则用廊、楼、轩、阁以及一些次要建筑环绕和衔接，建筑外围由山墙环绕，形成有纵深有层次有变化的院落空间。西秦会馆平面采用院落式布局，由中轴线上一大一小的院落和中殿周围的两个花园庭院构成了整个建筑群体，轴线沿地势一次抬高，形成层层升高的序列。中轴线上的两个院落将整个建筑分为三部分。第一部分是以天街院坝为中心，以献计楼、大丈夫抱厅和两侧的厢房围合的一个开敞、明朗的空间。在这个部分，献计楼、大丈夫抱厅处于中轴线，成为主轴线的两个端点（图4-29、图4-30），金镛阁和贲鼓楼分别置于两厢房之间成为另一轴线的端点（图4-31）。这一部分主要用于聚会、看戏的空间，因而建筑空间比较开敞、面积比较宽裕，充分体现了文娱活动的

图 4-29　自贡西秦会馆献计楼

图 4-30　自贡西秦会馆抱厅

图 4-31　自贡西秦会馆金镛阁

大众需求性。第二部分主要包括参天阁、中殿以及中殿两侧的庭院。这部分轴线上布置较为紧凑，但内部空间疏朗。两侧的庭院则营造出一种曲径通幽之趣，在对称轴线布局的建筑群落中融入了一丝清新和别趣。最后一部分则为中殿和祭殿以及其间的一个狭小的庭院。这部分布局较为紧凑，庭院狭长，强调一种私密和神秘感。总体来说，整个建筑的布局和风格体现了从关帝庙到会馆建筑演化过程中，本土建筑与地域性建筑的融合。

（三）从装饰艺术看传承与演变

遍布全馆的精美木雕和石雕则是这幢建筑物的灵魂，西秦会馆的雕刻艺术集木雕和石雕为一体，风格独特，内容丰富。题材主要包括戏剧场面、历史故事、神话传说、社会风貌、博古器物、花卉鸟兽、民间图案等。据《西秦会馆》一书统计：馆内有人物、故事情节的石雕、木雕共 127 幅。其中：人物雕像居多，计 500 余人，大部分人物形象都上佛金，栩栩如生、光彩照人；石雕 70 幅，独体兽雕 24 尊，其他如博古、花卉、图案等木雕、石雕数千幅。这些装饰艺术代表了陕西建筑艺术的最高水平。另外，这些作品中还不乏对关羽有关的故事和传说的刻画，充分展示了陕西人对关帝的崇拜。从某种程度上来说，是共同的精神信仰让山西、陕西商人走上了合作的道路，成就了辉煌的"西商"商业历史。

第六节 湖北地区的山陕会馆建筑实例

一、汉口山陕会馆

汉口是各地茶商的聚集之地，在此经商的山陕商人在顺治年间就在此地建立了关帝庙。"创始于康熙癸亥，被毁于咸丰甲寅，复习于同治庚午，工讫于光绪乙未"。康熙二十年（1681 年），在关帝庙的基础上兴建了山陕会馆，咸丰二年（1852年），会馆由于战乱被破坏。"不意咸丰二年，发逆下窜。芳池嘉卉，兵车蹂躏，废而坵墟；高亭大榭，烟火焚燎，化而为灰烬。"随后由山陕两地的旅汉商帮包括山陕茶商以捐厘的方式作为会馆重修筹备资金，最终于光绪二十一年（1895年）会馆重修建成，成为汉口规模最大、装饰最精美的外省会馆建筑。可惜在抗日战争和后来的运动中，会馆又被毁坏，现建筑实体已经不存，仅在《汉口山陕西会馆志》和一部分老照片中才能窥见其昔日盛况。

在建筑布局上（图4-32、图4-33），汉口山陕会馆分为中、西、东三个轴线的大院落建筑群，大院落之间以夹巷道隔开，为"东巷"与"西巷"。

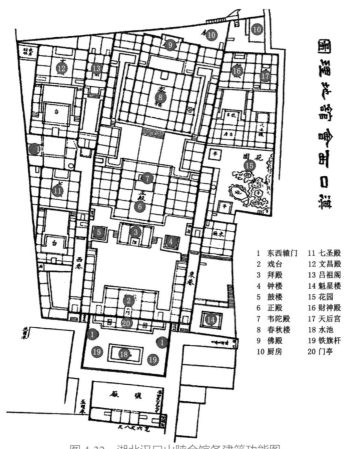

1　东西辕门	11　七圣殿
2　戏台	12　文昌殿
3　拜殿	13　吕祖阁
4　钟楼	14　魁星楼
5　鼓楼	15　花园
6　正殿	16　财神殿
7　韦陀殿	17　天后宫
8　春秋楼	18　水池
9　佛殿	19　铁旗杆
10　厨房	20　门亭

图 4-32　湖北汉口山陕会馆各建筑功能图
（图片来源：李创绘，地图来源于《汉口山陕西会馆志》）

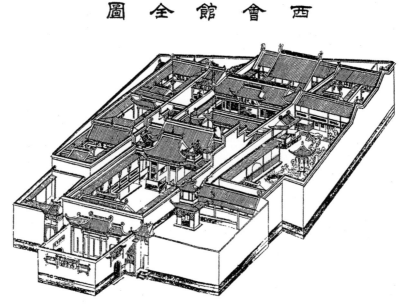

图 4-33　汉口山陕会馆建筑全图
（图片来源：自绘，地图来源于《汉口山陕西会馆志》）

巷两侧围墙高耸，在南侧沿夹街开次要出入口，由此可进各个偏院，使其
与主入口人流互不干扰。

　　主轴线上由南向北依次形成四进小院落，第一进院落为东西辕门与南面
围墙和门亭围合，院内建一水池，池左右列铁旗杆 1 对。第二进院落为戏楼、
左右双层看廊、拜殿和左右钟鼓楼围合而成。第三进院落为正殿、春秋阁、
左右廊围合，正殿背面建韦陀殿与春秋阁相对。春秋阁面阔五开间，与左
右通道加到一起则为七开间，为两层重檐歇山顶建筑，二层供关圣帝君神像，
一层围以石栏杆。

　　春秋阁后为佛殿与厨房，为第四进院落。东院为魁星阁、花园与财神
殿和天后宫。财神殿与天后宫均为四开间，中间以墙隔开，墙中又建门可
以相互通达，院中各自建设戏楼、围廊。财神殿与天后宫之后为厨房。

西院为戏台围合的七圣殿庭院、文昌殿以及西巷向北延伸的尽端的吕祖殿组成。由于基地的限制，西边外墙不为南北朝向，而是向西北及东南方向倾斜，故而七圣殿、文昌殿为南窄北宽的梯形布局。七圣殿与文昌殿均为面阔三间单檐歇山顶，吕祖殿为单开间的两层建筑，二层供奉纯阳祖师神位。在七圣殿院落与吕祖阁院落之间还建有一厨房，为举行较大活动时宴请宾客时使用。

会馆自建设以来屡次重建，东侧围墙故而并不呈规整的一条直线，而是锯齿形。北侧直抵长堤街，围墙也就因地就势，顺应其上倾斜一定的角度。在围墙与后殿的夹角空间建设厨房等辅助空间，以此保存主要殿宇空间的完整性，又不浪费每一部分建筑面积。汉口山陕会馆根据实际用地情况对平面布局进行调整与功能布置，是会馆平面布局灵活性的典型代表。在建筑北部之外，还建有洋房茶楼、泰山庙、瘗旅公所、菜地等。泰山庙为山陕同乡商人养病和"丁艰换孝"（即为父母守孝）的地方，瘗旅公所为收纳客死他乡的同乡灵柩之处，同时在汉阳七里庙设义地，为同乡安置旅榇，均为服务于同乡的公益性设施。

建筑材料以木、砖为主，石质材料为辅。木材集中于柱、梁、枋、门窗、栏杆及檐下斗拱、雀替与装饰部分，在建筑中使用较多；砖材主要应用于围墙、入口隔墙、钟鼓楼底层等；石材主要应用于门窗洞口、外廊柱、栏杆、台基、石雕等之上。在建筑山墙上，正殿山墙部分采用南方建筑的封火山墙形式，从上至下跌落两次，其他部分围墙则水平延伸，墙体高耸。连廊大多倚靠围墙为单坡式屋顶建筑。

在历史照片中，依稀可见梁枋之上的繁复的雕刻细部，春秋阁二层上面与社旗山陕会馆类似的雀替，一层镂空雕刻华丽的斜撑，入口头门之上的正脊雕刻、吻兽与双层宝鼎、铁旗杆上的游龙装饰等，处处都显示出山陕会馆的华丽。

具体建筑及装饰样式参见表4-1。

表 4-1　汉口山陕会馆具体建筑及装饰样式

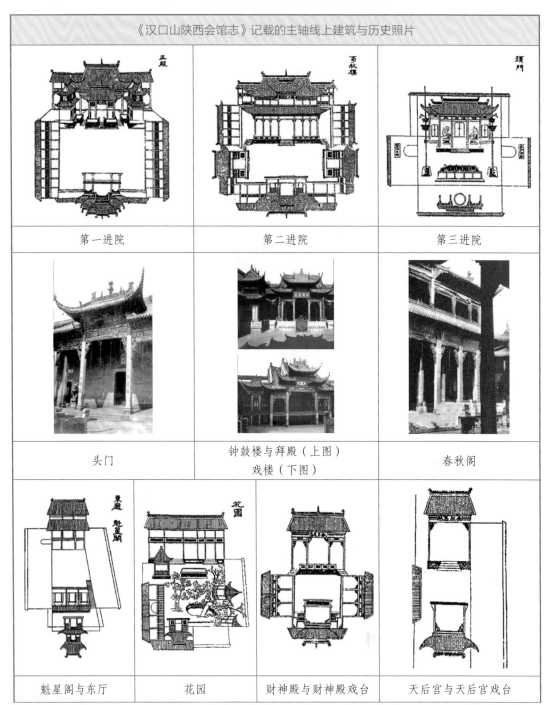

《汉口山陕西会馆志》记载的主轴线上建筑与历史照片		
第一进院	第二进院	第三进院
头门	钟鼓楼与拜殿（上图） 戏楼（下图）	春秋阁
魁星阁与东厅	花园	财神殿与财神殿戏台	天后宫与天后宫戏台

续表

《汉口山陕西会馆志》记载的西院落建筑			
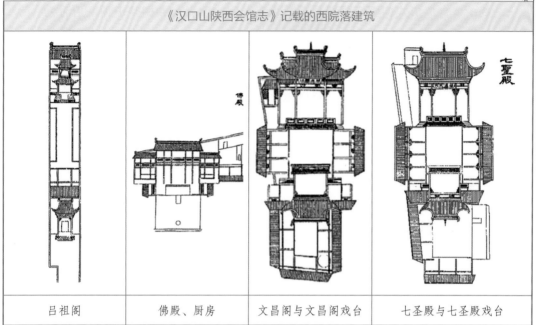			
吕祖阁	佛殿、厨房	文昌阁与文昌阁戏台	七圣殿与七圣殿戏台

二、襄阳山陕会馆

襄阳是山陕茶商从汉口将茶叶沿汉水运输线路上的重要结点，从此茶商便需要换乘小船经唐白河水系而至河南南阳。襄阳对岸的樊城在明清时期已经是汉水上重要的茶叶转运枢纽。为方便贸易往来，山西、陕西两省商人便在此修建了规模宏大的山陕会馆。

会馆原建于清康熙五十二年（1713 年），原占地数千平方米，房屋数百间，然而由于战争和后期的破坏，至今只有影壁、钟鼓楼、拜殿与大殿还保存完好（图 4-34、图 4-35）。会馆现位于樊城解放街西段，在襄樊二中校址之内。

会馆入口两侧八字形琉璃影壁雕刻精美，中间部位方形八仙琉璃镶边，四角三角形内雕刻凤凰图案，正中圆心区域以"双龙戏珠"雕刻栩栩如生。

上方砖雕斗拱装饰四攒，形象精美。钟鼓楼位于拜殿前两侧，为典型的"台基＋亭台"形式构图。拜殿与正殿为三开间，前者为卷棚硬山顶，后者为硬山顶。建筑之上斜撑、雀替雕刻精美，屋顶黄绿琉璃瓦勾画菱形图案。建筑庭院四周为云形围墙围合，中间开圆形小门，极富动感之美。建筑内穿斗式与抬梁式结构结合，表现出山陕建筑风格与南方建筑风格相融合的特点。

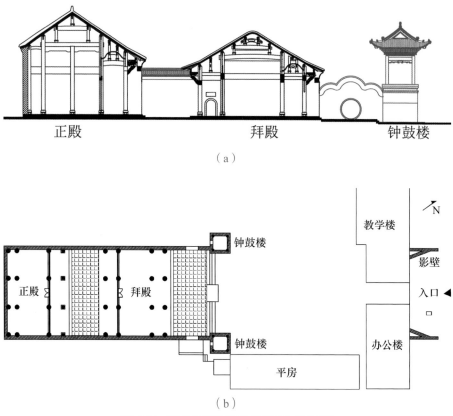

（a）

（b）

图 4-34　湖北襄阳山陕会馆剖面与平面图

（a）会馆入口前八字形影壁

（b）会馆拜殿

（c）拜殿与钟鼓楼

（d）从外侧看拜殿与正殿

图 4-35　襄阳山陕会馆各建筑

第七节　边关地区的山陕会馆建筑实例

这些山陕会馆的存在，反映了明清时期山陕商人在全国各地的商业活动范围广泛，即使在一些相对偏远或靠近边关的地区，他们也积极开展商业活动，并建立会馆来维护同乡和同业的利益。同时，这些会馆也成为当地重要的历史文化遗产和建筑艺术的代表。

一、青海西宁山陕会馆

乾隆年间，具有冒险精神的山陕商人通过茶马古道来到青海，深入发展相关贸易。至光绪时期，此处的山陕商人数量已达千数，在民国时期又进一步扩增，也因此便产生了"山陕客娃半山城"的说法，甚至在民间也流传着"先有晋益老 (商号)，后有西宁城"一说，可见山陕商人的影响力之巨大。

图 4-36　西宁山陕会馆香厅和春秋楼

　　西宁山陕会馆最初于清光绪十四年（1888 年）建立在今东关大街北侧，后遭焚毁。光绪二十五年（1899 年），山陕商人集资，在古城东门外重修会馆。建筑由山门广场、山门、钟鼓楼、戏台东西楼廊、香厅、关爷殿、财神殿、陕西馆、山西馆、三义楼等构成（图 4-36～图 4-38）。这些建筑组成为河湟谷地增添了多种功能：首先，会馆本身不仅具有驿站的作用，同时也通过此处将秦晋之地的商帮与其他行帮团结起来，有利于商人们互相沟通、协调商业事宜，维护同乡与同业之利益。其次，会馆中的戏台也为群众承

图 4-37　西宁山陕会馆钟鼓楼

图 4-38　西宁山陕会馆香厅独特的建筑结构

担娱乐休闲的功能，唱戏之时群众会合、商贩群聚，十分热闹。此外，会馆山门前的广场处，还汇集了说书、拉洋片、卖香烟、卖瓜子、卖蜡花豆等多种贸易和娱乐活动，为当时较为匮乏的西宁文化赋予精彩繁荣。

二、辽宁海城山西会馆

海城县的山西会馆是辽宁省省级文物保护单位，是海城县清朝时期的庙宇建筑代表之一（图 4-39）。清康熙时期，此处为关帝庙，具有"正殿三楹，后殿五楹，大门三楹，钟楼、鼓楼各一"（选自《海城县志》）。后来，经过晋商多次出资修建，于清同治十一年（1872 年）改为会馆，作为举办年会、商议经商事宜的空间场所。

图 4-39　海城山西会馆

（图片来源：谢奇利拍摄提供）

山西会馆整体布局工整而又雄伟。会馆建筑由山门、钟鼓楼、前殿、后殿、东西厢房、戏台等结构组成，包括 3 种建筑形式：悬山式的前殿、硬山式的两处厢房、歇山式的戏楼等。

从海城县山西建筑格局和风格手法中，能看出其所包含的晋商独特的精神风采。雕梁画栋的前殿为山西会馆的绝妙之处，其正门匾额题"千秋正气""万古英灵"，中间额上写有大字"关帝庙"，4 根承重柱上书写对联两副——"亘古一人，大义参天"和"赤兔青龙，忠义千秋"，表现出晋商对关帝大义忠心的崇拜与精神寄托。

砖木结构的会馆戏台为单檐歇山式建筑，具有琉璃瓦作屋顶，其位置与正殿相对应。其中庭院空间之大，足以容纳千余人。通过晋商对戏曲的拥护，山西的戏班固定在会馆戏台演出，这也促进了东北的戏剧文化在山海关以内的传播。流传于当地的民谣"先盖庙，后唱戏，钱庄当铺开满地；请镖局，插黄旗，大个元宝拉回去"，正凸显了戏曲与会馆之间的关系，也描绘着晋商在东北的商贸与生活状态。

三、甘肃张掖山西会馆

自古为丝绸之路商贸重镇的张掖，汇集着山西客商在此贸易。清雍正时期，诸客商选址于南大街，在此募捐修建山西会馆，以巩固经济并扩大实力范围。

张掖山西会馆坐西朝东，建筑格局为中轴对称（图 4-40）。会馆从东向西依次由五间山门、重檐歇山顶的戏楼、花圃及两侧十四间看楼、钟鼓楼及其之间的三间歇山顶牌坊、两侧五间厢房、卷拥顶大殿（图 4-41、图 4-42）、三间歇山顶后楼构成。该会馆建筑气势雄伟，结构大气且严谨，将宫廷与民间建筑的特征相互融合，整体形态开合起伏而又有意趣。除了已拆除的配殿，其余完善保存并传承至今，为传统建筑研究提供了重要的建筑样本、艺术样本。如今，张掖山西会馆成为全国重点文物保护单位，得到持续守护，并焕发出新的光彩。

图 4-40　张掖山西会馆

图 4-41　张掖山西会馆大殿

图 4-42　大殿侧面

第五章
山陕会馆的
传承与演变

第一节　河东与周边盐区山陕会馆
建筑演变比较研究

一、盐运分区与地域建筑分区比较研究

陕、晋、豫三省的盐运分区在产盐状况、地理条件、运输能力、战争形势和政策等因素的综合影响下形成、演变，并在明清趋于稳定。河东池盐悠久的历史、集中固定的产地、相对稳定的销区，使得盐区内产生了以运城盐池为中心的河东盐文化氛围，这种长期存在的文化氛围也会对建筑产生潜移默化的影响。不同的盐其发源、生产、运销各有不同，承载的文化背景必然有所差异，盐销区之间的边界因此同时也成为不同盐文化传播的边界，这种基于地理与人的机动能力的区域性的文化传播现象，具有促使建筑产生地域性特征的可能性。将盐运分区与传统地域建筑分区比较研究将利于解读盐文化对传统建筑与聚落的影响，并补充和修正部分建筑地域性分类的论据，对陕、晋、豫三省的聚落与建筑演化进行全新角度的解释。

通常对传统建筑的地域性分类往往基于地理因素，因为地理环境相对人文环境更为稳定，同一的地理环境内人们更倾向于使用同样的语言、从事同样的劳作、产生同样的信仰，进而出现可以传承的文化与技术。

王金平教授等在著作《山西民居》中将山西民居分为晋北、晋西、晋中、晋南、晋东南五类，其中：晋北民居分布地主要包括明清大同、朔平、宁武府；晋西民居分布在临近陕西的黄河东岸，受陕西建筑影响较大；晋中民居主要分布于古代太汾地区；晋南民居是运城、临汾一带，即古代平阳、蒲州一带的民居；晋东南民居则指泽潞一带的民居。陕西按地域性以秦岭和北山为界线分为陕北、关中和陕南三部分，而陕西建筑地域性分区也往往依托于此，陕北主要为榆林、延安、绥德州一带，关中为渭河流域一带，陕南则主要为汉中、兴安、商州一带。河南的地域划分依据河南地形地貌，分为：南阳盆地和桐柏、大别山脉一带的豫南；黄河北岸太行山区的豫北；

南阳盆地以北黄河南岸，伏牛山、嵩山一带的豫西；黄淮海平原地区的豫东。河南民居也常常依据地理位置分类。

根据陕、晋、豫的传统地域建筑分区绘制分区图，与上文中的三省盐运分区图对比，很明显可以发现：河东池盐的运销区域基本与晋南、晋东南民居分布区域重叠；而山西土盐生产销售的太汾一带正是晋中民居的分布地；蒙古盐区则涵盖了晋北民居。在山西，盐运分区与传统建筑分区有较好的拟合度。陕北民居基本包括了花马大池的盐销区，而花马小池盐销区与河东池盐销区的界线垂直于关中、陕南民居的分界线，但商州一带还有土盐运销，商业与文化活动复杂，汉中与汉水一带地理环境亦有不同，因此简单地通过秦岭或是盐区作为关中、陕南一带的建筑地域分界线精确度有所不足。河南豫西民居大部分地区及豫南民居的南阳盆地部分与河东盐销区基本拟合，同为豫南民居分布地的大别山脉一带则属淮盐区，但淮盐区与河东盐区历史上都曾占有过此地的汝宁府；豫北民居及豫中、东部民居分布地主要为长芦盐区，仅小部分为山东盐区。河南传统民居分区与盐业分区大多有较相似的分界。

二、河东与周边盐区建筑演变比较研究

运城一带作为河东池盐的固定生产地和关帝文化的发源地，有着充足的条件发展出独特的本源文化，并在当地的建筑中得以体现。而河东的建筑文化也随着盐商行盐传播到盐区各地，并随着盐运逐渐发生演变。对河东盐区以内和以外代表性的神庙会馆建筑和一般民居建筑的演变进行梳理，可加深对建筑文化的传播、演变和边界现象与规律进行解读。

（一）河东盐区神庙会馆建筑的演变

河东盐区的神庙会馆以关帝庙和山陕会馆为主，还包括泽潞一带的汤帝庙以及一些行业会馆。这些建筑或是直接发源于运城盐池一带，或是受

到了行盐商人带来的影响，与运城一带的建筑风格发生融合演变。

1. 建筑群格局方面

　　河东盐区的神庙会馆大多为中轴对称的合院布局，但泽潞地区传统的神庙院落常常出现单院或仅有极小前院的两进院落，不似河东一带的多进院落布局。神殿也常常并置，主次区分较弱，例如周村东岳庙（图5-1）的正殿和龙王殿、财神殿拥有。

图 5-1　周村东岳庙中的关帝庙

（图片来源：方婉婷摄）

　　河东盐区的神庙会馆大多为中轴对称的合院布局，但泽潞地区传统的神庙院落常常出现单院或仅有极小前院的两进院落，不似河东一带的多进院落布局。神殿也常常并置，主次区分较弱，例如：周村东岳庙的正殿和龙王殿、财神殿拥有相似的规模，主次仅体现在神殿位置和细部装饰上；大阳镇汤帝庙正殿宽大，主祀的成汤大帝和配祀的释迦牟尼、太上老君并置。这种格局特征体现了当地包容的信仰基础，因此关帝信仰随着盐商行盐传入泽潞一带时，对其建筑格局的影响体现在关帝庙的置入，周村东岳庙中轴线西侧由盐商修建了一座关帝庙，规制亦与正殿和原有配殿相近；上伏村中的关帝庙则与成汤庙、夫子庙共同形成并列共存的庙宇，名上伏大庙；郭峪村中汤帝庙亦供奉关帝；在大阳镇，盐商们未将关帝庙修入汤帝庙中，而是在镇中主街另一要地修建，但建筑格局受到了泽潞一带的影响，省去了春秋楼，仅有戏楼、厢房、正殿组成，形似简单的会馆（图5-2、图5-3）。

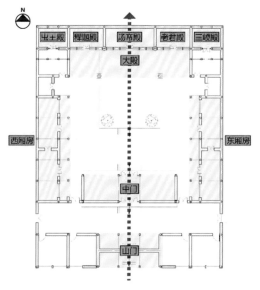

图 5-2　大阳镇汤帝庙平面格局示意图
（图片来源：方婉婷绘）

（a）正殿　　　　　　　　　　　　（b）戏楼

图 5-3　大阳镇关帝庙
（图片来源：方婉婷摄）

在山西以外的河东盐道上，山陕会馆为主的会馆的数量比关帝庙多。这些会馆的空间组织模式大多是解州关帝庙空间片段的抽取和重组，但随着行盐远离河东，盐道会馆的格局在保留解州关帝庙的基本构图思路的同时，也向着市井文化需求的方向逐渐演变。在洛阳潞泽会馆、洛阳山陕会馆、郏县山陕会馆和社旗山陕会馆以及丹凤的船帮会馆，均可以看到戏楼（悬鉴楼）与正殿之间巨大的院落，这种巨大院落为盐商的商业活动和戏台表演提供了场所，是河东传统礼神空间与世俗空间转化融合的表现（表5-1）。在规模稍小的会馆中，正殿与春秋楼之间的院落空间受到压缩以确保戏楼观赏空间的充足。盐商们正是通过这种技巧既确保了礼神空间的私密与庄重，又提高了会馆的商业效益和公共活动效率。

表 5-1　河东盐区部分会馆神庙观演院落占比一览表

建筑名称	建筑位置	观演院落占比示意图（橙色为观演院落所占整体的比例）	观演空间所占百分比
河东盐池神庙	山西运城		约20%
解州关帝庙（关庙区）	山西运城解州		约20%
洛阳山陕会馆	河南洛阳	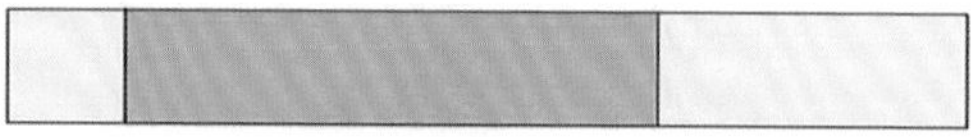	约55%
洛阳潞泽会馆	河南洛阳	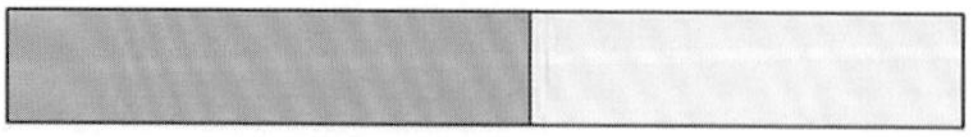	约55%
社旗山陕会馆	河南南阳社旗赊店	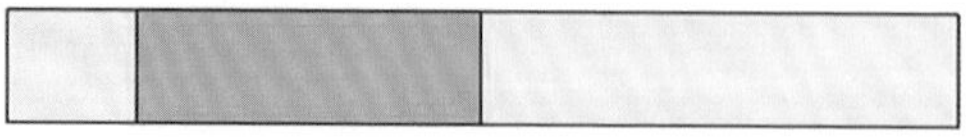	约35%
荆紫关山陕会馆	河南南阳淅川荆紫关	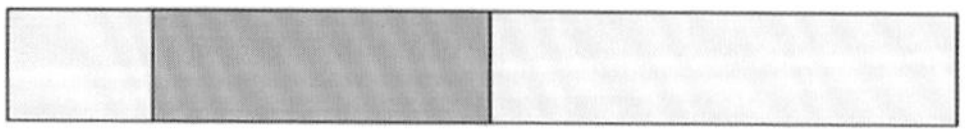	约35%
汲滩山陕会馆	河南邓州汲滩		约35%

（表格来源：方婉婷绘）

在盐道的最末端，例如淅川荆紫关和邓州汲滩等地，山陕会馆的构图会产生更大的变化：淅川荆紫关山陕会馆中轴线上的大门与戏楼分离，钟鼓楼的位置在大殿两侧，大殿与春秋楼之间还加入了中殿、后殿（图5-4）；汲滩山陕会馆同样山门与戏楼分离，并在戏楼与山门间建马殿。这二处会馆中的建筑类型虽源于解州关帝庙，但建筑群布局与盐道前中段的关庙会馆已有较大差异。

图 5-5　荆紫关山陕会馆

2. 建筑单体方面

河东盐区各式会馆庙宇的单体建筑特征也随着盐道行进发生演变。在运城一带，建筑风格崇尚古朴，用材相对较大，装饰相对简洁，整体建筑风格稳重庄严。"移柱造""减柱造"等柱网布置方法和拖脚、叉手构件常常被使用，颇具宋金遗风，这一特征在泽潞地区的各类建筑中亦有体现。而随着行盐南下，各类神庙会馆的建筑风格趋向纤细秀美，例如洛阳和社旗的山陕会馆具有相较于河东一带更纤细的斗拱，出斜翘的部位也更多，斗拱的装饰性得到了极大的发挥。建筑结构方面虽仍有采用减柱、移柱的手法，但拖脚几乎不用，三架梁上仍有施叉手的现象。在盐道末端，建筑的屋檐也发生了巨大的变化，例如荆紫关的山陕会馆和船帮会馆拥有更加上扬的

挑角,屋檐下出现了荆楚风格的额顶替,建筑风格更偏向南方建筑的秀美(图
5-5、图5-6)。

图 5-5　荆紫关山陕会馆的额顶替

(图片来源:方婉婷摄)

图 5-6　荆紫关船帮会馆

　　盐道上的很多建筑细部亦可从河东一带找到原型。行商在外的河东盐
商从解州关帝庙中提取了一些典型元素,并将它们作为关帝庙和山陕会馆
的典型特征,在泽潞一带、河南、陕西等地的关庙会馆均可看到这些遗存。
而这些装饰也随着行盐距离增长更加繁复。其中最为典型的装饰是龙头耍
头,龙作为皇家的象征,能在会馆中使用成为山陕商人的殊荣。在郏县、
社旗等地均能看到龙头耍头,甚至将斗拱整个雕成龙造型的现象,极为精美。
除龙头耍头外,瓦顶琉璃聚锦、铁旗杆、狮子柱础、兽头柱础、屋檐翘角

四小人等也常常可见。但在同样的主题下，各地关庙会馆也有不同的表现，且随着行盐地远离河东，显示出更加活泼、烦琐的造型（表5-2）。

表5-2　各式构件演变一览表

构件名称	各地神庙会馆案例		
琉璃聚锦			
	解州关帝庙	洛阳关林庙	社旗山陕会馆
分析：琉璃聚锦是关帝信仰建筑屋顶的典型装饰，各地出现不同的形象			
狮子莲花柱础			
	洛阳潞泽会馆	社旗山陕会馆	洛阳山陕会馆
分析：解州关帝庙中并无狮子柱础原型，这一形象在行盐途中的山陕会馆中出现，并随着盐道传播			
几形柱础			
	大阳镇关帝庙	周村东岳庙	洛阳潞泽会馆
分析：这一原型不来自解州关帝庙，而在泽潞一带常见，泽潞商帮行盐活动将这一原型结合进山陕会馆之中，并发展出了几形腿间雕刻兽头的形式			

续表

构件名称	各地神庙会馆案例		
四小人	解州关帝庙	龙驹寨船帮会馆	郊县山陕会馆
	分析：戗脊上的"四小人"武士形象原型在解州关帝庙就能发现，而盐道上的会馆大多采用这一装饰，但形象各异。有民间说法称四人分别为周瑜、庞涓、韩信、罗成		
斗拱	解州关帝庙	 郊县山陕会馆	 社旗山陕会馆
	分析：随着行盐远离运城，神庙会馆上的斗拱趋于纤细，且斜翘的使用从仅限柱头科增加到平身科也使用，斗拱上的装饰也有明显增加		
脊刹	 解州关帝庙	 洛阳山陕会馆	 社旗山陕会馆
	分析：盐道上山陕会馆的脊刹大多可以在解州关帝庙找到原型，商业实力强盛的会馆拥有更华丽的脊刹装饰		

（二）其他盐业建筑在周边盐区的演变

同样类型的建筑，例如发源于山西的关帝庙及其衍生的山陕会馆，在其他盐区会发生较河东盐区更大的变化，与各地本源文化融合演变形成新的独特形式。而在河东盐区以外的盐商宅居无疑也会受到各盐区文化的影响，与河东盐区的盐商宅居大有不同。

1. 神庙会馆在周边盐区的演变

山陕商人除经营河东池盐外，对川盐、淮盐、山东盐、长芦盐等亦有涉猎，并在其他盐区也修建过关帝庙或山陕会馆。这些关庙会馆虽同样发源于解州关帝庙，但经过更多与各地文化的融合、空间重组和功能调整，发生了进一步演变。

第一是建筑格局的演变，其他盐区的很多关庙会馆的基本组成建筑与河东盐区的已有较大不同，因此空间组织也相应发生改变。例如川盐区的西秦会馆（山陕盐商会馆），采用了山陕会馆常用的中轴对称布局，建筑群空间分为由公共逐渐推向私密的三进院落，中轴线上依次是大门、献技楼（戏楼）、大丈夫抱厅、参天阁、中殿、龙亭、正殿，两侧配有金镛、贲鼓二阁与客廊。虽与河东盐区的山陕会馆一样兼具商业功能与礼神功能，但组成建筑差异很大，会馆中不再有春秋楼，正殿为主的祭祀空间之前出现了抱厅、参天阁、中殿等新元素组成的过渡空间。第一进院落的公共活动空间也更为豪华，戏台两侧不再是简单的厢房，而多了金镛、贲鼓二阁作为东西向的空间节点，使得会馆内部更丰富华丽。

再如山东盐区的聊城山陕会馆，其基本格局虽类似河东盐区的大部分山陕会馆，由戏楼、正殿、春秋楼三处主要建筑形成一动一静、一世俗一神明两大院落，但会馆中的商业功能得到了进一步演化（图 5-7）。第一进院中的厢房演化成了两层的看楼，更加便于商人和群众议事、观戏。会馆中春秋楼的尺度受到进一步压缩，仅仅进深两间，且第一间为檐廊，与出后檐廊的正殿共同组成狭小的祭祀空间。

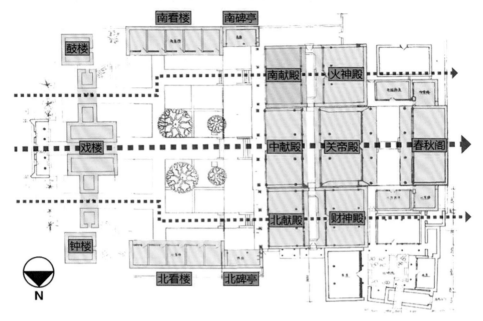

图 5-7　山东聊城山陕会馆平面格局示意图

（图片来源：根据《聊城山陕会馆》资料改绘，方婉婷绘）

又如淮盐区的亳州大关帝庙，同样类似聊城山陕会馆将戏楼两侧的厢房改成看楼，但其公共活动空间进一步扩张，整个会馆只有一进巨大的院落，祭祀礼神空间完全被压缩在大殿，会馆的商业功能成为主体。

第二是建筑形式的演变，山陕会馆和关帝庙进入其他盐区后，对于商业性和华丽的追求在建筑构造上亦有所体现。例如：川盐区的自贡西秦会馆的大门表现出四柱七牌楼的形态，歇山屋顶下挑出十二飞檐翼角，极为飘逸华丽；献技楼高四层，除了河东盐区山陕会馆戏楼一层的通道和二层的戏楼外，还有三层的大观楼和四层的攒尖，形象高耸，飞檐张扬。山东盐区的聊城山陕会馆亦采用牌楼式山门（图 5-8），四柱三间，上有六层如意斗拱托琉璃瓦顶（图 5-9），极为豪华，牌楼两侧配有八字墙，上书"精忠贯日""大义参天"，均来自解州关帝庙中的牌坊名。

第三是建筑细部装饰的演变，在河东盐区外的山陕会馆中常常能看到更加繁复的建筑装饰，木雕、砖雕渗透在建筑的各个部分，斗拱、雀替、额枋、屋脊等部分的建筑装饰相较河东盐道中段的关庙会馆更加复杂华丽。

图 5-8 聊城山陕会馆山门
（图片来源：方婉婷摄）

图 5-9 聊城山陕会馆斗拱与额枋
（图片来源：方婉婷摄）

2. 盐商宅居在周边盐区的演变

经营不同种盐的盐商宅居亦体现出不同的特征，例如淮南盐区的盐商在修建宅院时相较于防御性更加注重意境，常常结合天井造景，并多使用游廊等灰空间沟通室内与自然，建筑材料中木材的使用比例较河东盐商宅居明显增加（图 5-10）。山东盐商宅居与河东盐商宅居有较大相似处，例如在入口空间利用厢房山墙面作为影壁，并装饰以砖雕，同样常常采用抬梁式结构等。但山东盐商更多吸收了淮盐区的建造技艺，梁架上不多用叉手、拖脚，厢房、正房均更多出廊，在平面布局上也学习了淮盐区常见的宅园一体的构图思路，相对河东盐区的宅院虽尺度相似，但更加活泼。

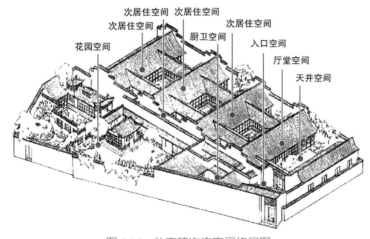

图 5-10 盐商魏次庚宅居格局图

第二节　茶道沿线与非沿线区
同类山陕会馆比较研究

　　前文提到山陕会馆中的商人因其商业和文化传播线路的差异，主要经营的行业也大不相同，因此形成了不同行业偏向的山陕会馆。以万里茶道为例，在其他非沿线保存较好的同类山陕会馆中，以经营药材的山陕商人建立的安徽亳州山陕会馆和经营盐业的陕西商人建立的自贡西秦会馆最具代表性。由于商人经销商品线路差异和受到沿途不同地域文化的影响，山陕原乡会馆建筑风格会与客地文化发生不同程度的融合，而产生了与万里茶道上山陕会馆截然不同的建筑特点。

　　明清时期，以陕西商人为主的山陕商人形成了以盐业运销为主的川盐古道，而历史上两次"川盐济楚"运动与朝廷对盐业政务的限定，使得川盐将湖北、湖南、四川、陕西、西康、云南、贵州七省联系起来。各地客商云集四川，从事盐业贸易，其中盐商兴建的西秦会馆位于川盐行销区域的中心，成为盐业会馆建筑的典型代表。万里茶道上众多茶商所在的山西并不在川盐的行销范围之内，从事川盐贸易的商人又以陕西商人为主，使得自贡西秦会馆的建筑特征与山西茶商老宅建筑特征相割裂，不存在明显的源流关系，而更多与巴蜀地区建筑形式相融合。

　　而亳州地处安徽西北部淮河支流涡河水陆运输枢纽之上，向西可沟通河南与秦晋地区，向东联系安徽与江苏。明清时期，亳州贸易活跃，经济繁荣，曾被称为四大"药都"之一，山陕商人也至此采办药材，并修建了规模宏大的山陕会馆。由于在亳州经营活动的徽商势力强大，为在客地竞争中能有一席之地，山陕商人不得已将会馆正门形式采用徽派建筑常用的处理手法，其外立面墙面平整，内院又采用常见的山陕会馆平面及造型形式，成为一个相互矛盾的有机体。

　　第一，建筑空间构成上的不同。自贡西秦会馆建筑层层而上，形成多台地的建筑布局。虽同样为中轴线对称，但在轴线上第二进院落设置参天阁，南接抱厅，北接中殿，院中两侧设水池，中部为连桥，参天阁就位于连桥之上，将第二进院落分为东西两个小院，使得建筑在竖向剖面上空间层次更为丰富（图5-11）。参天阁之前还设置开敞的抱厅作为与戏台相对的建筑，这种空间处理手法在万里茶道线路之上的山陕会馆中均未见到。亳州关帝庙建筑坐北朝南，位于平地之上，依轴线设置戏楼、献殿、大殿，两侧为东西厢房、钟鼓楼，中部形成一个较大的庭院作为观演空间，为典型的山陕会馆平面布局形式（图5-12），建筑空间构成与万里茶道上的山陕会馆建筑处理较为相似。

第二，建筑风格与细部处理上的不同。亳州山陕会馆山门入口采用万里茶道上少有的砖雕牌坊形式，立面以砖雕为主，有与徽派建筑风格相结合的特点。中间入口为四柱五楼牌坊形式，与两侧钟鼓楼合为一个整体，立面处理虽有雕刻，但总体上看较为平整，牌楼出檐较小。钟鼓楼为二柱单楼形式，底层设门洞，与上文介绍的"台基-亭台"钟鼓楼形式完全不同，没有下层基座，也没有上部亭子形式的建筑样式。大部分建筑虽为硬山式，但未见山西茶商老宅中常见的"亚"字形重点装饰的墀头形式，与万里茶道上的山陕会馆建筑形象完全不同。

而自贡西秦会馆，入口武圣宫同样采用万里茶道上会馆少有的牌楼样式，

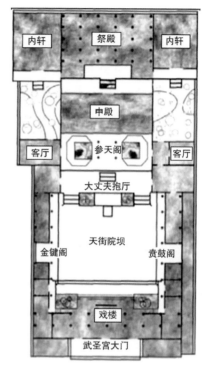

图5-11　自贡西秦会馆平面图
（图片来源：赵逵《川盐古道上的盐业会馆》）

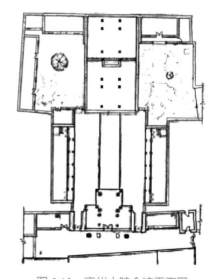

图5-12　亳州山陕会馆平面图
（图片来源：王衍芳《亳州花戏楼建筑形制研究》）

但又与亳州山陕会馆有区别。武圣宫与背面献技楼为木结构形式，攒尖、歇山等屋顶层次丰富，错落有致，起翘较高，挑出深远。一进院落中金镛、贲鼓二阁相当于山陕会馆中的钟鼓楼，但形式又有差异，其架于献技楼戏台前院的卷棚式看廊之上，一、二层开敞，重檐歇山屋顶，下部重檐又因开窗而断开，屋顶坡度陡，翼角起翘高。脊饰雕刻镂空细腻，以瓷片粘贴装饰，给人以轻盈飘逸之感。在墀头处理上，大丈夫抱厅墀头重点装饰部位在下碱与戗檐部分，下碱部分为石雕图案，上身部位为白墙，戗檐部分为长方形瓷片镶边，中部装饰花草图案，且突出于屋面，也与茶商老宅和沿线山陕会馆中的"亚"字形装饰重点与构图特点完全不同，体现出巴蜀盐运影响下山陕建筑风格的独特之处，也反映出与万里茶道和非沿线地区山陕会馆的差异（表 5-3）。

表 5-3 与其他非沿线山陕会馆的比较

名称	入口空间	钟鼓楼	装饰细部
自贡西秦会馆	采用万里茶道上少有的木牌楼形式入口，屋顶翼角起翘高，门前不设照壁，底层架空开敞	与看廊连为一体，而不单独设置，底层开敞架空，木构为主。下层屋檐采用非连续的"破中"[1]处理，露出明间的窗与梁架木构件。屋顶翼角起翘高、出檐远	采用巴蜀地区独特的瓷片贴面装饰，而不使用琉璃瓦脊饰

---

[1] 详见孙大章：《中国古代建筑史·清代部分》第 26 页。指屋顶使用重檐时，下层屋顶明间或中部部分被切断，以露出部分枋柱、窗棂等木构件立面，可以打破延续屋顶的沉闷之感，增加建筑构图层次与表现力。

续表

名称	入口空间	钟鼓楼	装饰细部
亳州山陕会馆	采用万里茶道上少见的砖牌坊式入口，立面平整，无开窗洞口，装饰以砖雕为主，屋顶出檐小，起翘低	与山门合成一体，在外立面上高度不突出，无亭台形式构图，与万里茶道上基座亭台钟鼓楼形式相差很大	屋顶以砖叠涩出挑，出檐小，无木柱、斗拱等木制构件支承。立面颜色色彩较为朴素单一

第三节　本章小结

从前面分析可以看出，沿线会馆建筑平面布局、空间组成、装饰细部等特点，在山陕商人商业与文化传播线路上呈现出一定的相似性与规律性特征，是山陕商人根据商品行销线路沿线各地地域文化、气候特点、经济状况、行业商帮等因素相互协调的结果。

首先，山陕会馆与山陕商人原乡关帝庙、山陕商人老宅具有较大的联系。其中，会馆有选择性地继承了关帝庙的建筑形式，将祭祀空间集于正殿与春秋楼之中，又着重地突出了戏楼与观演区域的空间感受，发展出以架空式戏台为主的观演空间特征。相比庄严肃穆的关帝庙布局与装饰，会馆建筑处理更显活泼，平面与空间形式更具灵活性，因地制宜，装饰细部与神祇信仰突出浓浓的商业元素。

其次，通过盐区及万里茶道文化线路外山陕会馆的横向和纵向比较，更加突出了商业线路对山陕会馆的影响。可以看出，虽然在全国分布的山陕会馆差异性较大，但万里茶道与河东盐区沿线会馆基本建筑空间、建筑形式、装饰细部等均能保持大体不变，并具有一定的规律性，也是能与其他地区同类会馆进行区别的建筑特点。

第六章
山陕会馆的
现存状况与
当代意义

第一节 山陕会馆建筑现存状况概括

从中国明清之后的封建制度的腐朽，到世界大战带来的硝烟弥漫，再到国内政治斗争的社会动荡，最后到了经济飞速发展的现代，中国经历了不平静的数百年，中国建筑经历了不安稳的数百年。在这每一个阶段，建筑的物质形态和非物质形态都受到了极大的威胁甚至摧毁。不同于宫殿建筑，不同于宗教建筑，遍及全国各地的山陕会馆这一群体在这个过程中已被全面破坏，随着建筑实体的大面积消失，其相关文化也几近消逝，山陕会馆的物质形态与非物质形态的保护与再利用问题刻不容缓。相比较而言，由于关帝庙属于宗教建筑，与人们的精神信仰紧密联系，建筑和建筑文化保护得相对完整。有幸的，一部分从关帝庙演化和传承下来的山陕会馆也顺带得到了维护和修复。

建筑是文化的载体，经历了社会的变革、经济的互通调配以及城市人群的重新分布定位，山陕会馆建筑实体已经经历了从不间隙的改变，而山陕会馆的历史不会改变，山陕会馆为中国古代建筑文化做出的贡献不会改变。前面章节从关帝庙与山陕会馆的传承与演变角度探讨了关帝庙与山陕会馆的文化内涵，这没有全面地阐述山陕会馆对于社会、经济、文化、艺术等多方面的影响，以下从笔者对山陕会馆文化的理解出发，详细阐述关帝庙、山陕会馆的文化保护、发扬的现在与未来。

一、关帝庙、山陕会馆的文化保护

"了解过去才能知晓未来"，近现代以来，人们对古代建筑文化的保护意识不断进步，这是在人们的物质生活得到基本满足的前提下建立起来的。在前文中提到，对于山陕会馆的研究也有了阶段性的成果。不过关于关帝庙与山陕会馆的文化研究还需要长时间的各领域学者和社会全体成员的不懈努力，这里将继续从性质定位、开放研究、全面诠释、群体意识四个方面展开论述并提出笔者对于关帝庙、山陕会馆文化保护措施的意见和建议。

1. 性质定位

在中国古代，宫殿建筑、民居建筑、宗教建筑等等类别的建筑基本上都有明确的性质定位，对建筑类别的准确定位有利于更深入地对它们进行共性和特性研究分析。但是，有误区的性质定位方式也可能造成对建筑文化的误解。在全面介绍中国古代建筑的书籍中，对于山陕会馆这样在特定社会经济背景下的产物，将其与同时期产生的书院建筑归为一类，却无法将这两者安插于任何一类已达成广泛共识的建筑类别中。至此，山陕会馆与关帝庙分别属于不同的建筑类别，对此领域没有任何研究的学者们也不会认为这两者之间的传承和演变关系。即便是对山陕会馆与关帝庙有过研究的学者，也将其认为是建筑称呼上的错位，忽视对其本源的进一步研究。

所以，这里强调山陕会馆的文化的首要问题，其实是在纠正一个误区，即有关山陕会馆和关帝庙的性质定位。这种性质定位不能简单地从建筑的名称出发，而是要研究建筑的历史发展，随时间推移而产生的变迁，寻求建筑最根本的文化内涵。有很多名为"山陕会馆"的建筑的本体是"关帝庙"，而有很多名为"关帝庙"的建筑却确确实实是山陕商人使用过的"山陕会馆"，所以名称只是建筑历史不断推进之后沉淀的产物之一，但绝不能成为对建筑性质进行定位的唯一根据。

2. 开放研究

不同领域的学者对山陕会馆进行的研究，历史方面包含有社会历史、经济历史、建筑历史等，艺术方面包含有建筑艺术、装饰艺术、文学艺术等，文化方面包含有宗教文化、民俗文化、戏曲文化等，这些研究在目前已经取得了很多成果。根据从关帝庙到山陕会馆的传承与演变的复杂过程，这些研究应该更注重的是开放性研究，具体说来，分为以下几个方面：

首先，对会馆与庙宇进行开放性研究。山陕会馆与关帝庙的传承关系使得在研究山陕会馆的同时需要研究关帝庙，以及与关帝庙相关的宗教文化，具体来说还有儒家文化、道家文化、佛家文化。只有将这些研究结合起来，才可能完全反映出山陕会馆的文化内涵和意义。从历史的角度，关帝庙的祭拜功能如何在山陕会馆得以延续；从建筑角度，在山陕会馆中，其他功能如何与关帝庙留存的功能得以共生；从文化的角度，关帝庙的传承对山陕会馆文化产生如何的影响。这些问题只有进行对会馆和庙宇的开放性研究才能有效地深入。

其次，对山西与陕西进行开放性研究。山陕会馆见证了山西、陕西两省人和谐友好共处的数百年历史，这种联系，有几个方面的原因，这些原因之间也互为因果：一是地理上的联系。秦晋两省地理毗邻相联，山西自河曲保兴至蒲津一千五百里，与秦中接壤，作为陕西商帮核心的同州府与作为山西商帮核心的蒲州府隔河相望。二是民间风俗的联系。从春秋战国以来，两省沿黄河两岸人民就互通婚姻，结秦晋之好，形成姻戚关系。山陕两省地理相邻，互相联姻，习俗相同是两省商人携手联合、共同发展的社会原因。三是移民运动的影响。明初在山西实行移民，陕西与山西隔河相望，成为山西移民路近少累的首选之区。这种互相联姻、相互移居，使两省人民形成共同的文化习俗和心理认同。四是精神信仰的联系。关公是两省人民精神纽带的象征。关公是蒲州人，陕西是关公改姓之地，这本身就将两省人民在历史和文化上联系在一起。五是商业贸易的联系。沿黄河两岸各县自明清以来保持着频繁的贸易往来，形成稳定的贸易经济圈。当明政府在山陕两省实行"食盐开中"政策时，两省人民因甥舅、姑表关系而互相联引，共同走上经商的道路。明清以来形成的晋陕两省商业贸易圈，为两省商人的紧密联合提供了经济基础。晋陕两省地域相连，两地人民利用黄河水运进行贸易，逐渐形成固定的贸易网。两地的自然条件、生产方式具有同一性和很强的互补性。

再次，对秦晋商帮与徽商进行开放性研究。事实上，徽商的竞争则是迫使两省商人联合的直接原因。在明代初年，称雄于中国商界的是秦商与晋商，他们是在中国兴起最早的地域性商帮。而明中叶弘治年间宰相叶淇代表安徽人的利益，实行"盐法改制"，"输银于运司"。商人可以花钱买引，而不必输粟于边关，这便为徽商进入食盐贩运提供了便利条件，使徽商依赖经济和文化上的优势而在淮扬盐场迅速崛起，在经济市场范围上压倒了陕晋商人。因为山陕商人走上经商道路时，多是农民进城经商，多以中小商人为主，资本不足，力量分散，自然难以抵挡徽商的优势竞争。为了克服现实困难，也迫使两省商人联起手来，形成秦晋商帮与徽商抗争。

最后，对时间和空间差异进行开放性研究。在同一地区，山陕商人的实力前后也有变化，以及山西和陕西商人各自的实力对比也有变化，从山陕会馆名称的不断变化就是最好的证明。而在同一时间，各地山陕商人的商业贸易情况，以及山陕会馆的建设情况也不尽相同。这就需要从时间和空间的差异对山陕会馆进行开放性研究。只有从多方位、多角度进行开放性研究才能让山陕会馆的文化保护进行得更加彻底。而对于很多幸存山陕会馆的城市、乡镇，保护山陕会馆文化就是保护城市、乡镇文化。地域的历史是地域文化发展的基石，是地域文化的母体。地域文化本身就是历史的馈赠，是文化的遗存。对地域中过去事件的再认识和评价，对文化遗存特别是濒临灭绝的文化遗存价值的认识、确立和宣传是文化遗产保护最迫切的工作，否则，疾风骤雨般的大兴建设瞬间就会将我们地域发展的最重要的资源扫荡干净。

3. 全面诠释

如果说对山陕会馆进行多角度的开放性研究是从深度上对山陕会馆文化进行保护，那么从多个方面对山陕会馆建筑进行研究则是从广度上对山陕会馆文化进行保护。在调研过程中，笔者发现，虽然一些大型的山陕会馆建筑实体都得以修复而完善，并对公众开放，但是这只是物质形态上的完整，而对于山陕会馆的文化内涵却并没有考究得十分清晰。

目前，一些山陕会馆因为其庞大的建筑规模与辉煌的建筑成就使得其成为区域范围内的标志性建筑，并将建筑继续投入到现代的功能使用。例如，洛阳潞泽会馆的入口匾额上写着"洛阳民俗博物馆"，自贡西秦会馆的则写着"自贡市盐业历史博物馆"。这样的功能使用对于建筑实体本身的保护与修复无疑是非常有利的，但是同时却或多或少掩盖了山陕会馆的文化历史。在调研社旗山陕会馆时，笔者发现在建筑的配殿中有专门以山陕会馆为主体的展览，虽然这些展览仅仅限于图片和文字，但是这样的展览方式有助于在区域范围内的民众对山陕会馆文化的认识。所以，想要保护山陕会馆的文化，如何在尽可能保护好建筑实体的同时，还能还原真实的历史，呈现本源的文化，这些问题是值得山陕会馆遗产保护学者思考的。

4. 群体意识

也许建筑物质形态的保护涉及部分专业人员，但是，对建筑文化的保护从来不仅仅涉及的是个人，或者部分人群的意识，而是整个社会群体的意识。对于政府管理者，对山陕会馆的发展历史定位需要有足够清楚的认识和了解，才可能在现代的文化遗产保护形势下做出正确的决策；对于直接管理山陕会馆建筑的保护单位，要进一步考虑山陕会馆的建筑原貌，对建筑的每一个细节都需要考察到位；山陕会馆文化保护工作人员，要通过不同的方式向参观者准确地展示山陕会馆中的细节故事、传说和由来，甚至包括每一个雕刻所描绘的内容。只有这样，区域内部的群众才可能了解真实的会馆历史和看到最准确的建筑原貌，同时，山西、陕西商人才可能对家乡的商业文化历史产生认同感，中国民众才有可能为有建筑艺术成就可与宫殿建筑媲美的建筑群体而产生民族自豪感。

二、关帝庙、山陕会馆的文化发扬

会馆建筑涵盖了众多社会人文因素，是极有价值的承载历史的实物史料。在所在地域的地域特征、社会经济、文化等不同的背景之下，分布在全国各地的山陕会馆形成了独特的，表征不同地域与历史渊源、社会行为与角色性格的文化内涵，将这些独特的会馆内涵称为"会馆文化"。山陕会馆表现了登峰造极的会馆文化。除了能够代表其他会馆也同样表现出来的中国的古代建筑史、商贸史、运河文化史，还对于研究书法、绘画、雕刻艺术史以及清代资本主义萌芽因素的产生等等具有极高的研究价值，概括起来包括商业文化、运河文化、宗族文化、民俗文化、戏曲文化、装饰文化、儒家文化、道家文化、佛家文化，还因为与关帝庙的传承与演化关系，也极大地表现出关羽崇拜文化。这些文化将继续在时间的长河中不断演变和推进，发扬这些文化是对这些文化进行保护的最好方式。

1. 商业文化、运河文化、宗族文化

在中国古代漫长的封建社会中，全国大部分地区都是以农业为主要经济产业。在清代开始，出现资本主义萌芽，一部分农民成为商人，在各地区形成商品交换网络。会馆的出现标志着这一商业文化的正式形成，而山陕会馆则代表的是秦晋商业文化。秦晋商人创造的辉煌的商业历史却很多都不为现代的秦晋后代所知。

晋商后代，自由摄影师荣浪在编撰的《山西会馆》一书中，这样写道："今天，整个地球都不过是个村落，交通、运输的便利大大促进了商业的发展。而会馆，剩下的多是修复过后的精致躯壳了。可不知为什么，我心底深处更渴望会馆依旧，有笑声，还有人间烟火味，那与交易行为无关，只是那离情别绪、他乡遇旧的情怀，是这些房子的魂。因为它们的深厚，是超越了粉墙黛瓦本身厚度的凝重，不需要太多的颜色，就足以勾起后来者的乡愁，所以，无论从何处着眼，在哪里观看，都是别有意味的。"荣浪在踏访了多个幸存的山陕会馆以后，为山陕会馆的宏伟壮丽所折服，为山西商人所创造的辉煌商业历史而感到骄傲。

有人将山西人的成功归结为"持筹握算，善亿屡中"的个人经商才能，有人则认为是出于"朴诚勤俭"的经商理念。在《山陕会馆接拨厘头碑记》中，可以看到这样的词句："从来可大而不可久者，非良法也，能暂而不能常者，非美意也……"从中不难看出山陕商人坦然从商，目光远大、精于管理、讲究信义的商业素质与人格魅力，这大概才是他们成功的秘诀所在吧。

　　山西商人在钱财上的大方与义气有口皆碑。据说一个山西商人欠了另一个山西商人千元现洋，最后还不起，债主非常照顾借债人的脸面，就让借债人象征性地还他一把斧头和一个箩筐，表示欠债到此了结，哈哈一笑，情谊还在。这种不为眼前小利背信弃义的做法，让人不禁想到义薄云天的关公。山陕会馆里赞誉关公的一副楹联"精忠贯日，大义参天"，正是山西商人驰骋商场赢得财富的座右铭。"君子爱财，取之有道"。山西民情，和平而忍耐，俭朴而淳厚，刚直而重实行，向为世人所称道。晋商在纵横四海的经营活动中不忘乡俗，秉承信义，"重廉耻而惜体面"，坚守经商处世的准则："平则人易亲，信则公道著，到处树根基，无往而不利。"行商在外，他们时时以此约束自身，做"善贾""良贾"，把严守信誉作为立商之本，代代相传。以诚待人，珍视信誉，已成为晋人经商恪守的道德准则。据传，有的父辈经商遇险破产，若干年后子孙从商发迹，对原本无须承担的陈债，也要主动代先人偿还。这些实例完全体现了山西、陕西是拥有 5 000 年历史的文化大省。对于如今还比较落后的山西和陕西地区，对山陕会馆的文化进行保护和发扬，有利于人们更加认识晋商，增强对山西、陕西两省的归属感、自豪感和建设现代社会步伐的信心，在提高秦晋凝聚力方面有不可估量的作用。

　　前文说到，很多山陕会馆的选址都与水有关。这其中的"水"包括了贯通南北的京杭大运河，它是世界上最长的人工河，1 700 多千米长的运河形成了一条巨大的经济带，它所经过的地域成为重要的商埠，还包括了一些两河交汇处或者大河分流处。所以，在努力探索全国境内古镇、古村的旧址时，可以以现有已发现的地址来总结规律和理清脉络，不断对还没有发现、有待开发的文化遗产进行抢救性保护。

　　另外，山陕会馆还集中体现了封建宗族文化特色。山陕会馆以山西、陕西地域为中心，以血缘、乡谊为纽带，具有很强的排他性和浓厚的封建宗族色彩。这种封建宗族文化传统起源于创建商人会馆的主体——"商帮"的封建宗法性。商帮的成员主要是同地同乡同族人，其社会基础是宗族或乡族势力。在商业文化的形成过程中，商帮都离不开宗族、乡人的支持，对本域的认同和对外域的排斥，对所开辟的商业领域的极力垄断，均表明商帮具有浓厚的狭隘地域性和封建宗族性。

2. 民俗文化、戏曲文化、装饰文化

山陕会馆建筑是属于山陕两省人的公共建筑形式，是两省社会民俗文化的载体。山陕会馆的建筑形式与造型、建筑装饰，无不反映当时社会的民间风俗文化以及最具有代表性的戏曲文化、装饰文化。

山陕两省的生活方式与传统习俗也在很大程度上影响了山陕会馆建筑形制的形成。其实，任何一种建筑风格、流派的形成都经历了漫长的历史时期。在这个历史过程中，新的工艺、新的建筑材料影响了建筑形制、建筑构造的发展与变化，最终形成了各有特色的建筑风格。这种演变不仅仅因为自然条件与地理状况的变化成的，也受到技术条件、物质条件的影响。更重要的是，人们的审美意识的改变、文化思潮的兴起以及各种建筑文化的广泛传播。现在山陕会馆所在区域的地理、气候条件等并没有大的改变，之所以会馆这种公共建筑形式不再适应现在人们的需求，是因为人们的生活方式和习惯的改变。因此，研究山陕会馆建筑文化为研究当时社会民俗文化起到不可忽视的作用。

从某种程度上说，戏曲文化、装饰文化是民俗文化的一部分，其中包含的戏曲、戏剧、石雕、木雕、砖雕和建筑装饰题材也随着山陕会馆在全国范围的建立，在民间流传和发展。同时，民间艺术的发达又对山陕会馆建筑文化增添了丰富内涵。以山陕会馆作为载体，山西和陕西的戏曲文化不断被传播，并与当地的戏曲文化相融合，出现了一些新的剧种，包括河北梆子、山东梆子等。山陕商人也不惜重金将家乡的有名的工匠请到客地，用精湛的雕刻技术对山陕会馆建筑进行装饰。如今，这些在山陕会馆建筑中留存下来的建筑细部依然为中国现代艺术的发展提供了宝贵的资料。

3. 佛家文化、道家文化、儒家文化以及关帝崇拜文化

由于从关帝庙到山陕会馆的传承与演化关系，山陕会馆与关帝庙的文化

内涵一脉相承。由于关羽在历史的变迁中同时代表了佛、道、儒三家文化，所以山陕会馆也集中国传统文化之大成，融中国传统儒、释、道三家思想于一体，这些思想文化不仅仅体现在山陕会馆的祭拜功能上，而且体现在会馆的建筑上。前文已经列举了很多山陕会馆中的整体和局部的实例，例如，会馆建筑中既有代表道教的"八仙人物"，又有佛教八宝及儒家思想所倡导"履中""蹈和"等匾文。由此可见，各种思想、文化在保持各自本质因素的基础上，达到了更高层次上的相容相通，营造出一种和谐的氛围。要将这些文化继续传承和发展，必须将这些元素能够融入现代设计当中，作为文化载体的建筑才有可能将这些文化以实体形式保留并继续发扬。

其实，任何一个时代的建筑，除了受到当时思想文化的影响之外，还受到技术条件的限制，所以建筑总是体现了一定的时代性。发展建筑的地域文化很容易使人们想到抛弃现代建筑材料和建筑技术，纯粹的延续传统的建筑做法，这是对发扬地域文化的误解，是对传统文化不够了解和不够有信心的表现。现代建筑文化应该具有一系列的文化支撑，各种文化要素综合形成的建筑形象，才真正能够体现建筑的个体文化。对地域文化的继承不是简单的复古，而是应该汲取地域文化的精髓，获取其中能够体现地域特征的建筑语言和建筑符号，以此为基础进行一定的艺术处理，借助现代建筑材料和建筑技术，来打造全新的建筑作品。事实上，世界著名建筑师贝聿铭先生已经在传统意向设计上做了大胆的尝试，为后来的中国传统意向建筑设计打下了坚实的基础。年轻一代的建筑师中也有一批优秀的人做了传统意向设计的尝试，最为成功的非王澍先生莫属。他在 2012 年获得建筑普利兹克奖，这一荣誉标志着具有中国特色的传统意向设计受到了世界建筑界的广泛认可。

所以，应提倡中国本土建筑、结构设计师大力发掘地域文化，在建筑中渗透一定的地域性特征，这样既可以形成地域的特有文化特色，实现文脉的传承，又能够使整个地域建筑具有一定的共性的文化特征，保持地域面貌的整体性，为中国传统文化的继续传承和发扬起到关键性的作用。

第二节　山陕会馆建筑在当代的重要意义

一、河东盐区会馆建筑意义研究

河东盐池一带稳定的自然环境和丰富的食盐产量孕育了中华大地上古老的文明，在漫长的历史中也逐步发展出稳定的盐运通道，稳定的行商活动自然会带来文化和建筑技术的传播，因此以河东盐运作为视角，以盐运线路作为线索，对跨越陕、晋、豫三省的建筑和聚落进行整体性系统研究，能够以不同于基于地理条件进行建筑研究的角度对三省建筑和聚落的演变现象进行解析，补全各地建筑产生相似和差异的原因与背后的作用力。

从河东池盐的发展概况入手以研究山陕会馆。根据《河东盐法志》及其相关资料记载的信息还原清代河东池盐的行销路线，再对沿线的聚落和建筑特征作归纳，并结合案例对聚落和建筑的演变做具体阐释和比较研究，最后将建筑与聚落的演变现象和周边盐区进行比较，进一步解析建筑文化随着盐道进行传播和演化的现象。

前人关于河东池盐的历史、衍生文化的大量研究都凸显了河东盐区盐产地单一、文化积淀深厚的特征，以此为出发点，通过运盐线路架构新的研究路线，突破行政划分的局限，串联沿线的建筑与聚落遗存，并对演变现象进行解读。具体而言，则是盐业文化、关帝信仰在运城一带的集中与融合为奔走陕、晋、豫三省乃至全国各地的山西商人提供了强大的精神力量支持，使得他们能在巨大的活动范围内仍保持着强烈的故乡文化认同。他们在盐道经过的各处聚落修建关帝庙、山陕会馆、潞泽会馆、盐商宅居等盐商建筑，用他们的活动影响各地聚落的形态，但同时他们也随着旅途的增长，受到各种当地行为与风俗的影响，并表现在了河东盐道末端和周边盐区的山陕会馆的构图和建筑形象之上，与运城一带和河东盐道的中段差异较大，且具备更多不同的地域特征和建筑要素，建筑的商业空间增大而礼神空间缩小。这种发散于盐文化的演变现象能为传统的地域建筑研究提供内容补充和现象解释，从而进一步推动整合历史文化研究与建筑聚落研究的成果。

在研究的过程中，笔者深感河东盐业在古代文化力量之包容、独特、强大，河东盐区出现的诸多关帝庙、山陕会馆、盐商寨堡均起于河东盐业。但河东盐业在清代即逐渐衰微，现存的一些盐运聚落已然沉寂，一些盐商宅居仅余残垣断壁，也鲜有人知辉煌的关帝庙和山陕会馆背后的河东盐文化底蕴。本书希望以此次研究增强围绕河东池盐的各项研究的关联性，为探索文化复兴方式提供可能。

二、从关帝庙到会馆建筑的意义思考

目前学术界对于会馆的研究还出于初级阶段，特别是建筑学界对于会馆的研究也较少，甚至存在对会馆概念和性质的基本认识上的误区。幸运的是，已经有其他不同领域的学者对会馆进行了不同角度的研究，为从建筑角度的研究提供了基础资料，使得本书在论述关帝庙和山陕会馆的传承与演变关系时论证方式和论证实例丰富。

而对于关帝庙和山陕会馆的传承与演变关系的具体表述，有以下几种方式：关羽出生在山西，改姓于陕西，关帝庙和山陕会馆在长期的演化过程中已经极大程度地融为一体，这一点从多个建筑同时用"关帝庙""山陕会馆"命名方式可以证明；关帝庙是山陕会馆的精神核心，由于对关帝的祭祀是山陕会馆功能的重要组成部分，绝大部分山陕会馆的主要殿堂就是实现对关帝的祭拜功能，甚至在一些规模较大的山陕会馆独立设置形制完整的关帝庙；山陕会馆是关帝庙发展后期的载体，没有山陕商人在各地建立的山陕会馆，关帝文化和精神不可能大范围地发扬开来。

为了表述的严谨和精确，以下说明有关书中的一些问题：首先是有关名称，山陕会馆为一个统称，代表了山西、陕西人在全国范围内建立的会馆，包括山西会馆、陕西会馆以及其他命名方式的等等会馆，而关帝庙为一个统称，代表了供奉关羽或者供奉关羽与其他神灵的庙宇，包括关爷庙、关岳庙等；其次，本书研究的山陕会馆主要针对明清时期，而大部分山陕会馆出现在明清时期，其他时期的山陕会馆暂不作深入探讨；最后，界定建筑是否是关帝庙还是山陕会馆，这里主要针对建筑本身做探讨，同一建筑可能在书中出现略有差别的称呼，模糊的界定证明了关帝庙与山陕会馆的复杂联系。

三、万里茶道会馆建筑意义思考

万里茶道线路长达数万里，贯穿中国由南至北的多个省市和地区，作为文化线路所涵盖的建筑遗产十分丰富。山陕会馆作为万里茶道上的商人主体建设的会馆建筑，其重要性与历史价值突出。然而笔者在进行田野调查过程中，发现线路上大多数会馆建筑已经消失，仅仅在历史地图、影像与史籍文献中才能发现其踪迹，如汉口山陕会馆、张家口山西会馆等。有的甚至完全被当地居民所遗忘，对于现今研究万里茶道文化线路来说实在是一件憾事。在现今遗存的会馆中，那些处于茶叶转运枢纽聚落上的山陕会馆被定为国家级、省级文物保护单位，或改造成博物馆，或设立专门景区供人游览，使这些建筑遗产得到了较好的保护。但也有少数枢纽之间聚落却因为茶道改线或茶商主体的衰退而逐渐消亡，导致了原有的功能退化和社会结构的解体，昔日聚落中繁华的景象不再，会馆也被废弃，有的也被改造成小学、粮仓等，移作它用，使得会馆逐渐破败。这些会馆往往保护级别较低，或当地居民保护意识薄弱，会馆未得到较好的保护。有的会馆中居民私搭乱建，或疏于管理，杂草丛生，破乱不堪，或由于长时间得不到修复，木、砖等承重结构风化损毁严重（图6-1、图6-2）。有的甚至被粉饰一新，完全掩盖了原始彩画或装饰痕迹，保护现状堪忧。

以文化线路的角度来看待沿线山陕会馆建筑，需要建立起一个更为宏观的视角，跳出以往对单个会馆的点状保护策略，要以点串线，以线成面，将全线山陕会馆建筑遗珠串联起来，形成一个完整性的保护体系。这便需要将茶叶转运枢纽之间的会馆也纳入进来，这样才能还原万里茶道上商人活动的真实场景，更为全面地认识和了解当时山陕茶商的商贸状况。

图 6-1 郏县山陕会馆院内后期新建的建筑   图 6-2 郏县山陕会馆残损的墙壁

（图片来源：方婉婷摄）   （图片来源：方婉婷摄）

对沿线遗存的山陕会馆进行梳理后发现，仅有 10 余个会馆建筑保存完好，其余大多残损严重，如北舞渡山陕会馆现仅存牌坊，韦集镇山陕会馆仅存大殿及左右配殿。沿线保存完好的山陕会馆建筑只占历史上沿线山陕会馆数量的 13.5%，对其整体性保护与抢救工作已经刻不容缓。

万里茶道上的山陕会馆是山陕茶商与其他商帮共同促进形成的产物，在文化源流背景上具有同根溯源的特点，在地理环境上首尾相连，在原乡与地域建筑技艺的影响下层层递进、渐变发展，构成了万里茶道文化线路典型建筑的遗产廊道体系。

本书选取这一课题旨在挖掘万里茶道沿线山陕会馆建筑与山陕茶商之间的文化内涵，探究茶商原乡建筑技艺及文化在异地建立的会馆建筑中的体现，分析山陕茶商及文化线路影响下的会馆建筑特征，为促进万里茶道沿线山陕会馆的整体性保护和万里茶道文化线路申遗提供一定的依据与参考。

著作：

[1]　吴相湘. 初修河东盐法志（二册）[M]. 台北：台湾学生书局，1966.

[2]　唐仁粤. 中国盐业史地方编[M]. 北京：人民出版社，1997.

[3]　平陆县志[M]. 台北：成文出版社，1976.

[4]　解州安邑县志[M]. 台北：成文出版社，1976.

[5]　翼城县志[M]. 台北：成文出版社，1976.

[6]　柴继光，李希堂，李竹林. 晋盐文化述要[M]. 太原：山西人民出版社，1993.

[7]　寺田隆信. 山西商人研究[M]. 太原：山西人民出版社，1986.

[8]　刘建生. 晋商五百年：河东盐道[M]. 太原：山西教育出版社，2014.

[9]　王金平，徐强，韩卫成. 山西民居[M]. 北京：中国建筑工业出版社，2009.

[10]　颜纪臣. 山西传统民居[M]. 北京：中国建筑工业出版社，2005.

[11]　张壁田，刘振亚. 陕西民居[M]. 北京：中国建筑工业出版社，2008.

[12]　左满常，渠滔，王放. 河南民居[M]. 北京：中国建筑工业出版社，2012.

[13]　楼庆西. 中国古代建筑装饰五书砖雕石刻M]. 北京：清华大学出版社，2011.

[14]　赵逵. 川盐古道：文化线路视野中的聚落与建筑[M]. 南京：东南大学出版社，2008.

[15]　赵逵. 历史尘埃下的川盐古道[M]. 上海：上海东方出版社，2016.

[16]　赵逵，张晓莉. 中国古代盐道[M]. 成都：西南交通大学出版社，2019.

[17]　赵逵，邵岚. 山陕会馆与关帝庙[M]. 上海：东方出版中心，2015.

[18]　赵逵，白梅. 福建会馆与天后宫[M]. 南京：东南大学出版社，2019.

[19]　周均美. 中国会馆志[M]. 北京：方志出版社，2002.

[20]　柴泽俊. 解州关帝庙[M]. 北京：文物出版社，2002.

[21]　河南省古代建筑保护研究所，社旗县文化局. 社旗山陕会馆[M]. 北京：文物出版社，1999.

[22]　陈清义，刘宜萍. 聊城山陕会馆[M]. 香港：华夏文化出版社，2003.

[23]　李秋香，陈志华，楼庆西. 郭峪村[M]. 石家庄：河北教育出版社，2003.

[24]　中华人民共和国住房和城乡建设部. 中国传统民居类型全集[M]. 北京：中国建筑工业出版社，2014.

[25]　张海鹏，张海瀛. 中国十大商帮[M]. 合肥：黄山书社，1993.

[26]　张正明. 晋商兴衰史[M]. 太原：山西古籍出版社，1995.

[27]　李刚. 陕西商帮史[M]. 西安：西北大学出版社，1997.

[28]　王日根. 乡土之链[M]. 天津：天津人民出版社，1996.

[29]　王士立. 中国古代史[M]. 北京：北京师范大学出版社，1999.

[30]　王永斌. 北京的商业街和老字号[M]. 北京：北京燕山出版社，1999.

[31]　李华. 明清以来北京工商会馆碑刻资料选编[M]. 北京：文物出版社，1980.

[32]　胡焕春. 北京的会馆[M]. 北京：中国经济出版社，1994.

[33]　刘文锋. 山陕商人与梆子戏[M]. 天津：百花文艺出版社，1996.

[34]　李义清. 中国会馆[M]. 香港：华夏文化出版社，1999.

[35]　邹逸麟. 中国历史人文地理[M]. 北京：科学出版社，2001.

[36] 魏千志. 明清史概论[M]. 北京：中国社会科学出版社，1998.

[37] 顾朝林，等. 中国城市地理[M]. 北京：商务印书馆，1999.

[38] 窦季良. 同乡组织之研究[M]. 南京：正中书局，1946.

[39] 王致中. 明清西北社会经济史研究[M]. 西安：三秦出版社，1989.

[40] 朱绍候. 中国古代史（下）[M]. 福州：福建人民出版社，1996.

[41] 张晋潘. 中国官制通史[M]. 北京：中国人民大学出版社，1992.

[42] 中华文化通志编委会. 社会阶层制度[M]. 上海：上海人民出版社，1998.

[43] 赵尔巽. 清史稿[M]. 北京：中华书局，1997.

[44] 贺长龄. 皇朝经世文编[M]. 北京：中华书局，1992.

[45] 李绿园. 歧路灯[M]. 郑州：中州书画社，1980.

[46] 彭泽益. 中国工商行会史料集[M]. 北京：中华书局，1996.

[47] 曲彦斌. 行会史[M]. 上海：上海文艺出版社，1999.

[48] 河南古建筑研究所. 社旗山陕会馆[M]. 北京：文物出版社，1999.

[49] 贺竞放. 山陕会馆[M]. 南京：金陵书社，1997.

[50] 王瑞安. 山陕甘会馆[M]. 郑州：中州古籍出版社，1992.

[51] 贺官保. 洛阳文物与古迹[M]. 北京：文物出版社，1987.

[52] 王瑜. 盐商与扬州[M]. 南京：江苏古籍出版社，2001.

[53] 张永禄. 明清西安词典[M]. 西安：陕西人民出版社，1999.

[54] 明清佛山碑刻文献经济资料[M]. 广州：广东人民出版社，1985.

[55] 江苏省明清以来碑刻资料选辑[M]. 上海：三联书店，1959.

[56] 苏州明清工商业碑刻资料[M]. 南京：江苏古籍出版社，1997.

[57] 上海碑刻资料选编[M]. 上海：上海人民出版社，1980.

[58] 王文才. 成都城房考[M]. 成都：巴蜀书社，1986.

[59] 汉镇记闻·风俗[M]. 卷首.

[60] 宋应星. 野议[M]. 上海：上海人民出版社，1976.

[61] 宋应星. 天工开物[M]. 北京：中华书局，2021.

[62] 张瀚. 松窗梦语[M]. 卷4. 上海：上海古籍出版社，1986.

[63]　康海．康对山先生文集[M]．关中丛书本，卷42．

[64]　刘献廷．广阳杂记[M]．卷4．北京：中华书局，2007．

[65]　刘光蕡．烟霞草堂文集[M]．卷4．

[66]　王象晋．木棉语[M]．序．

[67]　谢肇淛．五杂俎[M]．卷3．

[68]　褚华．木棉谱[M]．

[69]　褚华．沪城备考·杂计[M]．卷6．

[70]　温纯．温恭毅公文集[M]．卷13．

[71]　马克思．资本论[M]．北京：人民出版社，1975．

[72]　马克思恩格斯．共产党宣言．马克思恩格斯选集[M]．北京：人民出版社，1975．

[73]　寺田隆信．清代北京的山西商人[M]．北京：中华书局，1990．

[74]　全汉升．中国行会制度史[M]．天津：百花文艺出版社，2007．

[75]　李景铭．闽中会馆志·郭则云序[M]．

[76]　李文治．中国近代农业史资料[M]．上海：三联书店，1957．

[77]　严中平．老殖民主义史话选[M]．北京：北京出版社，1984．

[78]　彭泽益．中国近代手工业史资料[M]．北京：中华书局，1962．

[79]　彭泽益．中国工商行会史料集[M]．北京：中华书局，1998．

[80]　吴承明．中国资本主义萌芽[M]．北京：人民出版社，1985．

[81]　吴承明．中国的现代化：市场与社会[M]．上海：三联书店，2001．

[82]　何炳棣．中国会馆史[M]．台北：台湾学生书局，1966．

[83]　韩大成．明代城市研究[M]．北京：中国人民大学出版社，1991．

[84]　葛剑雄．中国移民史：第六卷[M]．福州：福建人民出版社，1997．

[85]　龙登高．中国传统市场发展史[M]．北京：人民出版社，1997．

[86]　吴刚．高陵碑石[M]．西安：三秦出版社，1993．

[87]　雷爱水．中华竹枝词[M]．北京：北京古籍出版社，1998．

[88]　钟长泳．中国自贡盐[M]．成都：四川人民出版社，1993．

[89]　中国历史文化名城：聊城[M]．济南：山东友谊出版社，1995．

[90] 阿·科尔萨克. 俄中商贸关系史述[M]. 米镇波, 译. 北京: 社会科学文献出版社, 2010.

[91] 山西祁县晋商文化研究所, 湖北长盛川青砖茶研究所. 汉口山陕西会馆志[M]. 太原: 三晋出版社, 2017.

[92] 范维令. 万里茶道劲旅·祁县茶商[M]. 太原: 北岳文艺出版社, 2017.

[93] 山西省政协《晋商史料全览》编辑委员会编. 晋商史料全览·会馆卷[M]. 太原: 山西人民出版社, 2007.

[94] 王尚义. 山西商人商贸活动的历史地理研究[M]. 上海: 社会科学出版社, 2004.

[95] 韩小雄. 晋商万里茶路探寻[M]. 太原: 山西人民出版社, 2012.

[96] 常士宣, 常崇娟. 万里茶路话常家[M]. 太原: 山西经济出版社, 2009.

[97] 刘成虎, 韩芸. 会馆浮沉[M]. 太原: 山西教育出版社, 2014.

[98] 史若民, 牛白琳. 平、祁、太经济社会史料与研究[M]. 太原: 山西古籍出版社, 2002.

[99] 社旗县文化局. 社旗山陕会馆[M]. 北京: 文物出版社, 1988.

[100] 高春平, 牛三平, 高广达. 山西与"一带一路"[M]. 太原: 山西人民出版社, 2019.

[101] 张家口市文物考古研究所. 万里茶道河北段文化遗产调查与研究[M]. 天津: 天津古籍出版社, 2018.

[102] 刘再起. 湖北与中俄万里茶道[M]. 北京: 人民出版社, 2018.

[103] 丰若非. 清代榷关与北路贸易: 以杀虎口、张家口和归化城为中心[M]. 北京: 中国社会科学出版社, 2014.

学位论文:

[1] 高山. 运城盐池神庙建筑研究[D]. 西安: 西安建筑科技大学, 2004.

[2] 张萍. 明清陕西商业地理研究[D]. 西安: 陕西师范大学, 2004.

[3]　李俊锋. 清代河南会馆的空间分布和建筑形式研究[D]. 西安：陕西师范大学，2008.

[4]　张瑶. 运城城市空间形态演变研究[D]. 西安：西安建筑科技大学，2017.

[5]　田毅. 山西传统民居地理研究[D]. 西安：陕西师范大学，2017.

[6]　王勇红. 乾隆年间河东盐商经营状况分析[D]. 太原：山西大学，2005.

[7]　王林林. 明清晋豫商路兴衰探析[D]. 郑州：郑州大学，2018.

[8]　王慧. 泽潞商帮影响下的沁河流域村落形态研究[D]. 武汉：华中科技大学，2013.

[9]　祁剑青. 陕西传统民居地理研究[D]. 西安：陕西师范大学，2017.

[10]　苏毅南. 山西传统村落与传统民居空间形态研究[D]. 太原：太原理工大学，2016.

[11]　吴朋飞. 山西汾涑流域历史水文地理研究[D]. 西安：陕西师范大学，2008.

[12]　王世伟. 明清时期三原、泾阳经济发展及其与西安的关系[D]. 西安：陕西师范大学，2010.

[13]　高兴玺. 明清时期山西商帮聚落形态研究[D]. 太原：山西大学，2016.

[14]　白蓉. 山西运城盐池神话及其社会记忆研究[D]. 太原：山西师范大学，2018.

[15]　王绚. 山西传统堡寨式防御性聚落解析[D]. 天津：天津大学，2002.

[16]　刘书芳. 中国历史文化名村：临沣寨[D]. 开封：河南大学，2008.

[17]　任瑞. 明清以来山西洪洞董氏家族发展研究[D]. 太原：山西大学，2013.

[18]　张莹莹. 山西书院建筑的调查与实例分析[D]. 太原：太原理工大学，2007.

[19]　刘乐. 古道鄂西北段沿线上的聚落与建筑研究[D]. 武汉：华中科技

大学，2017.

[20] 张晓莉. 淮盐运输沿线上的聚落与建筑研究：以清四省行盐图为蓝本[D]. 武汉：华中科技大学，2018.

[21] 张颖慧. 淮北盐运视野下的聚落与建筑研究[D]. 武汉：华中科技大学，2020.

[22] 肖东升. 两浙盐运视野下的聚落与建筑研究[D]. 武汉：华中科技大学，2020.

[23] 匡杰. 两广盐运古道上的聚落与建筑研究. 武汉：华中科技大学，2020.

[24] 郭思敏. 山东盐运视野下的聚落与建筑研究[D]. 武汉：华中科技大学，2020.

[25] 王特. 长芦盐运视野下的聚落与建筑研究[D]. 武汉：华中科技大学，2020.

[26] 陈创. 河东盐运视野下的陕、晋、豫三省聚落与建筑演变发展研究[D]. 武汉：华中科技大学，2020.

[27] 曹冬. 基于空间组构的万里茶道湖南段文化线路遗产保护研究[D]. 长沙：湖南大学，2018.

[28] 张强. 关帝庙建筑的布局及其空间形态分析[D]. 太原：太原理工大学，2006.

[29] 康霄. 太行古道商贾驿站型传统聚落空间形态研究[D]. 济南：山东建筑大学，2019.

[30] 康永平. 万里茶道内蒙古段研究[D]. 呼和浩特：内蒙古师范大学，2018.

[31] 祝笋. 文化线路视野下的茶叶之路（湖北段）建筑遗产调查研究[D]. 武汉：武汉理工大学，2011.

[32] 吴红霞. 明清山陕会馆的区域分布及名称变异规律探析[D]. 西安：西北大学，2003.

[33] 廖娟. "万里茶道"安化段沿线传统聚落空间分析和演变机制研究[D].

长沙：湖南农业大学，2019.

[34] 惠玉. 清代中原地区万里茶道及结点市镇研究[D]. 郑州：郑州大学，2019.

[35] 宋伦. 明清时期山陕会馆研究[D]. 西安：西北大学，2008.

期刊论文：

[1] 蒲培勇，宋来福，马宏强. 盐商文化视角下对历史建筑价值研究：以"千年盐都"中国历史文化古镇云南黑井为例[C] //曾凡英. 盐文化研究论丛：第六辑. 成都：四川人民出版社，2013.

[2] 李三谋，李著鹏. 河东盐运销政策：清代河东盐的贸易问题研究之一[J]. 盐业史研究，2003（3）：3-8.

[3] 李三谋，李著鹏. 河东盐运销的组织管理：清代河东盐的贸易问题研究之二[J]. 盐业史研究，2004（1）：15-23.

[4] 佐伯富，张正明. 山西商人的起源与沿革[J]. 经济问题，1986（6）：61-64.

[5] 佐伯富，顾南，顾学稼. 清代盐政之研究[J]. 盐业史研究，1993（2）：14-27.

[6] 柴继光. 盐务专学——运学：运城盐池研究之十[J]. 运城学院学报，1986（3）：82-85.

[7] 杨全. 河南洛阳山陕会馆和潞泽会馆考辨：兼谈历史建筑博物馆的利用[J]. 博物院，2018（4）：71-81.

[8] 马月萍. 关公信仰空间的构建：以山西运城解州关帝庙为例[J]. 文物世界，2018，146（3）：54-56.

[9] 刘帆，刘虹，莫全章. 追寻历史的印记：赊店历史文化名镇传统格局保护研究[J]. 四川建筑科学研究，2015，41（3）：139-144.

[10] 祁嘉华，王慧娟. 陕西传统村落文化价值研究[J]. 中国名城，2019（1）：79-84.

[11] 徐春燕. 清代河南地区的会馆与商业[J]. 中州学刊，2008（1）：

197-200.

[12] 陶宏伟. 明清山西商业市镇研究[J]. 忻州师范学院学报，2012，28（2）：34-40.

[13] 魏唯一，陈怡. 陕西韩城党家村[J]. 文物，2018（12）：69-81.

[14] 赵北耀. 河东盐池与华夏早期文明[J]. 太原理工大学学报（社会科学版），2015，33（3）：54-58.

[15] 王金平，苏婕. 汾城古镇聚落形态分析[J]. 南方建筑，2013（2）：8-12.

[16] 陈磊. 洛阳潞泽会馆建筑研究[J]. 文物建筑，2010（1）：29-36，208-209.

[17] 张恋绮，李刚. 论定靖"盐马交易"与陕西商帮的兴起及其演变[J]. 榆林学院学报，2013（3）：120-123.

[18] 李添文. 论蒋兆奎的《河东盐法备览》[J]. 唐山师范学院学报，2016，32（4）：113-119.

[19] 侯娟. "治水即以治盐"：明清山西解州盐池渠堰修筑与村落组织[J]. 山西档案，2015（3）：19-23.

[20] 赵逵，杨雪松. 川盐古道与盐业古镇的历史研究[J]. 盐业史研究，2007（2）：35-40.

[21] 赵逵，张钰，杨雪松. 川盐文化线路与传统聚落[J]. 规划师，2007（11）：89-92.

[22] 杨雪松，赵逵. "川盐古道"文化线路的特征解析[J]. 华中建筑，2008（10）：211-214，240.

[23] 杨雪松，赵逵. 潜在的文化线路："川盐古道"[J]. 华中建筑，2009，27（3）：120-124.

[24] 赵逵，桂宇晖，杜海. 试论川盐古道[J]. 盐业史研究，2014（3）：161-169.

[25] 赵逵. 川盐古道上的传统民居[J]. 中国三峡，2014（10）：62-79.

[25] 赵逵. 川盐古道上的传统聚落[J]. 中国三峡，2014（10）：46-61.

[26] 赵逵. 川盐古道上的盐业会馆[J]. 中国三峡，2014（10）：80-90.

[27] 赵逵. 川盐古道的形成与线路分布[J]. 中国三峡，2014（10）：28-45.

[28] 赵逵，张晓莉. 淮盐运输线路及沿线城镇聚落研究[J]. 华中师范大学学报（自然科学版），2019，53（3）：408-414.

[29] 赵逵，王特. 长芦盐运线路上的聚落与建筑研究[J]. 智能建筑与智慧城市，2019（11）：113-115.

[30] 赵逵，张晓莉，王特. 明清盐业经济作用下长芦海盐聚落演变研究[C]//面向高质量发展的空间治理：2021中国城市规划年会论文集（09城市文化遗产保护）. 2021：22-29.

[31] 王衍芳. 亳州花戏楼建筑形制研究[J]. 六盘水师范学院学报，2016，28（1）：57-59.

[32] 田联申. 图说汉口山陕会馆[J]. 武汉文史资料，2016（5）：48-55.

[33] 孙翰伯，陈振萌，韦峰. 万里茶道背景下河南浅山农贸型传统村落微更新设计研究：以汝州半扎村为例[J]. 建筑与文化，2020（3）：79-81.

[34] 刘杰. 万里茶道（湖北段）文化遗产调查与保护[J]. 中国文化遗产，2016（3）：38-44.

[35] 王俊霞，李刚. 论明清山陕会馆空间分布的经济依赖性：以甘肃、湖北、河南为例[J]. 兰州学刊，2015（7）：121-126.

[36] 谷建华. 多伦县山西会馆[J]. 内蒙古文物考古，1999（2）.

[37] 陈容凤. "万里茶道"福建段史迹调查及初步研究[J]. 福建文博，2017（1）.

[38] 宿丰林. 清代恰克图边关互市早期市场的历史考察[J]. 求是学刊，1989（1）.

[39] 陈银霞. 万里茶道汝州段文化遗存调查[J]. 文物建筑，2015.

[40] 车志晖，孙金松，王喜娥. 遗产廊道视角下"万里茶道"内蒙古段保护体系研究[J]. 建筑与文化，2018（9）：234-235.

[41] 肖发标. 九江市万里茶道文化遗产的调查与保护[J]. 农业考古, 2015, 141 (5): 321-333.

[42] 许檀. 清代河南赊旗镇的商业: 基于山陕会馆碑刻资料的考察[J]. 历史研究, 2004 (2): 56-67.

[43] 宋伦, 李刚. 明清山陕商人在河南的会馆建设及其市场化因素[J]. 西北大学学报 (哲学社会科学版), 2009 (5): 36-42.

[44] 杨平. 茶叶之路沿途晋商会馆设立及作用与分布特征[J]. 山西建筑 (35): 16-18.

[45] 刘晓航. 东方茶叶港: 汉口在万里茶路的地位与影响[J]. 农业考古, 2013 (5): 271-276.

[46] 张冠增. 中世纪西欧城市的商业经济垄断. 历史研究, 1993 (1).

[47] 萧国亮. 关于清代前期江南布产量和商品量问题. 清史研究近讯, 1985.

外文文献:

[1] WANG S L, TAN P F, LI L. On the inheritance of ancient architecture decoration in the residential construction of urbanization[J]. International journal of technology management, 2014 (12): 48-50.

[2] XIAO J H, ZHU X D, WANG C E. Discussion on Technology and Methods of Ancient Architecture Surveying[A].2015 2nd International Conference on Civil, Materials and Environmental Sciences [C].2015.

[3] LI Y Z. Dynamic culture reflected in ancient Chinese architecture[J].China Week, 2003 (11): 9-12.

[4] WANG X H. Quantitative Analysis on Measure Results by Resistograh for Wood Decay of Ancient Architecture[J].Chinese Forestry Science and Technology, 2006 (4): 16-22.

[5] JOKILEHTO J. A history of architectural conservation[M]. Butterworth-Heinemann, 1999.

[6]　MARTHA A. The Tea Road：China and Russia Meet Across the Steppe[M]. Beijing：China Intercontinental Press，2003.

[7]　LIU K C. Chinese Merchant Guilds：An Historical Inquiry[M]. Berkeley：University of California Press，1988.

[8]　仁井田陞. 中国の社会とギルド[M]. 歴史学研究（159），1952.

[9]　日本东亚同文书院. 中国省别全志（影印本）[M]. 北京：线装书局，2015.

[10]　ZHANG C, LIU L. The Past and Present of Hubei and the China-Russia Tea Road[C]//4th International Conference on Contemporary Education, Social Sciences and Humanities（ICCESSH 2019）. Atlantis Press, 2019.

[11]　GUO. Internationalization of China's Shanxi Province New Merchants：Implications and Use in Teaching IB[J]. Journal of Teaching in International Business, 2017，28（2）.

[12]　仁井田陞. 清代の漢口山陝西會館と山陝帮（ギルド）[J]. 社会経済史学，1943，13（6）：497-518.

[13]　EGSHIG SHAGDARSUREN. The combination of the Tea Road and Mongolia-China-Russia Economic Corridor[A]//北京论坛（2017）文明的和谐与共同繁荣——变化中的价值与秩序：文明传承与互动视角下的"一带一路"论文与摘要集. 北京大学，北京市教育委员会，韩国高等教育财团：北京大学北京论坛办公室，2017：15.

[14]　CHEN H，CAO D，ZOU Y，et al. Construction of Corridor of Architectural Heritage Along the Line of ZiJiang River in Hunan Province in the Background of the Tea Road Ceremony[J]. IOP Conference Series：Materials Science and Engineering，2019，471（8）.

[15]　LI L，CHENG L. A Brief Introduction of Shan-Shaan-Gan Guild Hall. Proceedings of 2018 7th International Conference on Social Science，Education and Humanities Research（SSEHR 2018）.Ed.. Francis Academic Press，UK, 2018: 389-393.

[16]   ZHAO Y L. Cultural Implication of Dragon Pattern Decorations in Kaifeng Shan-Shaan-Gan Guild Hall Buildings. Proceedings of the 2016 2nd International Conference：Arts, Design and Contemporary Education （ICADCE 2016）.Ed.International Science and Culture for Academic Contacts. Atlantis Press, 2016: 917-919.

[17]   TIAN W G. An Introduction of the Historic and Artistic Values of Shanxi-Shaanxi-Ganshu Guild[C]//2006 Xi'an International Conference of Architecture and Technology, 2006：195-199.

[18]   YANG P .Analysis on the Formation and Layout Shape of Shanxi Merchant's Guild Halls in Ming and Qing Dynasties[J].Shanxi Science and Technology，2014.

[19]   XU T. An Introduction of Inscriptions of Guild Halls and the Value[J]. Journal of Tianjin Normal University（Social Science），2013.

[20]   LI Y N, LI T Z, HE J P. The Commercial Culture in the Buildings of Sheqi Shanshan Guild Hall[J].Huazhong Architecture，2015.

[21]   LUO S Y. Qing Dynasty Assembly Hall Guild Regulations and Commodity Economy Prosperity[J]. Economic Research Guide, 2010.

[22]   WANG RI-GEN. On the Regional Guild Halls in the Period from the Late Qing Dynasty to the Republic of China[J]. Journal of Xiamen University, 2004.

[23]   LI G, SONG L, GAO W.On the market course of Business Guild Halls in Ming and Qing: taking Shanshan Guild Hall as an example[J]. Journal of Lanzhou Commercial College, 2002.

[24]   ZHANG P，LI X H，Shanxi & Shaanxi Guild Hall of Fancheng and Guan Yu Worship[J]. Journal of Xiangfan University，2011.

附 录

附录一　山陕会馆总表

序号	会馆名称	会馆别称	省区市	地区	具体位置	始建年代	创建者	现状	来源
1	渭南会馆		北京市	北京城	琉璃巷4号（另有说前孙公园胡同）	清代康熙年间	待考	改建现为民居	李刚《明清时期北京陕西会馆的变迁及其特点》
2	平遥会馆	颜料会馆	北京市	北京城	北芦草园	明代中叶	山西颜料桐油商人	存戏楼待修	山西新闻网文章《寻访山西会馆·北京山西会馆：山西会馆清京师》
3	临汾东馆	临汾乡祠	北京市	北京城	打磨厂	明代	临汾县商贾	存建筑戏楼待修	《明清以来北京工商会馆碑刻选编》86页
4	临汾会馆	临汾西馆	北京市	北京城	廊坊三条	明末	临汾县商绅	已修缮完好	《明清以来北京工商会馆碑刻选编》109～110页
5	三原会馆		北京市	五道街	五道街	待考	三原县士商	待考	《晋商会馆》附录
6	宁羌会馆		北京市	北京城	烂经胡同	待考	宁羌县士商	待考	《晋商会馆》附录
7	汉中会馆		北京市	北京城	烂经胡同	待考	汉中县士商	待考	《晋商会馆》附录
8	潞安东馆	潞郡会馆	北京市	北京城	炉神庵	明代	潞安府商贾	仅存碑刻三通	《明清以来北京工商会馆碑刻选编》40～46页
9	平阳会馆	阳平会馆	北京市	北京城	小蒋家胡同	明代末清代初	平阳府士商	已修缮完好	李畅《清代以来的北京剧场》65～68页

续表

序号	会馆名称	会馆别称	省区市	地区	具体位置	始建年代	创建者	现状	来源
10	临襄会馆	山右馆	北京市	北京城	晓市大街	明代	临汾襄陵商	存碑刻七通	《明清以来北京工商会馆碑刻选编》90～92页
11	富平会馆		北京市	北京城	小沙土园家道	待考	待考	待考	《晋商会馆》附录
12	榆林会馆		北京市	北京城	北极巷	待考	待考	待考	《晋商会馆》附录
13	韩城南北馆		北京市	北京城	晋太胡同	待考	待考	待考	《晋商会馆》附录
14	泾阳会馆		北京市	北京城	大外郎营	待考	泾阳县士商	待考	《晋商会馆》附录
15	晋翼会馆		北京市	北京城	小蒋家胡同	清雍正十年(1732年)	翼城县商绅	仅存七碑及匾	《明清以来北京工商会馆碑刻选编》37～40页
16	正州晋翼会馆	布行会所	北京市	通州	教子胡同	清康熙末年	翼城县商贾	已被拆毁	《晋商会馆》附录
17	翼城会馆		北京市	北京城	珠市口西街	清雍正十年(1732年)	翼城县商贾	待考	《晋商会馆》附录
18	翼城会馆		北京市	北京城	虎坊桥大街	清代	翼城县商贾	民国间售出已改建	《晋商会馆》附录
19	翼城会馆		北京市	北京城	宣外大街	清代乾隆年间	翼城县士商	待考	《晋商会馆》附录
20	潞安会馆	潞安西馆	北京市	北京城	珠市口西街	清代	潞安府商贾	大部分拆毁	《晋商会馆》附录
21	浮山会馆	五圣神祠	北京市	北京城	路儿胡同	清代雍正七年(1729年)	浮山盆头商	仅存碑刻七通	《明清以来北京工商会馆碑刻选编》99～104页
22	河东会馆	烟行会馆	北京市	北京城	广安门大街	清代雍正五年(1727年)	晋南众烟商	大部分拆毁	《明清以来北京工商会馆碑刻选编》46～85页

序号	会馆名称	会馆别称	省区市	地区	具体位置	始建年代	创建者	现状	来源
23	河东会馆		北京市	北京城	小蒋家胡同	清代	晋南众商贾	待考	《晋商会馆》附录
24	襄陵南馆	襄陵会馆	北京市	北京城	五道庙	清代乾隆十六年(1751年)	襄陵油盐商	仅存碑刻三通	《明清以来北京工商会馆碑刻选编》202～203页
25	襄陵北馆	襄陵会馆	北京市	北京城	余家胡同	清代道光年间	襄陵油盐商	已破损毁坏	《明清以来北京工商会馆碑刻选编》127～128页
26	襄陵会馆		北京市	北京城	李铁拐斜街	清代乾隆年间	襄陵县士商	待考	《晋商会馆》附录
27	襄陵会馆		北京市	北京城	珠市口西街	清代乾隆年间	襄陵油盐商	已被拆毁	《晋商会馆》附录
28	襄陵会所	三官庙	北京市	北京城	南下津子	清代	襄陵县士商	仅存碑刻二通	《晋商会馆》附录
29	平定会馆		北京市	北京城	西柳树井	清代乾隆年间	平定州士商	已被拆毁	《明清以来北京工商会馆碑刻选编》202页
30	太原会馆	太原郡馆	北京市	北京城	皮库营四号	清代康熙年间	太原府士商	保存基本格局完好	《明清以来北京工商会馆碑刻选编》203页
31	洪洞会馆	洪洞馆	北京市	北京城	广内大街	清代乾隆二十二年(1757年)	洪洞县商绅	已被拆毁	《明清以来北京工商会馆碑刻选编》203页
32	曲沃会馆		北京市	北京城	贾家花园	清代	曲沃贾汉复	已改建成小学	《晋商会馆》附录
33	曲沃会馆		北京市	北京城	虎坊街大桥	清代	曲沃县士商	已被拆股	吴长元辑《宸垣识略》卷九外城一（东）181页
34	永济会馆		北京市	北京城	宣外大街	清代乾隆年间	永济县士商	待考	吴长元辑《宸垣识略》卷十外城二（西）214页

续表

序号	会馆名称	会馆别称	省区市	地区	具体位置	始建年代	创建者	现状	来源
35	蒲城会馆		北京市	北京城	东砖胡同	待考	待考	待考	《晋商会馆》附录
36	蒲州会馆		北京市	北京城	骡马市大街	清代	蒲州府士商	待考	《晋商会馆》附录
37	大荔会馆		北京市	北京城	前孙公园	待考	大荔县士商	待考	《晋商会馆》附录
38	延安会馆		北京市	北京城	四川营	待考	待考	待考	《晋商会馆》附录
39	平介会馆		北京市	北京城	鹞儿胡同	清代乾隆十八年（1753年）	平遥介休商	已破损毁坏	吴长元辑《宸垣识略》卷十外城二（西）214页
40	汾阳会馆	民乐园	北京市	北京城	王广福斜街	清代	汾阳县商贾	存乾隆碑刻二通	吴长元辑《宸垣识略》卷十外城二（西）214页
41	介休会馆		北京市	北京城	北观园	清代	介休县士商	待考	《晋商会馆》附录
42	三晋会馆	三晋西馆	北京市	北京城	骡马市大街	清代康熙六年（1667年）	山西众商绅	存碑刻数通	周华斌《京都古戏楼》130～131页
43	三晋会馆	山西乡馆	北京市	北京城	贾家花园	清代	曲沃贾汉复	存陈廷敬记碑刻一通	《晋商会馆》附录
44	三晋会馆		北京市	北京城	阎王庙前街	清代	山西众士商	待考	《晋商会馆》附录
45	三晋会馆	三晋东馆	北京市	北京城	北五老胡同	清代道光九年（1829年）	山西众商绅	存道光碑刻一通	穆雯瑛《晋商史科研究》383～384页
46	山西会馆	山右会馆	北京市	北京城	东晓市街	清代	山西众商贾	待考	《晋商会馆》附录
47	三晋会馆	云山别墅	北京市	北京城	下斜街	清光绪十八年（1892年）	山西众士商	已改建成三晋宾馆	胡春焕、白鹤群著《北京的会馆》193页

序号	会馆名称	会馆别称	省区市	地区	具体位置	始建年代	创建者	现状	来源
48	山西会馆		北京市	北京城	鞭子巷四条	清代	山西众士商	待考	刘建生等《晋商研究》457 页
49	山右会馆	山西会馆	北京市	北京城	明因寺街	清康熙年间	临汾嘉陵商	存碑刻二通	《晋商会馆》附录
50	山右会馆		北京市	北京城	铁香炉	清代	山西众士商	毁于光绪年	《晋商会馆》附录
51	右三忠祠	山西会馆	北京市	北京城	上斜街	明天启年间	山西众商绅	已改建为小	《晋商会馆》附录
52	西晋会馆	山西会馆	北京市	北京城	海淀青龙桥	清乾隆四十一年(1776 年)	山西众商贾	存碑刻一通	《晋商会馆》附录
53	西晋会馆		北京市	北京城	广内大街	清代	山西众士商	已被拆股	《晋商会馆》附录
54	汾城会馆	财神庙	北京市	北京城	晋太高庙	清乾隆年间	太平县商贾	已被拆毁	《晋商会馆》附录
55	晋太会馆	晋太平馆	北京市	北京城	百顺胡同	清乾隆二十九年(1764 年)	太平县商贾	毁于光绪年	《明清以来北京工商会馆碑刻选编》85 ～ 86 页
56	太平会馆	太平试馆	北京市	北京城	丞相胡同	清代	太平县商贾	已被拆毁	《晋商会馆》附录
57	太平会馆		北京市	北京城	百顺胡同	清代	太平县商贾	毁于光绪年	刘建生等《晋商研究》458 页
58	赵城会馆		北京市	北京城	紫竹林	清乾隆年间	赵城县商贾	被居民占用	刘建生等《晋商研究》457 页
59	汾水会馆		北京市	北京城	粉房琉璃街	清代	山西众士商	待考	《晋商会馆》附录
60	华州会馆		北京市	北京城	南极拳	待考	华州县士商	待考	《晋商会馆》附录
61	凤翔会馆		北京市	北京城	永光寺	待考	凤翔县士商	待考	《晋商会馆》附录
62	关中会馆		北京市	北京城	宣武门外大街	明代万历年间	关中县士商	已被拆毁	《晋商会馆》附录

序号	会馆名称	会馆别称	省区市	地区	具体位置	始建年代	创建者	现状	来源
63	咸长会馆		北京市	北京城	宣武门外大街	待考	咸长县士商	待考	《晋商会馆》附录
64	商州会馆		北京市	北京城	宣武门外大街	待考	商州县士商	待考	《晋商会馆》附录
65	解梁会馆		北京市	北京城	粉房琉璃街	清乾隆五十五年（1792年）	解州众士商	待考	刘建生等《晋商研究》458页
66	盂县会馆		北京市	北京城	小椿树胡同	清乾隆五十四年（1791年）	盂县毯商	已被拆毁	《明清以来北京工商会馆碑刻选编》89～90页
67	盂县会馆		北京市	北京城	春树上三条	清嘉庆年间	盂县众士商	已被拆毁	《晋商会馆》附录
68	灵石会馆		北京市	北京城	宣外大街	清代	灵石县士商	已被拆毁	胡春焕、白鹤群著《北京的会馆》184页
69	代州会馆	代郡会馆	北京市	北京城	西河沿岸	清代	代州众士商	已被拆毁	胡春焕、白鹤群著《北京的会馆》184页
70	忻定会馆		北京市	北京城	孙公园	清代	忻州定襄商	待考	胡春焕、白鹤群著《北京的会馆》185页
71	忻定南馆	忻定试馆	北京市	北京城	苏州胡同	清代	忻州定襄商	待考	《晋商会馆》附录
72	泽州会馆	泽郡外馆	北京市	北京城	花市中四条	清道光年间	泽州府士商	被居民占用	胡春焕、白鹤群著《北京的会馆》193页
73	泽州会馆	泽郡内馆	北京市	北京城	康家胡同	清道光年间	泽州府士南	待考	《晋商会馆》附录
74	闻喜会馆	闻喜庵	北京市	北京城	赶驴市	清顺治年间	闻喜县商贾	已被拆毁	《晋商会馆》附录
75	绛山会馆	绛州会馆	北京市	北京城	椿树下三条	清代	绛州稷山商	已被拆毁	《晋商会馆》附录

续表

序号	会馆名称	会馆别称	省区市	地区	具体位置	始建年代	创建者	现状	来源
76	手工业造纸同业公会		北京市	北京城	右内白纸坊	待考	待考	待考	《晋商会馆》附录
77	山西会馆	老爷庙	北京市	丰台	长辛店大街	民国初年	山西众商贾	存戏楼完好	《晋商会馆》附录
78	山西会馆		北京市	门头沟	三家店中街	清代	山西众商贾	存部分建筑完好	《晋商会馆》
79	山西会馆		北京市	门头沟	滑石道大街	民国初年	山西众商贾	待考	《晋商会馆》附录
80	山西会馆		北京市	通州	马驹桥三街	民国年间	山西众商贾	待考	《晋商会馆》附录
81	山西会馆		北京市	通州	张家湾村	明代	山西众商贾	已毁	《晋商会馆》附录
82	银粮会馆		北京市	密云县	三圣神祠	清康熙年间	山西银粮商	已被拆毁	《中国戏曲志》北京卷909~910页
83	纸行会馆	造纸公会	北京市	北京城	宣外白纸坊	清乾隆年间	山西造纸商	存碑刻二通	《晋商会馆》附录
84	靛行会馆		北京市	北京城	珠市口西街	清乾隆年间	晋鲁冀染商	待考	《晋商会馆》附录
85	当业会馆		北京市	北京城	西柳树井	清嘉庆八年(1803年)	晋京冀当商	待考	《晋商会馆》附录
86	钱业公会		北京市	北京城	前外西河沿	清代	晋冀浙钱商	待考	《晋商会馆》附录
87	药行香行会馆	南药王庙	北京市	北京城	崇外东晓市	清代乾隆年间	香行众晋商	待考	《晋商会馆》附录
88	北直文昌会馆	书行会馆	北京市	北京城	小沙土园	清代同治三年(1864年)	晋冀京书商	待考	《晋商会馆》附录
89	山西会馆	晋都会馆	天津	天津县	粮店后街	清代乾隆二十六年(1761年)	山西众烟商	存碑刻十余通	穆雯瑛主编《晋商史料研究》388~396页

序号	会馆名称	会馆别称	省区市	地区	具体位置	始建年代	创建者	现状	来源
90	山西会馆	晋义堂	天津市	天津县	估衣街	清代嘉庆十二年(1807年)	晋商十二帮	存匾额碑刻	刘建生等《晋商研究》157页
91	山西会馆		天津市	天津县	锅店街	清代光绪十一年(1885年)	山西众商贾	已被拆毁	刘文峰《山陕商人与梆子戏》221页
92	山西会馆		天津市	天津县	杨柳青镇	清代道光年间	山西众商贾	待考	《晋商会馆》
93	关帝庙		河北省	石家庄	源头	待考	待考	待考	《晋南会馆》附录
94	关帝庙		河北省	丰宁满族自治县	凤山镇	清代	待考	基本完好	《晋商会馆》附录
95	关帝庙		河北省	邢台县	沙河留村	待考	待考	待考	《晋商会馆》附录
96	晋鹿会馆	西会馆	河北省	获鹿县	今鹿泉监狱	清乾隆三十六年(1771年)	晋冀众商贾	基本完好	《晋商会馆》
97	铁行会馆	东会馆	河北省	获鹿县	今部队驻地	清代	晋冀众铁商	存局部	《晋商会馆》
98	三晋会馆	山西会馆	河北省	保定府	旧城东大街	清乾隆五十六年(1791年)	山西众商贾	改建成织绒厂	《北戏曲资料汇编》第14辑第73~74页
99	山西会馆		河北省	真定府	今正定旧城	清代	山西众商贾	待考	《晋商会馆》附录
100	山西会馆		河北省	赵州	今赵县旧城	清代	山西众商贾	待考	《晋商会馆》附录
101	山西会馆		河北省	栾城县	旧县城	清代	山西众商贾	待考	《晋商会馆》附录
102	山西会馆		河北省	深泽县	旧县城南关	清代	山西众商贾	待考	《晋会商馆》附录
103	山西会馆		河北省	束鹿县	辛集镇	清乾隆四十九年(1784年)	山西众商贾	存民国碑刻	《晋会商馆》附录

续表

序号	会馆名称	会馆别称	省区市	地区	具体位置	始建年代	创建者	现状	来源
104	山西会馆		河北省	葵县	大百尺镇	清代中叶	山西众商贾	已被拆毁	刘文峰《山陕商人与梆子戏》223 页
105	山西会馆	晋益楼	河北省	永清县	南关镇	明末清初	山西典当商	已被拆毁	《北戏曲资料汇编》第 18 辑 292～293 页
106	山西会馆	关帝庙	河北省	大城县	旧县衙前	清咸丰年间	山西典当商	毁于日军侵略	《北戏曲资料汇编》第 18 辑 296～297 页
107	山西会馆		河北省	吴桥县	旧县城内	清乾隆五十九年(1794 年)	山西众商贾	改建成机械厂	刘文峰《山陕商人与梆子戏》224 页
108	山西会馆		河北省	任兵县	县城西关	清初	山西众商贾	已被拆毁	刘文峰《山陕商人与梆子戏》224～225 页
109	山西会馆		河北省	故城县	县城郑家口	清乾隆二十五年(1760 年)	山西众商贾	已被拆毁	《河北戏曲资料汇编》第 17 辑 187～191 页
110	山西会馆	南会馆	河北省	故城县	城南运河案	清代	山西众商贾	已被拆毁	《晋商会馆》附录
111	关帝庙		河北省	邢台县	内丘	待考	待考	待考	《晋商会馆》附录
112	山西会馆	关市庙	河北省	张家口	上保营城子	清乾隆年间	山西众商贾	已建成大兴戏园	《中国戏曲志》河北卷 525 页
113	太谷会馆	关帝庙	河北省	张家口	堡子里	明代	太谷县商贾	已被拆毁	《河北戏曲资料汇编》第 15 辑 299～302 页
114	太谷会馆	关帝庙	河北省	张家口	东关街口	明代	太谷县商贾	已建成小学	刘文峰《山陕商人与梆子戏》225～226 页

续表

序号	会馆名称	会馆别称	省区市	地区	具体位置	始建年代	创建者	现状	来源
115	山西会馆	二义庙	河北省	迁西县	三屯营	清代	山西众商贾	已被拆毁	刘文峰《山陕商人与梆子戏》227 页
116	山西会馆		河北省	山海关	今东大街	清代	山西众商贾	基本完好	《晋商会馆》附录
117	山西会馆		河北省	馆陶县	县城西南隅	清代中叶	山西众商贾	待考	王日根《乡土之链：明清会馆与社会变迁》131 页
118	山西会馆		河北省	馆陶县	南馆陶镇	清代中叶	山西众商贾	待考	王日根《乡土之链：明清会馆与社会变迁》131 页
119	山西会馆	关帝庙	内蒙古自治区	多伦县	县城	清乾隆十年间(1745 年)	山西众商贾	基本完好	《中国戏曲志》内蒙古卷 429 页
120	聚锦社	店行行会	内蒙古自治区	归化城	旧城	清康熙年间	百货业晋商	待考	《晋商会馆》附录
121	集锦社	贸易行会	内蒙古自治区	归化城	东街关帝庙	清康熙年间	对蒙贸晋商	待考	《晋商会馆》附录
122	醇厚社	杂货行会	内蒙古自治区	归化城	东街关帝庙	清康熙年间	杂货业晋商	待考	《晋商会馆》附录
123	鲁班社	木工行会	内蒙古自治区	归化城	旧城鲁班庙	清康熙年间	木制业晋商	待考	《晋商会馆》附录
124	皮行社	皮货行会	内蒙古自治区	归化城	东街关帝庙	清康熙年间	皮货业晋商	待考	《晋商会馆》附录
125	生皮社	生皮行会	内蒙古自治区	归化城	东街关帝庙	清康熙年间	生皮业晋商	待考	《晋商会馆》附录
126	成衣行	成衣行会	内蒙古自治区	归化城	旧城财神庙	清康熙年间	成衣业晋商	待考	《晋商会馆》附录
127	净发社	理发行会	内蒙古自治区	归化城	旧城南茶坊	清雍正年间	理发业晋商	待考	《晋商会馆》附录

续表

序号	会馆名称	会馆别称	省区市	地区	具体位置	始建年代	创建者	现状	来源
128	金炉社	锻制行会	内蒙古自治区	归化城	南龙王庙内	清康熙年间	锻制业晋商	待考	《晋商会馆》附录
129	宝丰社	钱庄行会	内蒙古自治区	归化城	旧城财神庙	清康熙年间	钱庄业晋商	待考	《晋商会馆》附录
130	银行社	银号行会	内蒙古自治区	归化城	旧城玉皇阁	清康熙雍正年间	银行业晋商	待考	《晋商会馆》附录
131	当行社	当铺行会	内蒙古自治区	归化城	东街关帝庙	清康熙雍正年间	当铺业晋商	待考	《晋商会馆》附录
132	吴真社	油漆行会	内蒙古自治区	归化城	南龙王庙内	清康熙雍正年间	油漆业晋商	待考	《晋商会馆》附录
133	德盛社	肉行行会	内蒙古自治区	归化城	旧城	清康熙雍正年间	生肉行晋商	待考	《晋商会馆》附录
134	仙翁社	酒饭行会	内蒙古自治区	归化城	东街关帝庙	清康熙雍正年间	酒饭业晋商	待考	《晋商会馆》附录
135	药王社	医药行会	内蒙古自治区	归化城	旧城	清康熙雍正年间	医药业晋商	待考	《晋商会馆》附录
136	钉鞋社	修鞋行会	内蒙古自治区	归化城	南龙王庙内	清康熙雍正年间	油漆业晋商	待考	《晋商会馆》附录
137	德盛社	肉行行会	内蒙古自治区	归化城	旧城	清康熙雍正年间	生肉行晋商	待考	《晋商会馆》附录
138	仙翁社	酒饭行会	内蒙古自治区	归化城	东街关帝庙	清康熙雍正年间	酒饭业晋商	待考	《晋商会馆》附录

序号	会馆名称	会馆别称	省区市	地区	具体位置	始建年代	创建者	现状	来源
139	药干社	医药行会	内蒙古自治区	归化城	旧城	清康熙雍正年间	医药业晋商	待考	《晋商会馆》附录
140	钉鞋社	修鞋行会	内蒙古自治区	归化城	旧城	清康熙雍正年间	修鞋业晋商	待考	《晋商会馆》附录
141	公义社	纸房行会	内蒙古自治区	归化城	南龙王庙内	清康熙雍正年间	山西众纸商	待考	《晋商会馆》附录
142	福兴社	经纪行会	内蒙古自治区	归化城	北茶坊庙内	清康熙雍正年间	经纪业晋商	待考	《晋商会馆》附录
143	新疆社	贩运行会	内蒙古自治区	归化城	旧城	清康熙年间	对疆贸晋商	待考	《晋商会馆》附录
144	金龙社	茶帮行会	内蒙古自治区	归化城	东街关帝庙	清康熙年间	山西众茶商	待考	《晋商会馆》附录
145	诚敬社	粮商行会	内蒙古自治区	归化城	旧城三贤庙	清康熙年间	山西众粮商	待考	《晋商会馆》附录
146	毡毯社	毡毯行会	内蒙古自治区	归化城	旧城西茶坊	清康熙年间	毡毯业晋商	待考	《晋商会馆》附录
147	马王社	马车行会	内蒙古自治区	归化城	南龙王庙内	清康熙年间	运送业晋商	待考	《晋商会馆》附录
148	青龙社	碾行行会	内蒙古自治区	归化城	旧城财神庙	清康熙年间	碾米业晋商	待考	《晋商会馆》附录
149	集义社	靴行行会	内蒙古自治区	归化城	旧城南茶坊	清康熙年间	靴业众商贾	待考	《晋商会馆》附录
150	衡义社	帽行行社	内蒙古自治区	归化城	旧城三贤庙	清康熙雍正年间	帽业众商贾	待考	《晋商会馆》附录

续表

序号	会馆名称	会馆别称	省区市	地区	具体位置	始建年代	创建者	现状	来源
151	荣丰社	羔皮行社	内蒙古自治区	归化城	旧城西茶坊	清康熙雍正年间	羔皮业晋商	待考	《晋商会馆》附录
152	威镇社	粗皮行会	内蒙古自治区	归化城	东街关帝庙	清康熙雍正年间	粗皮业晋商	待考	《晋商会馆》附录
153	马店社	马店行会	内蒙古自治区	归化城	旧城北茶坊	清康熙年间	马店业晋商	待考	《晋商会馆》附录
154	骡店社	骡店行会	内蒙古自治区	归化城	旧城玉皇阁	清康熙年间	骡店业晋商	待考	《晋商会馆》附录
155	福庆驼社	驼店行会	内蒙古自治区	归化城	旧城北茶坊	清康熙年间	驼店业晋商	待考	《晋商会馆》附录
156	车店社	车店行会	内蒙古自治区	归化城	旧城北茶坊	清康熙年间	车店业晋商	待考	《晋商会馆》附录
157	意和社	皮匠行会	内蒙古自治区	归化城	西茶坊庙内	清代	皮匠业晋商	待考	《晋商会馆》附录
158	公议社	绳匠行会	内蒙古自治区	归化城	南龙王庙内	清嘉庆年间	麻绳业晋商	待考	《晋商会馆》附录
159	代州社		内蒙古自治区	归化城	旧城十王庙	清康熙年间	代州众商贾	待考	《晋商会馆》附录
160	晋阳社		内蒙古自治区	归化城	旧城南茶坊	清康熙年间	太原县商贾	待考	《晋商会馆》附录
161	交城社		内蒙古自治区	归化城	旧城十王庙	清康熙初年	交城县商贾	待考	《晋商会馆》附录
162	祁县社		内蒙古自治区	归化城	东街关帝庙	清康熙年间	祁县众商贾	待考	《晋商会馆》附录
163	上党社		内蒙古自治区	归化城	旧城南茶坊	清康熙年间	潞泽二府商	待考	《晋商会馆》附录
164	云中社		内蒙古自治区	归化城	旧城财神庙	清康熙年间	大同府商贾	待考	《晋商会馆》附录

序号	会馆名称	会馆别称	省区市	地区	具体位置	始建年代	创建者	现状	来源
165	宁武社		内蒙古自治区	归化城	东街关帝庙	清康熙年间	宁武县商贾	待考	《晋商会馆》附录
166	介休社		内蒙古自治区	归化城	旧城南茶坊	清康熙年间	介休县商贾	待考	《晋商会馆》附录
167	崞县社		内蒙古自治区	归化城	旧城财神庙	清康熙年间	崞县众商贾	待考	《晋商会馆》附录
168	盂县社		内蒙古自治区	归化城	旧城北茶坊	清康熙年间	盂县众商贾	待考	《晋商会馆》附录
169	太谷社		内蒙古自治区	归化城	东街关帝庙	清康熙年间	太谷县商贾	待考	《晋商会馆》附录
170	榆次社		内蒙古自治区	归化城	旧城南茶坊	清康熙年间	榆次县商贾	待考	《晋商会馆》附录
171	文水社		内蒙古自治区	归化城	东街关帝庙	清康熙年间	文水县商贾	待考	《晋商会馆》附录
172	忻州社		内蒙古自治区	归化城	东街关帝庙	清康熙年间	忻州众商贾	待考	《晋商会馆》附录
173	太原社		内蒙古自治区	归化城	旧城南茶坊	清康熙年间	太原府商贾	待考	《晋商会馆》附录
174	寿阳社		内蒙古自治区	归化城	旧城三贤庙	清康熙年间	寿阳悬商贾	待考	《晋商会馆》附录
175	应浑社		内蒙古自治区	归化城	旧城财神庙	清康熙年间	应县浑源商	待考	《晋商会馆》附录
176	汾消社		内蒙古自治区	归化城	旧城十王庙	清康熙四十四年(1705年)	汾阳孝义商	待考	《晋商会馆》附录
177	平遥社		内蒙古自治区	归化城	旧城西茶坊	清康熙年间	平遥县商贾	待考	《晋商会馆》附录
178	阳曲社		内蒙古自治区	归化城	旧城西茶坊	清康熙年间	阳曲县商贾	待考	《晋商会馆》附录
179	定襄社		内蒙古自治区	归化城	旧城财神庙	清康熙年间	定襄县商贾	待考	《晋商会馆》附录

序号	会馆名称	会馆别称	省区市	地区	具体位置	始建年代	创建者	现状	来源
180	太原县会馆		山西省	省城	郑家巷	待考	太原县士商	待考	《晋商会馆》附录
181	榆次县会馆		山西省	省城	东校尉馆	待考	榆次县士商	待考	《晋商会馆》附录
182	太谷县会馆		山西省	省城	精营西二道	待考	太谷县士商	待考	《晋商会馆》附录
183	祁县会馆		山西省	省城	新寺巷	待考	祁县众士商	待考	《晋商会馆》附录
184	文水县会馆		山西省	省城	大铁匠巷	待考	文水县士商	待考	《晋商会馆》附录
185	汾阳县会馆		山西省	省城	崔家巷	待考	汾阳县士商	待考	《晋商会馆》附录
186	孝义县会馆		山西省	省城	新城北街	待考	孝义县士商	待考	《晋商会馆》附录
187	平遥县会馆		山西省	省城	天地坛正街	待考	平遥县士商	待考	《晋商会馆》附录
188	介休县会馆		山西省	省城	南园子西巷	待考	介休县士商	待考	《晋商会馆》附录
189	方山县会馆		山西省	省城	水西门	待考	方山县士商	待考	《晋商会馆》附录
190	临县会馆		山西省	省城	双龙巷	待考	临县众士商	待考	《晋商会馆》附录
191	长治县会馆		山西省	省城	右字巷	待考	长治县士商	待考	《晋商会馆》附录
192	长子县会馆		山西省	省城	察院后	待考	长子县士商	待考	《晋商会馆》附录
193	屯留县会馆		山西省	省城	新成西街	待考	屯留县士商	待考	《晋商会馆》附录
194	襄垣县会馆		山西省	省城	东校蔚营	待考	襄垣县士商	待考	《晋商会馆》附录

序号	会馆名称	会馆别称	省区市	地区	具体位置	始建年代	创建者	现状	来源
195	潞城县会馆		山西省	省城	新成南街	待考	潞城县士商	待考	《晋商会馆》附录
196	壶关县会馆		山西省	省城	精营东二道	待考	壶关县士商	待考	《晋商会馆》附录
197	黎城县会馆		山西省	省城	新成西街	待考	黎城县士商	待考	《晋商会馆》附录
198	平顺县会馆		山西省	省城	临泉府	待考	平顺县士商	待考	《晋商会馆》附录
199	泽郡会馆		山西省	省城	棉花巷	待考	泽州府士商	待考	《晋商会馆》附录
200	沁县会馆		山西省	省城	前所街	待考	沁县众士商	待考	《晋商会馆》附录
201	沁源县会馆	同乡会	山西省	省城	郑家巷	民国十年(1921年)	沁源县士商	待考	《晋商会馆》附录
202	平定县会馆		山西省	省城	四岔楼	待考	平定县士商	待考	《晋商会馆》附录
203	寿阳县会馆		山西省	省城	新民东街	待考	寿阳县士商	待考	《晋商会馆》附录
204	清源县会馆		山西省	省城	西夹道	待考	清源县士商	待考	《晋商会馆》附录
205	大同县会馆		山西省	省城	察院后	待考	大同县士商	待考	《晋商会馆》附录
206	天镇县会馆		山西省	省城	新成南街	待考	天镇县士商	待考	《晋商会馆》附录
207	浑源县会馆		山西省	省城	精营西边街	待考	浑源县士商	待考	《晋商会馆》附录
208	定襄县会馆		山西省	省城	南肖墙	待考	定襄县士商	待考	《晋商会馆》附录
209	静乐县会馆		山西省	省城	临泉府	待考	静乐县士商	待考	《晋商会馆》附录

序号	会馆名称	会馆别称	省区市	地区	具体位置	始建年代	创建者	现状	来源
210	代县会馆		山西省	省城	中校尉营	待考	代县众士商	待考	《晋商会馆》附录
211	五台县会馆		山西省	省城	宁化府东巷	待考	五台县士商	待考	《晋商会馆》附录
212	崞县会馆		山西省	省城	南园子西巷	待考	崞县众士商	待考	《晋商会馆》附录
213	崞县会馆		山西省	省城	典膳所	待考	繁峙县士商	待考	《晋商会馆》附录
214	汾县会馆		山西省	省城	大铁匠巷	待考	临汾县士商	待考	《晋商会馆》附录
215	洪洞县会馆		山西省	省城	地藏庵	待考	洪洞县士商	待考	《晋商会馆》附录
216	曲沃县会馆		山西省	省城	棉花巷	待考	汾城县士商	待考	《晋商会馆》附录
217	蒲州会馆		山西省	省城	大铁匠巷	清代	蒲州府士商	待考	《晋商会馆》附录
218	临晋县会馆		山西省	省城	新民南正街	待考	临晋县士商	待考	《晋商会馆》附录
219	虞乡县会馆		山西省	省城	小仵府	待考	虞乡县士商	待考	《晋商会馆》附录
220	夏县会馆		山西省	省城	精营中街	待考	夏县众士商	待考	《晋商会馆》附录
221	芮城县会馆		山西省	省城	后铁巷街	待考	芮城县士商	待考	《晋商会馆》附录
222	垣曲县会馆		山西省	省城	天地坛二巷	待考	垣曲县士商	待考	《晋商会馆》附录
223	霍县会馆		山西省	省城	后铁匠巷	待考	霍县众士商	待考	《晋商会馆》附录
224	灵石县会馆	同乡会	山西省	省城	裴家巷	清代末民国初	灵石县士商	已被拆毁	《晋商会馆》附录

序号	会馆名称	会馆别称	省区市	地区	具体位置	始建年代	创建者	现状	来源
225	赵城县会馆		山西省	省城	前所街	待考	赵城县士商	待考	《晋商会馆》附录
226	解县会馆		山西省	省城	东仓巷	待考	解县	待考	《晋商会馆》附录
227	翼城县		山西省	省城	待考	待考	翼城县士商	待考	《晋商会馆》附录
228	钱业公所	钱业公会	山西省	祁县	县城钱市街	待考	祁县众钱商	存照片	《晋商会馆》附录
229	关帝庙		山西省	平遥县	县城书院街宣化坊北	清代道光九年(1829年)	待考	基本完好	《晋商会馆》附录
230	关帝庙		山西省	大同县	鼓楼东街	待考	待考	基本完好	《晋商会馆》附录
231	关帝庙		山西省	定襄县	北关	清代	待考	待考	《晋商会馆》附录
232	关帝庙		山西省	霍州县	源头	待考	待考	已重建	《晋商会馆》附录
233	关帝庙		山西省	阳泉市	东郊	待考	待考	基本完好	《晋商会馆》附录
234	山陕会馆		山西省	安邑县	运城	清代	晋陕众商贾	存楹联一副	《晋商会馆》附录
235	梨园会馆		山西省	永济县	韩阳镇	清代光绪年间	蒲伶祁彦子	存碑刻二通	《晋商会馆》附录
236	梨园会馆	五聚堂	山西省	泽州府	府城周元巷	清代道光年间	府属梨园行	仅存大殿	《晋商会馆》附录
237	广生会馆		山西省	浮山县	县城	清代光绪年间	浮山县商贾	县志存碑记	《晋商会馆》附录
238	古城会馆	关帝庙	山西省	襄陵县	古城镇内	清代光绪年间	襄陵县商贾	基本完好	《晋商会馆》附录
239	商业会馆		山西省	高平县	旧城南门外	清代康熙年间	高平县商贾	已拆建成医院	《晋商会馆》附录

续表

序号	会馆名称	会馆别称	省区市	地区	具体位置	始建年代	创建者	现状	来源
240	乌绫会馆		山西省	高平县	今金烽西路	清代	高平丝绸商	已被拆毁	《晋商会馆》附录
241	寺庄会馆	关帝庙	山西省	高平县	寺庄镇北街	清代道光六年(1826年)	寺庄镇商贾	基本完好	《晋商会馆》附录
242	附城会馆	关帝庙	山西省	陵川县	附城镇东街	清代道光四年(1824年)	附城镇商贾	基本完好	《晋商会馆》附录
243	礼义会馆		山西省	陵川县	礼义镇	清代道光十五年(1835年)	礼义镇商贾	待考	《晋商会馆》附录
244	同善会馆	关帝庙	山西省	垣曲县	同善镇	清代乾隆五十六年(1791年)	同善镇商贾	待考	《晋商会馆》附录
245	商业会馆	财神庙	山西省	芮城县	县城财神庙	清代乾隆四十九年(1784年)	芮城县商贾	待考	《晋商会馆》附录
246	曹张会馆		山西省	夏县	曹张镇东街	清代咸丰八年(1858年)	曹张镇商贾	待考	《晋商会馆》附录
247	药材会馆		陕西省	西安府	待考	民国年间	待考	待考	《晋商会馆》附录
248	大荔会馆		陕西省	西安府	待考	民国十二年(1923年)	大荔县商贾	待考	《晋商会馆》附录
249	金龙庙		陕西省	西安府	待考	明代	待考	待考	《晋商会馆》附录
250	兴平会馆		陕西省	西安府	待考	民国元年(1912年)	待考	待考	《晋商会馆》附录
251	三晋会馆	山西会馆	陕西省	西安府	梁家牌楼	清代	山西众商贾	民国初年改造为室内剧场	刘文峰《山陕商人与梆子戏》259~260页
252	山西会馆	药材会馆	陕西省	西安府	长乐坊	清代	晋陆众药商	待考	《晋商会馆》附录
253	山西会馆	南药会馆	陕西省	西安府	索罗巷	清代	山西众商贾	待考	《晋商会馆》附录

续表

序号	会馆名称	会馆别称	省区市	地区	具体位置	始建年代	创建者	现状	来源
254	山西会馆	关帝庙	陕西省	洛川县	隆坊镇	清代	晋陕众商贾	待考	《晋商会馆》附录
255	山陕豫会馆	敬诚会馆	陕西省	凤翔县	东关香坡南	清初	晋陕豫商贾	待考	《晋商会馆》附录
256	山西会馆	晋圣宫	陕西省	凤翔县	东关麻家巷	清代乾隆四十年(1775年)	山西众商贾	待考	《晋商会馆》附录
257	船帮会馆	花戏楼	陕西省	龙驹寨	东关麻家巷	明末清初	晋陕众船帮	基本完好	《晋商会馆》附录
258	青瓷会馆	大王庙	陕西省	丹凤县	龙驹寨	清代康熙四十六年(1707年)	晋陕众船帮	基本完好	《晋商会馆》附录
259	山陕会馆	关帝庙	陕西省	山阳县	漫川关	清代	晋陕众商贾	存大殿和拜殿	《晋商会馆》
260	关帝庙		陕西省	周至县	待考	待考	待考	待考	《晋商会馆》附录
261	山陕会馆	关帝庙	陕西省	汉阴县	县城东关	清代乾隆三十二年(1767年)	晋陕众商贾	待考	《晋商会馆》附录
262	山陕会馆		陕西省	石泉县	县城北	清代道光二十四年(1759年)	晋陕众商贾	待考	《晋商会馆》附录
263	西北五省会馆	山陕会馆	陕西省	紫阳县	瓦房店镇	清代	晋陕众商贾	基本完好	《晋商会馆》
264	山陕会馆	财神庙	陕西省	永寿县	监军镇	清代乾隆三十二年(1767年)	晋陕众商贾	待考	《晋商会馆》附录
265	山西会馆		陕西省	泾阳县	县城	清代	山西众商贾	待考	《晋商会馆》附录
266	山西会馆		陕西省	三原县	西关山西街	清代	山西众商贾	待考	《晋商会馆》附录

序号	会馆名称	会馆别称	省区市	地区	具体位置	始建年代	创建者	现状	来源
267	宜川县	山西会馆	陕西省	宜川县	县城内	清代咸丰年间	山西众商贾	待考	《晋商会馆》附录
268	山陕会馆		陕西省	西多县	县城	清代	晋陕众商贾	待考	《晋商会馆》附录
269	秦晋会馆		陕西省	旬阳县	蜀河镇	清代	晋陕众商贾	待考	《晋商会馆》附录
270	山西会馆		陕西省	汉中府	府城	清代	山西众商贾	待考	《晋商会馆》附录
271	山西会馆		陕西省	城固县	县城	清代	山西众商贾	待考	《晋商会馆》附录
272	山陕会馆		甘肃省	兰州府	东门内偏北	清代康熙十七年(1678年)	晋陕众商贾	待考	《晋商会馆》附录
273	三晋会馆		甘肃省	兰州府	马府街西	清代光绪年间	山西众商贾	待考	《晋商会馆》附录
274	山陕会馆	关帝庙	甘肃省	永登县	今文化馆内	清代	晋陕众商贾	已被拆毁	《晋商会馆》附录
275	山陕会馆	古晋会馆	甘肃省	永登县	红城宁朔村	清代乾隆二十一年(1756年)	晋陕众商贾	基本完好	《晋商会馆》
276	东会馆		甘肃省	永昌县	待考	待考	待考	待考	《晋商会馆》附录
277	山西会馆		甘肃省	张掖县	城内小南街	清代雍正二年(1724年)	山西众商贾	基本完好	乔滋、金行健主编《中国戏曲志》甘肃卷531~532页
278	山陕会馆	西会馆	甘肃省	榆中县	青城村	明代天启元年(1621年)	晋陕众商贾	已毁	乔滋、金行健主编《中国戏曲志》甘肃卷559页
279	山陕会馆	东会馆	甘肃省	榆中县	新民村	明代天启七年(1627年)	晋陕众商贾	拆毁	《晋商会馆》附录

序号	会馆名称	会馆别称	省区市	地区	具体位置	始建年代	创建者	现状	来源
280	山陕会馆		甘肃省	秦州	今天水市内	清代乾隆年间	晋陕众商贾	基本完好	《晋商会馆》附录
281	山陕会馆		甘肃省	天水市	甘谷县	清代嘉庆十五年(1810年)	晋陕众商贾	存门楼大殿完好	乔滋、金行健主编《中国戏曲志》甘肃卷569页
282	山西会馆		甘肃省	秦安县	陇城镇	清代	山西众商贾	待考	《晋商会馆》附录
283	山西会馆		甘肃省	岷县	待考	清代	山西众商贾	待考	《晋商会馆》附录
284	山陕会馆		甘肃省	武山县	滩歌镇	清代	晋陕众商贾	仅存道光碑	《晋商会馆》附录
285	陕山会馆		甘肃省	景泰县	正路乡	清代咸丰五年(1855年)	晋陕众商贾	仅存遗址	乔滋、金行健主编《中国戏曲志》甘肃卷571页
286	山西会馆		甘肃省	县城文庙街	酒泉县	清代光绪年间	山西众商贾	存石狮牌坊	乔滋、金行健主编《中国戏曲志》甘肃卷585页
287	山陕会馆		甘肃省	临夏县	县城	清代	晋陕众商贾	已被拆毁	乔滋、金行健主编《中国戏曲志》甘肃卷581页
288	山西会馆		甘肃省	敦煌县	县城	清代嘉庆十年(1805年)	山西众商贾	已被拆毁	《晋商会馆》附录
289	山陕会馆		甘肃省	古浪县	土门镇	清代	晋陕众商贾	已毁	乔滋、金行健主编《中国戏曲志》甘肃卷588页
290	山陕会馆		甘肃省	古浪县	大靖镇	清代	晋陕众商贾	已毁	乔滋、金行健主编《中国戏曲志》甘肃卷588页
291	山陕会馆	关帝庙	甘肃省	皋兰县	山子石	清代康熙四十七年(1708年)	晋陕众商贾	已毁	王日根《乡土之链：明清会馆与社会变迁》135页

续表

序号	会馆名称	会馆别称	省区市	地区	具体位置	始建年代	创建者	现状	来源
292	山陕会馆		甘肃省	陇西县	北关正街	清代乾隆二十九年(1764年)	晋陕众商贾	已被拆毁	《晋商会馆》附录
293	山陕会馆		甘肃省	通渭县	县城西关	清代	晋陕众商贾	待考	《晋商会馆》附录
294	山陕会馆	关帝庙	甘肃省	狄道县	州城	清代乾隆二十三年(1758年)	晋陕众商贾	待考	《晋商会馆》附录
295	三晋会馆	太汾会馆	宁夏回族自治区	银川府	新华东街	待考	陕西众商贾	1948年改造为电影院	荆乃立主编《中国戏曲志》宁夏卷377页
296	平阳会馆		宁夏回族自治区	宁夏府	城西草巷东	清代	平阳府商贾	待考	《晋商会馆》附录
297	太汾会馆	三晋会馆	宁夏回族自治区	宁夏府	老城新华街	清代光绪年间	太汾二府商	改造为电影院	《晋商会馆》附录
298	山西会馆	财神殿	宁夏回族自治区	宁夏府	城南	清代	山西众商贾	待考	《晋商会馆》附录
299	山陕会馆		宁夏回族自治区	盐池县	惠安堡南关	清初	晋陕众商贾	同治年间匪毁	《晋商会馆》附录
300	秦晋会馆	山陕会馆	宁夏回族自治区	灵武县	吴忠堡	清代	晋陕豫商贾	待考	《晋商会馆》附录
301	秦晋会馆	山陕会馆	宁夏回族自治区	固原州	米粮市直西	清代	晋陕众商贾	待考	《晋商会馆》附录
302	山陕会馆		青海省	西宁县	县城东门外	清代光绪十四年(1888年)	晋陕众商贾	已修复完好	陈秉智主编《中国戏曲志》青海卷419页

续表

序号	会馆名称	会馆别称	省区市	地区	具体位置	始建年代	创建者	现状	来源
303	山陕会馆		青海省	民和县	川口镇	清代	晋陕众商贾	已被拆毁	《晋商会馆》附录
304	山陕会馆		青海省	贵德县	城内中心街	民国六年(1917年)	晋陕众商贾	已被拆毁	《晋商会馆》附录
305	山陕会馆		青海省	大通县	县城	清末民国初	晋陕众商贾	已被拆毁	《晋商会馆》附录
306	山陕会馆		青海省	湟源县	县城	清末民国初	晋陕众商贾	已被拆毁	《晋商会馆》附录
307	陕西会馆		新疆维吾尔自治区	玛纳斯	待考	待考	待考	待考	《晋商会馆》附录
308	晋陕会馆		新疆维吾尔自治区	乌鲁木齐	待考	民国六年(1917年)	待考		刘文峰《山陕商人与梆子戏》256～257页
309	关帝祠		新疆维吾尔自治区	乌鲁木齐	待考	待考	待考	待考	刘文峰《山陕商人与梆子戏》256～257页
310	山西会馆	关帝庙	新疆维吾尔自治区	迪化城山	原汉城东关	清代乾隆四十四年(1779年)	山西众商贾	待考	《晋商会馆》附录
311	山西会馆	关帝庙	新疆维吾尔自治区	巴里坤	原汉城东街	清代嘉庆六年(1801年)	山西众商贾	已毁	周建国主编《中国戏曲志》新疆卷493～494页
312	山西会馆	关帝庙	新疆维吾尔自治区	奇台县	县城	清代	山西众商贾	待考	《晋商会馆》附录
313	山西会馆	关帝庙	新疆维吾尔自治区	焉耆县	老城西南隅	清代道光年间	山西众商贾	待考	《晋商会馆》附录
314	山西会馆	关帝庙	新疆维吾尔自治区	伊宁县	县城东关外	清代	山西众商贾	待考	《晋商会馆》附录

续表

序号	会馆名称	会馆别称	省区市	地区	具体位置	始建年代	创建者	现状	来源
315	山西会馆		新疆维吾尔自治区	塔城县	县城外	清代	山西众商贾	待考	《晋商会馆》附录
316	山西会馆		四川省	自贡县	待考	待考	待考	已毁存照片	《国剧画报》第2卷第8期载四川自流井山西会馆戏台照片
317	西秦会馆		四川省	自贡县	待考	待考	陕西众商贾	基本完好	实地考察，照片自摄
318	陕西会馆	崇宁入宫	四川省	双流县	待考	待考	陕西众商贾	待考	《晋商会馆》附录
319	陕西会馆	三圣宫	四川省	万县	待考	清代	陕西众商贾	待考	《晋商会馆》附录
320	陕西会馆		四川省	松潘县	待考	待考	待考	待考	《晋商会馆》附录
321	陕西会馆		四川省	绵竹县	待考	待考	陕西众商贾	待考	《晋商会馆》附录
322	陕甘公所		四川省	成都县	待考	待考	待考	待考	《晋商会馆》附录
323	山西会馆		四川省	成都县	中市街	清代乾隆二十一年(1756年)	山西众商贾	已被拆毁	《晋商会馆》附录
324	山西会馆		四川省	自流井	待考	未详	山西众商贾	存照片	《晋商会馆》附录
325	秦晋会馆	大帝宫	四川省	温江县	县城南门外	清代	晋陕众商贾	待考	王日根《乡土之链：明清会馆与社会变迁》170页
326	陕西会馆	朝天宫	四川省	万源县	县城	清代	山西众商贾	待考	《晋商会馆》附录
327	山西会馆		四川省	三台县	县城	清代	山西众商贾	待考	《晋商会馆》附录
328	秦晋宫	陕西会馆	四川省	芦山县	县城东南隅	清代	晋陕众商贾	待考	《晋商会馆》附录

续表

序号	会馆名称	会馆别称	省区市	地区	具体位置	始建年代	创建者	现状	来源
329	文水会馆	文水馆	四川省	叙州府	府治宜宾城	清代	文水县商贾	待考	《晋商会馆》附录
330	陕西会馆	春秋祠	四川省	叙永县	盐店街	清代	晋陕众商贾	基本完好	《晋商会馆》附录
331	秦晋公所	陕西会馆	四川省	邛崃县	北街路东	清代嘉庆年间	晋陕众商贾	待考	《晋商会馆》附录
332	山陕会馆	三元宫	四川省	南充县	半边街侧	清代	晋陕众商贾	待考	《晋商会馆》附录
333	关帝庙		四川省	梓渣县	七曲山大庙魁星阁北面	待考	待考	待考	《晋商会馆》附录
334	关帝庙		四川省	乍雅县	待考	待考	待考	待考	《晋商会馆》附录
335	陕西会馆		四川省	巴塘县	待考	待考	待考	待考	《晋商会馆》附录
336	秦晋会馆	秦晋宫	四川省	灌县	秦晋馆	清代	晋陕众商贾	待考	王日根《乡土之链：明清会馆与社会变迁》241页
337	山西会馆		四川省	广安县	县城	清代	山西众商贾	待考	《晋商会馆》附录
338	五省会馆	三圣宫	四川省	资中县	苏家乡市内	清代	晋陕众商贾	待考	《晋商会馆》附录
339	山陕会馆	秦晋香院	四川省	茂州	内城鼓楼南	清代乾隆初年	晋陕众商贾	待考	《晋商会馆》附录
340	山西会馆	山西新馆	四川省	茂州	外城	清代道光八年(1828年)	山西众商贾	待考	《晋商会馆》附录
341	山陕会馆	秦晋公所	四川省	乐善县	县城	清代	晋陕众商贾	待考	《晋商会馆》附录
342	秦晋会馆	三圣宫	四川省	金堂县	北街学宫右	清代	晋陕众商贾	待考	《晋商会馆》附录
343	山陕会馆	三圣宫	四川省	冕宁县	县城东北隅	清代	晋陕众商贾	待考	《晋商会馆》附录

序号	会馆名称	会馆别称	省区市	地区	具体位置	始建年代	创建者	现状	来源
344	山陕会馆	三圣官	四川省	泸县	县城东	清代乾隆元年	晋陕众商贾	待考	《晋商会馆》附录
345	山陕会馆	永清官	四川省	郫县	县城	清代	晋陕众商贾	待考	《晋商会馆》附录
346	山陕会馆		四川省	雅安县	县城	清代	晋陕众商贾	待考	《晋商会馆》附录
347	秦晋会馆	三圣官	四川省	罗江县	县城北一里	清代雍正年间	晋陕众商贾	待考	《晋商会馆》附录
348	五省会馆	陕西馆	四川省	会理北	县城	清代	晋陕众商贾	待考	《晋商会馆》附录
349	山陕乡祠	关帝庙	四川省	打箭炉	今康定县城	清代	晋陕众商贾	待考	《晋商会馆》附录
350	山西会馆		重庆市	重庆府	巴县仁和湾	清代乾隆年间	山西众商贾	待考	《晋商会馆》附录
351	八省会馆		重庆市	重庆府	府治巴县城	清代乾隆嘉庆年间	晋陕赣众商贾	待考	王日根《乡土之链：明清会馆与社会变迁》241页
352	山西会馆	关帝庙	重庆市	九龙坡	走马镇	清代	山西众商贾	待考	《晋商会馆》
353	山陕会馆	关圣官	云南省	昆明县	晋宁滇池南岸	清代	晋陕众商贾	存部分建筑完好	金重主编《中国戏曲志》云南卷475～476页
354	秦晋会馆		云南省	昆明县	县城	清代	晋陕众商贾	待考	《晋商会馆》附录
355	八省会馆		云南省	云南府	府治昆明城	清代	晋陕众商贾	待考	《晋商会馆》附录
356	山陕会馆	关圣官	云南省	普宁县	二街村	清代	晋陕众商贾	已修复完好	《晋商会馆》附录
357	秦晋会馆		云南省	赵州	州城	清代	晋陕众商贾	待考	《晋商会馆》附录

续表

序号	会馆名称	会馆别称	省区市	地区	具体位置	始建年代	创建者	现状	来源
358	秦晋会馆		云南省	江川县	县城	清代	晋陕众商贾	待考	《晋商会馆》附录
359	秦晋会馆		云南省	姚州	州城	清代	晋陕众商贾	待考	《晋商会馆》附录
360	秦晋会馆		云南省	思安县	县城	清代	晋陕众商贾	待考	《晋商会馆》附录
361	秦晋会馆		云南省	元谋县	县城	清代	晋陕众商贾	待考	《晋商会馆》附录
362	秦晋会馆		云南省	保山县	县城	清代	晋陕众商贾	待考	《晋商会馆》附录
363	秦晋会馆		云南省	剑川县	县城	清代	晋陕众商贾	待考	《晋商会馆》附录
364	秦晋会馆		云南省	中甸县	县城	清代	晋陕众商贾	待考	《晋商会馆》附录
365	秦晋会馆	陕西会馆	云南省	会泽县	县城	清代	晋陕众商贾	基本完好	《晋商会馆》附录
366	五省会馆	山西庙	云南省	昭通县	城内永顺街	清代乾隆二十四年(1759年)	晋陕众商贾	待考	《晋商会馆》附录
367	山陕会馆	报国寺	贵州省	贵阳县	城内陕西路	清代康熙二十五年(1686年)	晋陕众商贾	待考	《晋商会馆》附录
368	八省会馆		贵州省	贵阳府	今富水南路	清代	晋秦等八府	存楹联数副	《晋商会馆》附录
369	秦晋会馆		贵州省	正安县	县城	清代	晋陕众商贾	待考	《晋商会馆》附录
370	秦晋会馆		贵州省	仁怀县	县城	清代	晋陕众商贾	待考	《晋商会馆》附录
371	秦晋会馆		贵州省	毕节县	县城	清代	晋陕众商贾	待考	《晋商会馆》附录

序号	会馆名称	会馆别称	省区市	地区	具体位置	始建年代	创建者	现状	来源
372	秦晋会馆		贵州省	大定县	县城	清代	晋陕众商贾	待考	《晋商会馆》附录
373	秦晋会馆		贵州省	湄潭县	县城	清代	晋陕众商贾	待考	《晋商会馆》附录
374	秦晋会馆		贵州省	湄潭县	县城	清代	晋陕众商贾	待考	《晋商会馆》附录
375	秦晋会馆		贵州省	镇远府	县城	清代	晋陕众商贾	待考	《晋商会馆》附录
376	秦晋会馆		贵州省	息烽县	县城	清代	晋陕众商贾	待考	《晋商会馆》附录
377	秦晋会馆		贵州省	安平县	县城	清代	晋陕众商贾	待考	《晋商会馆》附录
378	秦晋会馆		贵州省	安平县	县城	清代	晋陕众商贾	待考	《晋商会馆》附录
379	关帝庙		西藏自治区	拉萨市	帕玛日山下	清代乾隆五十七年(1792年)	待考	待考	《晋商会馆》附录
380	秦晋会馆		西藏自治区	芒康县	县城	清代	晋陕众商贾	待考	《晋商会馆》附录
381	晋阳会馆		辽宁省	沈阳县	沈阳中街	待考	山西众商贾	于2008年重建完好	《沈阳县志》
382	山西会馆	关帝庙	辽宁省	沈阳县	怀远关外	清代	山西众商贾	待考	《晋商会馆》附录
383	山西会馆	关帝庙	辽宁省	新民县	县城西大街	清代	山西众商贾	待考	《晋商会馆》附录
384	山西会馆	关帝庙	辽宁省	辽阳县	县城西门外	清代	山西众商贾	仅存碑记	刘效炎主编《中国戏曲志》辽宁卷288页
385	山西会馆	关帝庙	辽宁省	铁岭县	县城鼓楼北	清代	山西众商贾	已被拆毁	刘效炎主编《中国戏曲志》辽宁卷289页

续表

序号	会馆名称	会馆别称	省区市	地区	具体位置	始建年代	创建者	现状	来源
386	山西会馆	关帝庙	辽宁省	海城县	西门外大街	清代	山西众商贾	基本完好	《海城县志》
387	山西会馆	关帝庙	辽宁省	朝阳县	县城东大街	清代	山西众商贾	毁于1952年	刘效炎主编《中国戏曲志》辽宁卷291页
388	山西会馆	关帝庙	辽宁省	义州	县城南关	清代	山西众商贾	仅存碑记	《晋商会馆》附录
389	山西会馆	关帝庙	辽宁省	兴城县	县城西门外	清代	山西众商贾	仅存碑记	《晋商会馆》附录
390	山西会馆	关帝庙	辽宁省	盖平县	县城西门内	清代	山西众商贾	待考	《晋商会馆》附录
391	关帝庙		吉林省	吉林市	西北北山公园	清代康熙四十年(1701年)	待考	基本完好	王充主编《中国戏曲志》吉林卷429页
392	山西会馆	东关帝庙	吉林省	吉林县	东莱门外	清代康熙五十年(1711年)	山西众商贾	毁于伪满时	《晋商会馆》附录
393	关帝庙		黑龙江省	虎头市	虎头镇	清代嘉庆十四年(1809年)	待考	基本完好	《晋商会馆》附录
394	关帝庙		黑龙江省	齐齐哈尔市	龙沙公园内	清代乾隆四年(1739年)	待考	基本完好	《晋商会馆》附录
395	山西会馆	水镜台	黑龙江省	五常县	拉林镇内	清代咸丰年间	山西众商贾	毁于1971年	张连俊主编《中国戏曲志》黑龙江卷325页
396	山西会馆	关帝庙	黑龙江省	宁安县	西大街路北	清代乾隆五年(1740年)	山西众商贾	待考	张连俊主编《中国戏曲志》黑龙江卷324页
397	关帝庙		福建省	东山县	铜陵镇	清代	待考	基本完好	《晋商会馆》附录

序号	会馆名称	会馆别称	省区市	地区	具体位置	始建年代	创建者	现状	来源
398	山陕会馆		福建省	福州府	府城	清代	晋陕众商贾	待考	王日根《乡土之链：明清会馆与社会变迁》300 页
399	钱业会馆		上海市	沪北	北和南路	清代光绪十五年(1889 年)	晋浙等钱商	迁存戏楼完好	《晋商会馆》
400	山西会馆	三晋会馆	上海市	上海县	待考	清代嘉庆年间	山西众商贾	待考	《刘建生等《晋商研究》2005 年第 2 版 459 页
401	晋业会馆		上海市	上海县	龙华路	清代嘉庆年间	山西众商贾	待考	《晋商会馆》附录
402	山西汇业公所	汇号公所	上海市	上海县	宝善街路东	清代光绪二年(1876 年)	山西众票贾	仅存光绪碑	《上海碑刻资料选辑》375 页
403	关帝庙		山东省	汶上县	县城大隅首西	清代嘉靖三十七年(1558 年)	待考	已修复完好	《晋商会馆》附录
404	关帝庙		山东省	济南府	共青团路	待考	待考	已修复完好	刘建生等《晋商研究》2005 年第 2 版 459 页
405	山陕会馆		山东省	历城县	布政司大街	清代乾隆三十九年(1774 年)	晋陕众商贾	仅存碑三通	《晋商会馆》附录
406	山西会馆		山东省	长清县	县城	清代	山西众商贾	待考	《晋商会馆》附录
407	山西会馆		山东省	济阳县	县城	清代	山西众商贾	待考	《晋商会馆》附录
408	太汾公所		山东省	聊城县	旧米市街	清代康熙年间	太汾二府商	仅存同治碑	《晋商会馆》附录
409	山陕会馆	关帝庙	山东省	聊城县	东关运河边	清代乾隆八年(1743 年)	晋陕众商贾	基本完好	实地考察，照片自摄

序号	会馆名称	会馆别称	省区市	地区	具体位置	始建年代	创建者	现状	来源
410	山陕会馆	关帝庙	山东省	淄博	周村武圣街	清代	晋陕众商贾	基本完好	《晋商会馆》附录
411	山西会馆		山东省	临清县	县城内	清代中叶	山西众商贾	待考	《晋商会馆》附录
412	山西会馆	关帝庙	山东省	临清县	魏湾东辛庄	清代中叶	山西众商贾	待考	《晋商会馆》附录
413	山西会馆		山东省	东阿县	县城内	清代中叶	山西众商贾	待考	王日根《乡土之链：明清会馆与社会变迁》131页
414	山西会馆		山东省	阳谷县	张秋镇南	清代康熙三十二年(1693年)	山西众商贾	存扇门殿庑	《晋商会馆》
415	山西会馆		山东省	武城县	县城	清代中叶	山西众商贾	待考	《晋商会馆》附录
416	山西会馆		山东省	泾州县	待考	待考	晋陕众商贾	待考	《晋商会馆》附录
417	山西会馆		山东省	恩县	北城外	清代中叶	山西众商贾	待考	王日根《乡土之链：明清会馆与社会变迁》131页
418	山西会馆		山东省	德州	州城内	清代中叶	山西众商贾	待考	《晋商会馆》附录
419	山西会馆	关帝庙	山东省	东平州	镇羌庙街	清代中叶	山西众商贾	已被焚毁	《东平县志》
420	山西会馆		山东省	东平州	沙站镇	清代中叶	山西众商贾	已拆并改建为小学	高玉铭主编《中国戏曲志》山东卷606页
421	山西会馆		山东省	冠县	县城	清代中叶	山西众商贾	待考	《晋商会馆》附录
422	山西会馆		山东省	阳谷县	县城	清代中叶	山西众商贾	待考	《晋商会馆》附录

序号	会馆名称	会馆别称	省区市	地区	具体位置	始建年代	创建者	现状	来源
423	山西会馆	运司会馆	山东省	阳谷县	阿城镇南	清代乾隆十三年(1748年)	山西众盐商	存大殿完好	《晋商会馆》
424	山西会馆	西晋会馆	山东省	汶上县	东门大街	清代	山西众商贾	仅存乾隆残殿	《晋商会馆》附录
425	山西会馆	关帝庙	山东省	泰安县	泰山脚下	待考	山西众商贾	基本完好	《晋商会馆》
426	山西会馆	关帝庙	山东省	泰安县	大汶口镇南	清代康熙年间	山西众商贾	存主体建筑完好	《晋商会馆》
427	山西会馆	关帝庙	山东省	梁山县	安山镇	清代	山西众商贾	待考	《晋商会馆》附录
428	山西会馆	关帝庙	山东省	梁山县	馆驿镇靳口	清代	山西众商贾	待考	《晋商会馆》附录
429	山西会馆	关帝庙	山东省	微山县	待考	清代	山西众商贾	待考	《晋商会馆》附录
430	三省会馆		山东省	济宁县	县城大街东	清代	晋陕豫众商贾	待考	《晋商会馆》附录
431	山西会馆		山东省	菏泽县	县城内	清代乾隆年间	山西众商贾	已拆并改为戏院	高玉铭主编《中国戏曲志》山东卷606页
432	山西会馆		山东省	临朐县	县城	清代	山西众商贾	待考	《晋商会馆》附录
433	山西会馆		山东省	诸城县	县城	清代	山西众商贾	待考	《晋商会馆》附录
434	山西会馆		山东省	费县	费城镇	清代	山西众商贾	待考	《晋商会馆》附录
435	山西会馆		山东省	泗水县	城关大街	清代	山西众商贾	毁于日军侵略	高玉铭主编《中国戏曲志》山东卷589页
436	山西会馆		山东省	曲阜县	县城	清代	山西众商贾	已被拆毁	高玉铭主编《中国戏曲志》山东卷592页

序号	会馆名称	会馆别称	省区市	地区	具体位置	始建年代	创建者	现状	来源
437	山西会馆		山东省	新泰县	楼德镇内	清代	山西众商贾	仅存遗址	《晋商史料研究》584~586页
438	山陕会馆		山东省	宁阳县	东庄村西隅	清代	晋陕众商贾	基本完好	《晋商会馆》附录
439	山西会馆	新关帝庙	山东省	峄县	台儿庄	清代雍正十三年(1735年)	山西众商贾	基本完好	《晋商会馆》附录
440	山陕会馆	大关帝庙	安徽省	亳州	州城北关	清代顺治十三年(1656年)	晋陕众药商	基本完好	实地考察，照片自摄
441	山西会馆		安徽省	涡阳县	县城西关	清代	山西众商贾	为捻军盟址	刘球生等《晋商研究》2005年第2版462页
442	山陕会馆		安徽省	刘安县	便门口	清代末民国初	晋陕众商贾	存楹联三副	《晋商会馆》附录
443	山西会馆		安徽省	泗州	州治城内	明末清初	山西众商贾	改建为"庆华舞台"	刘文峰《山陕商人与梆子戏》242页
444	山西会馆		安徽省	阜阳县	东关牛市街	清代同治年间	山西众商贾	基本完好	《晋商会馆》附录
445	山陕会馆		安徽省	芜湖县	县西严家山	清代顺治十年(1653年)	晋陕众商贾	待考	刘建生等《晋商研究》2005年第2版462页
446	山西会馆		安徽省	宿州	待考	待考	待考	待考	《晋商会馆》附录
447	山西会馆		安徽省	庐州	待考	待考	待考	待考	《晋商会馆》附录
448	山陕会馆		安徽省	六合县	县城	待考	待考	毁于日本侵华战争	《晋商会馆》附录
449	山西会馆		安徽省	太和县	待考	清代	山西众商贾	存楹联二副	《晋商会馆》附录

序号	会馆名称	会馆别称	省区市	地区	具体位置	始建年代	创建者	现状	来源
450	关帝庙	文昌阁	浙江省	景宁县	沙湾村东	清代嘉庆十四年（1809年）	待考	存主体建筑完好	《晋商会馆》附录
451	秦晋会馆		浙江省	杭州	待考	清代	山西众商贾	待考	刘建生等《晋商研究》2005年第2版460页
452	关帝庙		江苏省	邳州市	土山	明代天顺三年（1459年）	待考	已修复完好	《晋商会馆》附录
453	陕西会馆		江苏省	南京城	明瓦廊	待考	待考	待考	《晋商会馆》附录
454	山西会馆	关帝庙	江苏省	南京城	颜料坊	清代乾隆十二年（1747年）	山西众商贾	已拆并建为工厂	刘建生等《晋商研究》2005年第2版459页
455	山西会馆		江苏省	镇江县	待考	待考	山西众商贾	待考	刘建生等《晋商研究》2005年第2版460页
456	山陕会馆		江苏省	扬州	东关街	清代	晋陕众盐商	基本完好	《晋商会馆》附录
457	全秦会馆	陕西会馆	江苏省	苏州	毛家桥西	待考	陕西众商贾	待考	《晋商会馆》附录
458	翼城会馆	老山西馆	江苏省	苏州	小武当山西	清初	翼城县商贾	已被拆毁	张正明等《明清晋商资料选编》261页
459	山西会馆	全晋会馆	江苏省	苏州	山塘街	清代乾隆三十年（1765年）	山西众钱商	毁于咸丰十年（1860年）	王鸿主编《中国戏曲志》江苏卷765～766页
460	全晋会馆	白石会馆	江苏省	苏州	中张家巷	清代光绪五年（1879年）	山西众客商	基本完好	《晋商会馆》
461	山西会馆		江苏省	徐州	云龙山东	清代乾隆七年（1742年）	山西众客商	基本完好	王鸿主编《中国戏曲志》江苏卷762～763页

续表

序号	会馆名称	会馆别称	省区市	地区	具体位置	始建年代	创建者	现状	来源
462	山西会馆	洪洞会馆	江苏省	睢宁县	李集镇	清代	山西众商贾	待考	《晋商会馆》附录
463	山西会馆	定阳会馆	江苏省	淮安县	县城内	清代	平阳府钱商	待考	《晋商会馆》附录
464	山西会馆	东关帝庙	江苏省	吴江县	盛泽镇肠圩	清代康熙四十九年(1710年)	山右众商贾	毁于咸同年间	刘建生等《晋商研究》2005年第2版460页
465	山西会馆	东关帝庙	江苏省	吴江县	盛泽镇馆圩	清代康熙四十九年(1710年)	山右众商贾	毁于咸同年间	刘建生等《晋商研究》2005年第2版460页
466	山陕会馆		河南省	伊川县	待考	明代万历年间	晋陕众商贾	待考	刘文峰《山陕商人与梆子戏》249页
467	山陕会馆		河南省	上蔡县	待考	明代嘉庆年间	晋陕众商贾	待考	《晋商会馆》附录
468	山陕会馆		河南省	陕州	城关	清代	晋陕众商贾	已被拆毁	《晋商会馆》附录
469	山陕会馆		河南省	灵宝县	老城南门街	清代	晋陕众商贾	已被拆毁	《晋商会馆》附录
470	山陕会馆		河南省	渑池县	千秋镇	清代	晋陕众商贾	待考	《晋商会馆》附录
471	山陕会馆	西会馆	河南省	洛阳县	南馆马市街	清代康熙年间	晋陕众商贾	基本完好	实地考察，照片自摄
472	潞泽会馆	东会馆	河南省	洛阳县	东关新街	清代乾隆九年(1744年)	潞泽二府商	基本完好	实地考察，照片自摄
473	山陕会馆	关帝庙	河南省	宜阳县	白杨镇东关	清代乾隆十五年(1750年)	晋陕众商贾	基本完好	《晋商会馆》附录
474	山陕会馆	关帝庙	河南省	洛宁县	县城西门内	清代雍正五年(1727年)	晋陕众商贾	存戏楼完好	《中州戏曲历史文物考》209～210页

序号	会馆名称	会馆别称	省区市	地区	具体位置	始建年代	创建者	现状	来源
475	山陕会馆	关帝庙	河南省	洛宁县	长水镇	清代乾隆年间	山西众商贾	已被拆毁	《晋商会馆》附录
476	山陕会馆		河南省	伊川县	白元镇	清代	晋陕众商贾	存戏楼完好	《晋商会馆》附录
477	四省会馆		河南省	河内	沁阳清华镇	清代	晋秦冀鲁商	待考	《晋商会馆》附录
478	山陕会馆		河南省	武陟县	县城	清代	晋陕众商贾		《晋商会馆》附录
479	山陕会馆	关帝庙	河南省	新乡县	县城	清代	晋陕众商贾		《晋商会馆》附录
480	山西会馆	关帝庙	河南省	辉县	县城南关	清代乾隆二十五年(1760年)	山西众商贾	基本完好	《中州西区历史文物考》169页
481	山西会馆		河南省	辉县	平甸村	清代雍正四年(1726年)	山西众商贾	待考	《中州西区历史文物考》169～170页
482	山陕会馆		河南省	浚县	县城	清代	晋陕众商贾	待考	《晋商会馆》附录
483	山陕会馆		河南省	浚县	道口镇	清代	晋陕众商贾	待考	《晋商会馆》附录
484	山陕会馆		河南省	颍州	待考	待考	晋陕众商贾	待考	《晋商会馆》附录
485	山西会馆		河南省	林州	州城	清代	山西众商贾	待考	《晋商会馆》附录
486	山陕会馆	关帝庙	河南省	林州	州城南关	清代	晋陕众商贾	待考	《晋商会馆》附录
487	山陕会馆		河南省	林州	合涧镇	清代	晋陕众商贾	待考	《晋商会馆》附录
488	山陕会馆		河南省	林州	姚村	清代	晋陕众商贾	待考	《晋商会馆》附录

续表

序号	会馆名称	会馆别称	省区市	地区	具体位置	始建年代	创建者	现状	来源
489	山陕会馆		河南省	林州	临淇镇	清代	晋陕众商贾	待考	《晋商会馆》附录
490	山西会馆		河南省	安阳县	水冶镇北街	清代乾隆十六年(1751年)	山西众商贾	存关帝大殿完好	《晋商会馆》
491	山西会馆		河南省	开封府	龙亭东侧	清代康熙年间	山西众商贾	已被拆毁	《晋商会馆》附录
492	山陕甘会馆	关帝庙	河南省	开封府	明徐府旧址	清代乾隆三十年(1765年)	晋陕甘商贾	基本完好	实地考察，照片自摄
493	山陕会馆	大关帝庙	河南省	朱仙镇	镇西北隅	清代康熙十四年(1675年)	晋陕众商贾	存主体建筑完好	实地考察，照片自摄
494	山西会馆	小关帝庙	河南省	朱仙镇	镇内	清代	山西众商贾	已拆并建学校	《晋商会馆》附录
495	山陕会馆	陆陈会馆	河南省	商丘县	刘口集南街	清代乾隆四十四年(1779年)	晋陕众粮商	待考	《晋商会馆》附录
496	山西会馆	同乡会	河南省	永城县	县城西	清代乾隆年间	山西众商贾	待考	《晋商会馆》附录
497	山西会馆		河南省	禹州	今二中校内	清代乾隆二十九年(1764年)	山西众商贾	存门楼戏楼完好	《晋商会馆》附录
498	山陕会馆	关帝庙	河南省	禹州	神垕镇	清代乾隆年间	晋陕众商贾	基本完好	《晋商会馆》附录
499	山西会馆		河南省	襄城县	霍堰镇	清代康熙五十一年(1713年)	山西众商贾	待考	《晋商会馆》附录
500	山西会馆	三晋乡祠	河南省	漯河县	今漯河二中	清代乾隆三十四年(1769年)	山西众商贾	存拜殿碑刻	《晋商会馆》

续表

序号	会馆名称	会馆别称	省区市	地区	具体位置	始建年代	创建者	现状	来源
501	山陕会馆		河南省	临颍县	县城	清代	晋陕众商贾	待考	《晋商会馆》附录
502	山西会馆		河南省	临颍县	南街村	明代末期	山西众商贾	存大殿完好	《晋商会馆》
503	山陕会馆		河南省	舞阳县	北舞波镇	清代康熙年间	晋陕众商贾	存牌楼拜殿完好	刘建生等《晋商研究》2005年第2版461页
504	三义观		河南省	光州	待考	清代光绪年间	待考	待考	《晋商会馆》附录
505	山陕会馆	陕山庙	河南省	汝州	城关	清代	晋陕众商贾	已被拆毁	《晋商会馆》附录
506	山陕会馆	关帝庙	河南省	汝州	半扎镇东街	清代乾隆二十六年(1761年)	晋陕众商贾	存戏楼拜殿完好	《晋商会馆》
507	山陕会馆	山陕庙	河南省	叶县	县城北关	清代	晋陕众商贾	待考	《晋商会馆》附录
508	山陕会馆	山陕庙	河南省	叶县	旧县镇	清代	晋陕众商贾	存戏楼完好	《晋商会馆》附录
509	山陕会馆	山陕庙	河南省	叶县	龙泉镇	清代乾隆年间	晋陕众商贾	已被拆毁	《晋商会馆》附录
510	山陕会馆	山陕庙	河南省	叶县	庚村镇	清代	晋陕众商贾	存戏楼完好	《晋商会馆》附录
511	山陕会馆	陕山庙	河南省	鲁山县	张良镇	清代	晋陕众商贾	待考	《晋商会馆》附录
512	山陕会馆	陕山庙	河南省	鲁山县	县城	清代	晋陕众商贾	待考	《晋商会馆》附录
513	山陕会馆	陕山庙	河南省	鲁山县	二郎庙镇	清代	晋陕众商贾	待考	《晋商会馆》附录
514	山陕会馆	山陕庙	河南省	郏县	城西关大街	清代康熙三十二年(1693年)	晋陕众商贾	基本完好	《中国戏曲志》河南卷506～507页

续表

序号	会馆名称	会馆别称	省区市	地区	具体位置	始建年代	创建者	现状	来源
515	山陕会馆	山陕馆	河南省	南阳县	县城南关	清代	晋陕众商贾	待考	《晋商会馆》附录
516	山陕会馆		河南省	南阳县	石桥镇	清代嘉庆年间	晋陕众商贾	已被拆毁	《晋商会馆》附录
517	山陕会馆		河南省	南阳县	瓦店镇	清代	晋陕众商贾	毁于洪水	《晋商会馆》附录
518	山陕会馆		河南省	南阳县	禹王店镇	清代	晋陕众商贾	已被拆毁	《晋商会馆》附录
519	山西会馆		河南省	邓州	城关	清代	山西众商贾	待考	《晋商会馆》附录
520	山陕会馆		河南省	邓州	汲滩镇	清代	晋陕众商贾	主体建筑基本完好	《晋商会馆》
521	山陕会馆	山陕庙	河南省	南召县	城关	清代	晋陕众商贾	待考	《晋商会馆》附录
522	山陕会馆	山陕庙	河南省	南召县	云阳镇	清代	晋陕众商贾	待考	《晋商会馆》附录
523	山陕会馆	山陕庙	河南省	南召县	南河店街	清代	晋陕众商贾	待考	《晋商会馆》附录
524	山陕会馆	山陕庙	河南省	南召县	香端街	清代	晋陕众商贾	待考	《晋商会馆》附录
525	山陕会馆	山陕庙	河南省	南召县	待考	清代	晋陕众商贾	待考	《晋商会馆》附录
526	山陕会馆		河南省	西陕县	西陕口镇	清代道光年间	晋陕众商贾	毁于焚烧	《晋商会馆》附录
527	山陕会馆		河南省	方城县	拐河镇	清代咸丰十二年(1862年)	晋陕众商贾	已改建为小学	《晋商会馆》附录
528	山陕会馆		河南省	镇平县	城关	清代	晋陕众商贾	待考	《晋商会馆》附录
529	山陕会馆		河南省	镇平县	贾宋镇	清代	晋陕众商贾	待考	《晋商会馆》附录

序号	会馆名称	会馆别称	省区市	地区	具体位置	始建年代	创建者	现状	来源
530	山陕会馆		河南省	镇平县	石佛镇	清代乾隆二十七年(1762年)	晋陕众商贾	待考	《晋商会馆》附录
531	山陕会馆		河南省	镇平县	黑龙集镇	清代雍正七年(1729年)	晋陕众商贾	待考	《晋商会馆》附录
532	山陕会馆		河南省	镇平县	侯集镇	清代乾隆三十二年(1767年)	晋陕众商贾	戏楼已拆毁	《晋商会馆》附录
533	山陕会馆		河南省	内乡县	城关	清代乾隆年间	晋陕众商贾	已被拆毁	《晋商会馆》附录
534	山陕会馆		河南省	浙川县	荆紫关镇	清代嘉庆十一年(1806年)	晋陕众商贾	基本完好	实地考察，照片自摄
535	山陕会馆	关公庙	河南省	赊旗镇	今社旗县城	清代乾隆二十一年(1756年)	晋陕众商贾	基本完好	实地考察，照片自摄
536	山陕会馆		河南省	唐河县	县城西关	清代	晋陕众商贾	待考	《晋商会馆》附录
537	山陕会馆		河南省	唐河县	源潭镇	清代雍正九年(1731年)	晋陕众商贾	基本完好	《晋商会馆》附录
538	山陕会馆		河南省	桐柏县	平氏镇	清代乾隆十八年(1753年)	晋陕众商贾	待考	《晋商会馆》附录
539	山陕会馆		河南省	新野县	城关	清代康熙年间	晋陕众商贾	存主体建筑	《晋商会馆》附录
540	山陕会馆		河南省	新野县	新甸镇	清代乾隆年间	晋陕众商贾	已改建为小学	《晋商会馆》附录
541	山陕会馆		河南省	商城县	北关三里桥	清代乾陵嘉庆年间	晋陕众商贾	待考	《晋商会馆》附录
542	山陕会馆	关帝庙	河南省	周口镇	沙河南岸	清代康熙二十年(1681年)	晋陕众商贾	待考	《晋商会馆》附录

序号	会馆名称	会馆别称	省区市	地区	具体位置	始建年代	创建者	现状	来源
543	山陕会馆	关帝庙	河南省	周口镇	沙河北岸	清代康熙三十二年(1693年)	晋陕众商贾	基本完好	实地考察，照片自摄
544	山陕会馆	山陕庙	河南省	确山县	县城	清代	晋陕众商贾	待考	《晋商会馆》附录
545	山陕会馆		河南省	上蔡县	县城	清代	晋陕众商贾	待考	《晋商会馆》附录
546	山陕会馆		河南省	正阳县	城外东南隅	清代	晋陕众商贾	待考	《晋商会馆》附录
547	山西会馆	关帝庙	河南省	正阳县	汝南埠西街	清代康熙四十六年(1707年)	山西众商贾	存乾隆碑记	《晋商会馆》附录
548	山西会馆	关帝庙	河南省	正阳县	鲁店西南隅	清代道光二十三年(1843年)	山西众商贾	待考	《晋商会馆》附录
549	山陕会馆	关帝庙	河南省	泌阳县	县城西关	清代	晋陕众商贾	待考	《晋商会馆》附录
550	山陕会馆	关帝庙	河南省	济源县	县城	清代	山西众商贾	待考	《晋商会馆》附录
551	山陕会馆	三义观	河南省	潢川县	县城	清代	晋陕众商贾	待考	《晋商会馆》附录
552	山陕会馆		河南省	沁阳县	县城	清代	晋陕众商贾	待考	《晋商会馆》附录
553	山西会馆		河南省	襄县	待考	待考	山西众商贾	待考	《晋商会馆》附录
554	山陕会馆	山陕庙	河南省	确县	待考	民国年间	晋陕众商贾	待考	《晋商会馆》附录
555	山陕会馆		河南省	许昌县	县城	清代	晋陕众商贾	待考	《晋商会馆》附录
556	山陕会馆	两会馆	湖北省	郧西县	城关镇	清代康熙四十八年(1709年)	晋陕众商贾	存部分建筑	《晋商会馆》

序号	会馆名称	会馆别称	省区市	地区	具体位置	始建年代	创建者	现状	来源
557	山陕会馆	山陕馆	湖北省	郧西县	县城南门外	清代	晋陕众商贾	待考	《晋商会馆》附录
558	山陕会馆	南会馆	湖北省	郧西县	上津镇	清代乾隆年间	晋陕众商贾	存部分建筑	《晋商会馆》
559	山陕会馆	山陕庙	湖北省	郧西县	西关柴家巷	清代乾隆六年(1741年)	晋陕众商贾	已被拆毁	《晋商会馆》附录
560	山陕会馆		湖北省	郧西县	白浪镇	清代	晋陕众商贾	待考	《晋商会馆》附录
561	山陕会馆		湖北省	钟祥县	南门外大街	清代	晋陕众商贾	已被拆毁	王日根《乡土之链：明清会馆与社会变迁》175～176页
562	山陕会馆	山陕庙	湖北省	钟祥县	旧口镇	清代	晋陕众商贾	毁于日军侵略	《晋商会馆》附录
563	山陕会馆	关帝庙	湖北省	钟祥县	石碑镇	清代康熙五十三年(1714年)	晋陕众商贾	存戏楼	《晋商会馆》附录
564	关帝庙		湖北省	安远县	待考	清代同治年间	晋陕众商贾	待考	《晋商会馆》附录
565	山陕庙		湖北省	郧阳县	待考	清代	山陕众商贾	待考	王日根《乡土之链：明清会馆与社会变迁》174～175页
566	山西会馆	新关帝庙	湖北省	随州	南关东街后	清代康熙年间	山西众商贾	毁于咸丰年	《晋商会馆》附录
567	山陕会馆		湖北省	随州	待考	清代道光初年	晋陕众商贾	已被拆毁	《晋商会馆》附录
568	山陕会馆		湖北省	随州	孙家湾	清代	晋陕众商贾	基本完好	王日根《乡土之链：明清会馆与社会变迁》134页

序号	会馆名称	会馆别称	省区市	地区	具体位置	始建年代	创建者	现状	来源
569	山陕会馆		湖北省	随州	历山镇内	清代嘉庆十五年(1810年)	晋陕众商贾	待考	《晋商会馆》附录
570	山陕会馆		湖北省	随州	待考	清代	山西众商贾	待考	《晋商会馆》附录
571	山西会馆		湖北省	随州	待考	清代	山西众商贾	待考	《晋商会馆》附录
572	山陕会馆		湖北省	江陵县	旧县城内	清代	晋陕众商贾	待考	王日根《乡土之链：明清会馆与社会变迁》175页
573	山陕会馆		湖北省	石首县	大南门外	清代康熙年间	晋陕众商贾	待考	《荆州府志：卷四乡镇》
574	山陕会馆	西关帝庙	湖北省	安陆县	府西门内	清代道光年间	晋陕众商贾	待考	《晋商会馆》附录
575	山陕会馆	关帝宫	湖北省	当阳县	东门外	清代乾隆五十二年(1787年)	晋陕众商贾	待考	《晋商会馆》附录
576	山陕会馆	关帝宫	湖北省	当阳县	淯溪镇	清代	晋陕众商贾	待考	《晋商会馆》附录
577	山陕会馆	山陕馆	湖北省	房县	西关街北	清代	晋陕众商贾	待考	王日根《乡土之链：明清会馆与社会变迁》175页
578	山西会馆	关帝庙	湖北省	房县	城东北隅	清代	山西众商贾	待考	《晋商会馆》附录
579	山西会馆	关帝庙	湖北省	房县	西关外	清代	山西众商贾	已被拆毁	《晋商会馆》附录
580	山西会馆		湖北省	保康县	县城	清代	山西众商贾	待考	《晋商会馆》附录
581	山西会馆	关帝庙	湖北省	云梦县	东城内	清代	山西众商贾	待考	《晋商会馆》附录

序号	会馆名称	会馆别称	省区市	地区	具体位置	始建年代	创建者	现状	来源
582	山陕会馆	秦晋会馆	湖北省	襄樊	樊城邵家巷	清代康熙五十二年(1713年)	晋陕众商贾	基本完好	《晋商会馆》
583	山陕会馆	西会馆	湖北省	孝感县	县城西南隅	清代	晋陕众商贾	待考	《晋商会馆》附录
584	山陕会馆		湖北省	潜江县	县城	清代	晋陕众商贾	待考	《晋商会馆》附录
585	山陕会馆		湖北省	宣城县	县城北街	清代	晋陕众商贾	待考	《晋商会馆》附录
586	山陕会馆		湖北省	南漳县	县城	清代	晋陕众商贾	待考	《晋商会馆》附录
587	山陕会馆		湖北省	谷城县	县城	清代	晋陕众商贾	待考	《晋商会馆》附录
588	山陕会馆		湖北省	均州县	州城	清代	晋陕众商贾	待考	《晋商会馆》附录
589	山陕会馆		湖北省	枝江县	县城	清代	晋陕众商贾	待考	《晋商会馆》附录
590	山陕会馆		湖北省	枝江县	待考	清代	晋陕众商贾	待考	《晋商会馆》附录
591	山陕会馆		湖北省	枝江县	待考	清代	晋陕众商贾	待考	《晋商会馆》附录
592	山陕会馆		湖北省	枝江县	待考	清代	晋陕众商贾	待考	《晋商会馆》附录
593	山陕会馆		湖北省	枝江县	待考	清代	晋陕众商贾	待考	《晋商会馆》附录
594	山陕会馆		湖北省	枝江县	待考	清代	晋陕众商贾	待考	《晋商会馆》附录
595	山陕会馆		湖北省	枝江县	待考	清代	晋陕众商贾	待考	《晋商会馆》附录
596	山陕会馆		湖北省	枝江县	待考	清代	晋陕众商贾	待考	《晋商会馆》附录

序号	会馆名称	会馆别称	省区市	地区	具体位置	始建年代	创建者	现状	来源
597	山陕会馆		湖北省	松滋县	县城	清代	晋陕众商贾	待考	《晋商会馆》附录
598	山陕会馆		湖北省	松滋县	待考	清代	晋陕众商贾	待考	《晋商会馆》附录
599	山陕会馆		湖北省	松滋县	待考	清代	晋陕众商贾	待考	《晋商会馆》附录
600	山陕会馆		湖北省	松滋县	待考	清代	晋陕众商贾	待考	《晋商会馆》附录
601	山陕会馆		湖北省	松滋县	待考	清代	晋陕众商贾	待考	《晋商会馆》附录
602	山陕会馆		湖北省	松滋县	待考	清代	晋陕众商贾	待考	《晋商会馆》附录
603	山陕会馆		湖北省	松滋县	待考	清代	晋陕众商贾	待考	《晋商会馆》附录
604	山陕会馆		湖北省	光化县	新盛街东	清代	山西众商贾	待考	《晋商会馆》附录
605	山陕会馆		湖北省	公安县	县城	清代光绪年间	晋陕众商贾	待考	《晋商会馆》附录
606	山陕会馆	金龙寺	湖北省	江陵县	沙市	清代光绪年间	晋陕众商贾	待考	《晋商会馆》附录
607	山陕会馆	关帝庙	湖北省	汉口镇	循礼坊	清代	晋商众商贾	毁于日军侵略	《汉口山陕西会馆志》
608	山陕瘗旅公所	泰山庙	湖北省	汉口镇	循礼坊	清代	晋陕众商贾	已被拆毁	《晋商会馆》附录
609	山西布帮公所	山陕里	湖北省	汉口镇	循礼坊	清代	山西众布商	已被拆毁	《晋商会馆》附录
610	烟帮公所		湖北省	汉口镇	燕山桥上首	清代光绪二十九年（1903年）	晋陕众商贾	毁于日军侵略	《晋商会馆》附录
611	关公馆	关帝庙	湖北省	荆州	古城南关门庙	清代雍正十年（1732年）	待考	毁于日军侵略	《晋商会馆》附录

序号	会馆名称	会馆别称	省区市	地区	具体位置	始建年代	创建者	现状	来源
612	山陕会馆		湖北省	荆州	沙阳镇	清代光绪年间	晋陕众商贾	已被拆毁	《晋商会馆》附录
613	山陕会馆		湖北省	竹山县	县城东南隅	清代	晋陕众商贾	待考	《晋商会馆》附录
614	山陕会馆		湖南省	长沙县	坡子街	清代康熙三年(1664年)	晋陕众商贾	待考	《晋商会馆》附录
615	山陕会馆		湖南省	善化县	县城	清代	晋陕众商贾	待考	《晋商会馆》附录
616	北五省会馆	关圣殿	湖南省	湘潭县	平政路	清代乾隆年间	晋陕豫鲁冀众商贾	基本完好	《晋商会馆》
617	山西会馆		湖南省	湘潭县	县城	清代乾隆年间	山西众商贾	待考	《晋商会馆》附录
618	山陕会馆		湖南省	湘阴县	县城	清代	晋陕众商贾	待考	《晋商会馆》附录
619	山陕会馆		湖北省	醴陵县	待考	待考	待考	待考	《晋商会馆》附录
620	山陕会馆		湖南省	衡阳县	县城	清代	晋商众商贾	待考	《晋商会馆》附录
621	山陕会馆	关帝庙	湖南省	邵阳县	县城协署西	清代	晋商众商贾	待考	《晋商会馆》附录
622	山陕会馆		湖南省	沪陵县	县城	清代	晋陕众商贾	待考	《晋商会馆》附录
623	陕晋茶商会馆		湖南省	安化县	待考	待考	待考	待考	《晋商会馆》附录
624	山西会馆		湖南省	怀化县	洪江区	清代	山西众商贾	待考	《晋商会馆》附录
625	河东会馆		江西省	南昌县	县城	清代	晋南众商贾	待考	《晋商会馆》附录
626	山西会馆		江西省	新建县	吴城镇	清代	山西众商贾	待考	《晋商会馆》附录

续表

序号	会馆名称	会馆别称	省区市	地区	具体位置	始建年代	创建者	现状	来源
627	陕西会馆		江西省	河口县	待考	待考	待考	待考	《晋商会馆》附录
628	山陕会馆	关帝庙	江西省	铅山县	河口镇一堡	清代	晋陕众商贾	待考	《晋商会馆》附录
629	山陕会馆	五省会馆	江西省	铅山县	石塘镇阳坂	清代	晋陕等五省	待考	《晋商会馆》附录
630	关帝庙		广东省	揭阳市	天福路	明代万历年间	待考	待考	《晋商会馆》附录
631	山陕会馆		广东省	广州府	府城濠畔街	清代	晋陕众商贾	待考	《晋商会馆》附录
632	关帝庙		广东省	鹤山市	共和镇大凹村	清代光绪二十二年(1896年)	待考	已修复完好	《晋商会馆》附录
633	山陕会馆		广东省	佛山镇	升平街	清代乾隆四十五年(1780年)	晋陕众商贾	存碑刻二通	《晋商会馆》附录
634	关帝庙		广西壮族自治区	织金县	城关镇城南路南段北侧	清代道光二十一年(1841年)	待考	待考	《晋商会馆》附录
635	秦晋会馆	秦晋书院	广西壮族自治区	邕宁悬	今南宁沙街	清代乾隆五十九年(1794年)	晋陕众商贾	存碑刻三通	《晋商会馆》
636	山陕会馆		广西壮族自治区	桂林府	府城	清代	晋陕众商贾	待考	《晋商会馆》附录
637	北七省会馆		广西壮族自治区	桂林府	府城行春门	清代末民国初	晋陕等七省众商贾	待考	《晋商会馆》附录

附录二　万里茶道线路历史上山陕会馆表

地点	会馆名称	兴建时期	资料来源
福建			
江西			
铅山河口镇	山陕会馆	兴建不详，道光三年（1823年）重修	同治《铅山县志》卷七《建置志·寺观》
湖北			
汉口	山陕会馆	康熙二十二年（1683年）	《汉口山陕西会馆志》
钟祥	山陕会馆	康熙年间	同治《钟祥县志》卷五
岳口	山陕会馆	乾隆六十年（1795年）	《岳口镇志》
江陵县	山陕会馆	不详	光绪《荆州府志》卷四
石首市	山陕会馆	不详	光绪《荆州府志》卷四
公安县	山陕会馆	道光年间	光绪《荆州府志》卷四
沙市	晋商会馆	乾隆年间	乾隆《江陵县志》卷九
孝感	山陕会馆（三元宫）	乾隆四十八年（1783年）	《孝感文史资料》，1988年经济专辑
潜江张集港镇	山陕会馆	清代	
襄樊	山陕会馆	康熙五十二年（1713年）	襄阳二中院内《初建山陕庙碑记》
黄梅	山陕会馆	不详	同治《黄梅县志》卷二
湖南			
安化	陕晋茶商会馆	不详	明国期刊：《工商半月刊》，1953年版，第七卷，第11号
安化	陕山庙	不详	同治《安化县志》卷十四

续表

地点	会馆名称	兴建时期	资料来源
长沙	关帝庙（山陕会馆）	乾隆三十九年（1774年）	刘文锋：《山陕商人与梆子戏》，北京文化艺术出版社1996年版，第165页
湘潭	五省会馆	乾隆年间	金汉川：《中国戏曲志·湖南卷》第490～491页
河南			
唐河源潭镇	山陕会馆	雍正九年（1731年）	《中州古今》1993年第2期
唐河郭滩镇	陕西会馆		《中国会馆志》第109页
南阳县城南	山陕馆	乾隆年间	《南阳县志》
南阳石桥镇	山陕会馆	不详	王兴亚：《明清河南集市庙会会馆志》
南阳瓦店镇	山陕会馆	不详	王兴亚：《明清河南集市庙会会馆志》
南阳禹王店	山陕会馆	不详	王兴亚：《明清河南集市庙会会馆志》
南阳邓州汲滩镇	山陕会馆	建于雍正四年（1726年）	《中国会馆志》第109页
南阳社旗	山陕会馆	乾隆二十一年（1756年）	河南古建筑保护研究所：《社旗山陕会馆》
宝丰县大营镇	关帝庙（山陕会馆）	始建不详，雍正八年（1730年）重修	乾隆五十六年（1791年）《重修山陕会馆月台碑记》
方城拐河镇	山陕会馆	咸丰年间	
汝州	山陕会馆（陕山庙）	清代	
汝州半扎	关帝庙	乾隆二十七年（1762年）	《直隶汝州全志》卷六

续表

地点	会馆名称	兴建时期	资料来源
洛阳	山陕会馆（西会馆）（山陕庙）	康熙年间	道光十五年（1835年）《东都山陕西会馆碑记》
洛阳	潞泽会馆（东会馆）（关帝庙）	乾隆九年（1744年）	乾隆《洛阳县志》卷六《礼乐》
淅川荆紫关	山陕会馆	嘉庆十一年（1806年）	咸丰《淅川县志》卷一
淅川韦集村	山陕会馆	乾隆十四年（1749年）	会馆内现存《续修会馆碑记》
叶县县城北关	山陕会馆	建于清代	同治十年（1864年）《叶县县志》卷二，第7页
叶县洪庄杨洛北村	山陕会馆	建于清代	王九星：《回望叶县境内的山陕会馆》
叶县旧县镇	山陕会馆	建于清代	王九星：《回望叶县境内的山陕会馆》
叶县任店镇	山陕会馆	建于清乾隆四十二年（1777年）	王九星：《回望叶县境内的山陕会馆》
叶县保安大营镇	山陕会馆	建于清代	王九星：《回望叶县境内的山陕会馆》
郏县	山陕会馆	康熙三十三年（1694年）	同治三年（1864年）《郏县志》卷三
焦作一斗水村	关帝庙	乾隆三十年（1765年）	乾隆三十年（1765年）《创修关帝庙碑记》
沁阳	山陕会馆（关帝庙）	不详	道光《沁阳县志》卷十
颍川	山陕会馆	嘉庆年间	《颍川古志》
开封	山陕甘会馆	建于乾隆三十年（1765年）	刘文峰：《山陕商人与梆子戏》

续表

地点	会馆名称	兴建时期	资料来源
朱仙镇	朱仙镇大关帝庙	建于康熙十四年（1675年）	李义清：《中国会馆》
鲁山县	山陕庙	乾隆年间	嘉庆《鲁山县志》卷十
道口	山西会馆	不详	东亚同文会编撰：《支那省别全志》卷八，《河南卷》
襄城	山西会馆	民国初年	王兴亚：《明清河南集市庙会会馆志》
渑池县	山陕会馆	不详	中国会馆志编纂委员会：《中国会馆志》第112页
禹县	山陕会馆	不详	《中州戏曲历史文物考》第221~222页
辉县	山陕会馆（关帝庙）	始建于乾隆二十五年（1760年），嘉庆二年（1799年）以后续建	《中州戏曲历史文物考》第169页
许昌	山陕会馆	乾隆年间	《许昌县志》
伊川	山陕会馆	清代	《山陕商人与梆子戏》第249页
漯河市	山陕会馆（三晋乡祠）	乾隆三十四年（1769年）	
漯河市舞阳县	山陕会馆	道光五年（1825年）	道光十一年（1831年）《舞阳县志》卷六
漯河市舞阳县北舞渡镇	山陕会馆	建于康熙六十年（1721年）	乾隆三年（1738年）《敬献供器与买地碑记》、同治六年（1867年)《重建关帝庙正殿并补修各殿碑记》
安阳县水冶镇	山西会馆（关帝庙）	建于乾隆十六年（1751年）	（现存）现仅存拜殿与正殿，为安阳县级文物保护单位

续表

地点	会馆名称	兴建时期	资料来源
周口市	山陕会馆（大关帝庙）	康熙三十二年建（1693 年）	杨健民：《中州戏曲历史文物考》第224～229页
山西			
太原	太原诸县会馆（9个）	不详	中国历史地理论丛第18卷第3辑
太原迎泽区	大关帝庙	元代基址上重建，现为明代建筑	大关帝庙内碑记
大同	榆次会馆	不详	中国历史地理论丛第18卷第3辑
河北			
张家口西沙河路与永丰后街之间	山西会馆	建于清乾隆年间	1938 年《张家口历史地图》
张家口堡子里鼓楼北街	关帝庙	始建于元，清代曾多次重修	现存双龙石碑《重修关帝庙碑记》
张家口东关街	太谷会馆	不详	《山陕商人与梆子戏》，第 225 页
张家口上堡	孝义会馆/汾阳会馆	不详	
张家口桥西上堡范巷的大兴园内	山西会馆	不详	马龙文《中国戏曲志·河北卷》第525 页
内蒙古			
多伦	山西会馆（伏魔宫）	乾隆十年（1745 年）1909 年扩建	（现存）《多伦县志》，内蒙古文化出版社，2000年版，第19页

附录三 万里茶道线路上现存山陕会馆一览表

1	襄阳山陕会馆	保护等级	市级文物保护单位	简介	万里茶道由襄樊向北转唐白河进入河南界。会馆现位于襄阳二中校址之内，现存前殿、正殿、钟鼓楼、影壁等，建筑基本保存完好		
		别称	关帝庙、山陕庙				
		所在省市	湖北襄樊				
		具体位置	樊城瓷器街、皮坊街、邵家巷交接路口				
		图片来源	实地调研，自摄				
2	保安镇山陕会馆	保护等级	县级文物保护单位	简介	保安镇是从襄阳至南阳线路上的重要驿站。山陕会馆原规模已毁，现今仅存大殿及少量碑刻。大殿为三开间硬山顶式建筑，进深四架椽带前后檐廊，琉璃瓦屋面。墀头、雀替等雕刻精美		
		别称	关帝庙、山陕庙				
		所在省市	河南叶县				
		具体位置	源潭镇黄杨线街				
		图片来源	http://blog.sina. com. cn/s/blog 4dba5f0e0102xyia.html				
3	大营关帝庙	保护等级	县级文物保护单位	简介	位于宝丰、鲁山、汝州的交界地，也是从南阳至洛阳的线路枢纽之上。现今只存拜商殿、大殿及左右厢房等建筑。拜殿与正殿厢为勾连搭形式，经后人改造之后两建筑之间屋顶分开，建筑群主体装饰较为朴素		
		别称	山陕会馆				
		所在省市	河南平顶山				
		具体位置	宝丰镇大营镇南关村				
		图片来源	河南省文物建筑保护研究院《万里茶道河南段文化遗产调查与研究》第87页				

4	源潭镇山陕会馆	保护等级	省级文物保护单位	简介	位于通向社旗的唐河线路上。会馆始建于清雍正九年（1731年），乾隆七年（1742年）重修，现为唐龙河第二高级中学院内。仅存大殿、东西配殿、东廊房、铁旗杆
		别称	关帝庙、山陕庙		
		所在省市	河南唐河县		
		具体位置	源潭镇黄杨线街		
		图片来源	http://k.sina.com.cn/article64507091621807e02aa001009pc7.html		
5	社旗山陕会馆	保护等级	全国重点文物保护单位	简介	茶商于社旗换乘陆路，并有此向各地转运。山陕会馆就成为重要的联系点，其始建于乾隆二十一年（1756年），现为全国规模最大，保存最完好的会馆之一
		别称	山陕庙		
		所在省市	河南南阳		
		具体位置	社旗县永安街、永庆街、北瓷器街附近		
		图片来源	实地调研，自摄		
6	汲滩镇山陕会馆	保护等级	市及文物保护单位	简介	汲滩镇位于茶商从襄樊至南阳的白河支流湍河、赵河、延陵河三河交汇之处，是邓州往来货运的集散地。会馆始建于雍正五年（1727年），于乾隆四年（1739年）、二十六年（1761年）重修。现存仅存大门、照壁、拜殿、大殿及配殿，位于汲滩镇中心学校之内
		别称	关帝庙		
		所在省市	河南南阳		
		具体位置	邓州市文化西路8号		
		图片来源	实地调研，自摄		

7	半扎山陕会馆	保护等级	市级文物保护单位	简介	位于南阳至洛阳的宛洛古道之上，是南北茶叶运输线路上的重要停歇点。始建于乾隆二十六年（1761 年），会馆以中轴线布置戏楼、拜殿、大殿及配殿等建筑，于 2008 年进行重修，现存建筑大体保存完好	
		别称	关帝庙			
		所在省市	河南南阳			
		具体位置	半扎古镇东大街			
		图片来源	实地调研，自摄			
8	洛阳山陕会馆	保护等级	全国重点文物保护单位	简介	位于宛洛古道枢纽洛阳，会馆位于古城之外的南边，临洛河相距较近，在九都东路与菜市东街之间，依轴线布置三段式琉璃照壁、山门、舞楼、拜殿、正殿等，建筑群体保存完好。现原基础上建有洛阳隋唐大运河博物馆	
		别称	西会馆			
		所在省市	河南洛阳			
		具体位置	老城区九都路南侧			
		图片来源	实地调研，自摄			
9	洛阳潞泽会馆	保护等级	全国重点文物保护单位	简介	位于洛阳古城西南角，濒临瀍河，山门前原设有九龙照壁、文昌阁与魁星阁，只可惜现今也不存，但会馆主体建筑部分保存完好，现改头洛阳民宿博物馆	
		别称	东会馆			
		所在省市	河南洛阳			
		具体位置	东关新街南头			
		图片来源	实地调研，自摄			

10	郏县山陕会馆	保护等级	全国重点文物保护单位	简介
		别称	山陕庙	
		所在省市	河南平顶山市	
		具体位置		
		图片来源		

郏县山陕会馆 简介：位于方城道线路之上郏县、老环路、郏景路、龙山大道之间，现存照壁、戏楼、钟鼓楼大殿、拜殿、厢房等建筑。2019 年被列为万里茶道世界文化遗产申遗项目遗产点

11	荆紫关山陕会馆	保护等级	全国重点文物保护单位	简介
		别称	山陕庙	
		所在省市	河南南阳	
		具体位置	郏县西关新街东	
		图片来源	工作室资料	

荆紫关山陕会馆 简介：为山陕两省商人进入西安的商於古道线路的支线之上，丹江河畔，建于清乾隆年间，现为荆紫关民俗博物馆

12	韦集镇山陕会馆	保护等级	省级文物保护单位	简介
		别称		
		所在省市	河南淅川	
		具体位置	厚坡镇韦集村东部	
		图片来源	http://www.360doc.com/content/18/0710/21/30558861769399189.shtml	

韦集镇山陕会馆 简介：韦集镇是山西及陕西商人从南阳至淅川、商洛、西安的支线的重要结点。会馆建于清乾隆年间，原建有舞楼、山门、大殿及配殿等，现仅存大殿及左右配殿

续表

13	开封山陕甘会馆	保护等级	全国重点文物保护单位	简介	位于八府昌街与徐府街交叉结点上，是万里茶道向北运输茶叶的重要结点。原名山西会馆，乾隆时期改为山陕会馆，现存光绪末年改为山陕甘会馆。依轴线设置照壁、戏楼、牌楼、正殿等建筑，现基本保存完好	
		别称				
		所在省市	河南开封			
		具体位置	开封市龙亭区徐府街北侧			
		图片来源	实地调研，自摄			
14	朱仙镇山陕会馆	保护等级	全国重点文物保护单位	简介	始建于明代嘉靖六年（1527年），现存关帝庙为山西商人于康熙四十七年（1708年）重建，曾称"山西会馆""关圣帝君庵"，是万里茶道上晋商北上开封支线上的重要结点	
		别称	大关帝庙			
		所在省市	河南开封			
		具体位置	开封市祥符区岳庙大街精忠岳庙东南侧			
		图片来源	工作室资料			
15	北舞渡山陕会馆	保护等级	省文物保护单位	简介	北舞渡镇是从社旗至开封的支线上的重要结点，会馆《重建关帝庙正殿并修补各殿碑记》中曾记载山西"独慎玉""大德常""宝聚公""乾裕魁""谦泰兴"等茶商字号的捐献记载。会馆建于乾隆十八年（1753年），现仅存牌楼、拜殿及左右配殿	
		别称	关帝庙			
		所在省市	河南漯河市			
		具体位置	舞阳县北舞渡镇			
		图片来源	http://www.huaxia.com/ytsc/zywh/hzhn/2011/06/2450920.html			

		保护等级	全国重点文物保护单位		
16	周口山陕会馆	别称	关帝庙	简介	由往来山陕茶商及其他商帮共建，始建于清康熙三十二年（1693年），咸丰二年（1852年）建成，主轴线上依次设置照壁、山门、拜殿、飨殿、戏台、正殿，两侧分别设置东西廊房、灶君殿、药王殿、酒仙殿、财神殿、河伯殿、老君殿、炎帝殿、马王殿、钟鼓楼、碑亭等建筑。规模宏大，是河南省规模最大的关帝庙建筑之一
		所在省市	河南周口市		
		具体位置	川汇区富强街111号		
		图片来源			

续表

17	一斗水村关帝庙	保护等级		简介	位于太行山山脉白陉古驿道之上，由往来山陕商人及当地村民共建，始建于清乾隆三十年（1765年），并经过嘉庆、道光、咸丰等多次重修及扩建方初具规模。主轴线上依次设置山门戏楼、大殿、后殿，两侧分别设置东西廊房及配殿。建筑群依山势展开，分为不同台地。屋顶为灰瓦顶，干搓瓦屋面。材料使用石材居多，装饰朴素。院内建筑损毁严重，但建筑整体布局基本保存，是茶叶转运枢纽之间聚落的山陕会馆的典型代表	
		别称				
		所在省市	河南修武县			
		具体位置	一斗水村南山顶			
		图片来源	https://baijiahao.baidu.com/s?id=1650184849767270288 &wfr=spider &for=pc			
18		保护等级	县级文物保护单位	简介	建于清乾隆十六年（1751年），目前仅存拜殿与大殿，拜殿为悬山卷棚顶，三开间。大殿为硬山顶屋面。会馆破损严重装饰较为朴素	
		别称				
		所在省市	河南安阳市			
		具体位置	水治镇			
		图片来源	http://blog.sina.com.cn/s/blog735a78720102xbj0.htnl			

19	太原大关地庙	保护等级	全国重点文物保护单位	简介	太原迎泽区羊市街、西庙巷、庙前街附近，是山西商人经过太原至大同线路上的重要结点。建筑轴线明确，戏台为露天戏台形式，正殿与拜殿之间采用勾连搭形式，建筑主体保存完好	
		别称				
		所在省市	山西太原			
		具体位置	迎泽区庙前街 36 号			
		图片来源	实地调研，自摄			
20	堡子里关帝庙	保护等级	全国重点文物保护单位	简介	位于张家口堡鼓楼北街，始建于元代，清咸丰三年（1853 年）山西茶商参与重修，庙内现存上双龙石碑记载了大量山西茶商捐献记录，其戏楼曾被山西会馆征用，现位于书院巷小学校门之内	
		别称				
		所在省市	河北张家口			
		具体位置	堡子里鼓楼北街			
		图片来源	实地调研，自摄			
21	多伦山西会馆	保护等级	全国重点文物保护单位	简介	会馆是山西商人从张家口北上恰克图的重要结点，位于多伦老城区，会馆街之上。为内蒙古现存唯一的山西会馆。会馆牌坊、钟鼓楼等为后期重修，其舞他建筑均保存良好	
		别称	伏魔宫、关帝庙			
		所在省市	内蒙古自治区锡林郭勒盟			
		具体位置	多伦县大西街 50 号			
		图片来源	实地调研，自摄			

后记

　　山西与陕西稳定的自然环境和丰富的自然资源，孕育了中华大地上古老的文明，在漫长的历史中也逐步发展出稳定的茶运、盐运通道，稳定的行商活动随之带来文化和建筑技术的传播。

　　万里茶道与河东盐路上的山陕会馆是山陕茶商、盐商以及其他商帮共同促进形成的产物。其在文化源流背景上具有同根溯源的特点，在地理环境上首尾相连，也在原乡与地域建筑技艺的影响下层层递进、渐变发展，构成了独特文化线路上典型的建筑遗产廊道体系。通过挖掘沿线山陕会馆建筑与山陕商人之间的文化内涵，探究山陕商人原乡建筑技艺及文化在异地建立的会馆建筑中的体现，分析山陕商人及文化线路影响下的会馆建筑特征，为促进万里茶道沿线山陕会馆的整体性保护和万里茶道文化线路申遗提供一定的依据与参考。

　　我们看到，山陕会馆的研究是一个多学科交叉的重大命题，所涉及的范围甚广，能够挖掘的历史信息过多，由于大部分山陕会馆出现在明清时期，所以本书主要针对此时期的山陕会馆进行研究。对于其他时期，暂不作深入探讨。

　　本书试图借鉴其他领域学者对会馆研究的角度，结合建筑学的视野，将万里茶道、河东盐运作为视角，以行商线路作为线索，跨越陕、晋、豫三省的建筑和聚落，通过走访汉口、襄阳、社旗、郏县、洛阳、开封、平遥、祁县、太谷、太原、大同、张家口、多伦等主要的商品转运枢纽城市，对盐路、茶道线路和沿线山陕会馆、关帝庙、山陕商人老宅与商铺等建筑有了逐渐清晰的了解。根据明清万里茶道、盐运线路、山陕关帝庙与山陕会馆的相互作用所构建的文化遗存，从区别于以地理条件为基础的建筑研究角度，对建筑和聚落的演变现象进行解析，探讨山陕会馆产生、传承与演变的特点，探究各地会馆建筑产生相似和差异的原因与背后的作用力。

"茶"与"盐"作为明清时期控制边关与山陕商人兴起的关键因素，对商业活动沿线地区的经济和文化发展均产生了深远的影响。万里茶道与河东盐路线路的形成、沿线山陕会馆建筑的出现，同"茶"与"盐"有着不可忽视的必然联系。万里茶道与盐运线路的走向，决定了山陕会馆的分布特点。茶与盐的运输，离不开便利的交通与发达的商业。山陕商人们的经销线路的差异、茶与盐的转运方式对沿线会馆的分布情况产生了直接影响。万里茶道线路主线与盐运路线上，山陕商人以原乡文化与建筑技艺为载体的会馆数量众多，会馆的命名方式与时空分布特点，反映出山西商人是北路茶叶贸易的商人主体，河东盐道上衍生分布的原乡文化显示了异地的山西、陕西商人在沿线各地合作与竞争关系的强弱变化。会馆对于茶叶产地、河东盐池与运输枢纽具有极强的依赖性，决定了位于转运枢纽聚落的会馆无论从形制、规模、装饰上等都明显高于转运枢纽之间聚落的会馆，其依附于不同聚落呈现出复杂多样的建筑形式。因此基于不同地理条件，各地会馆建筑产生充分显示原乡文化高度相似性以外，又存在明显的地域差异性，聚落和建筑的演变，随着茶道盐路进行传播和演化。因而，各地会馆建筑不仅使得山陕商人能在巨大的活动范围内仍保持着强烈的故乡文化认同，用他们的活动影响各地聚落的形态，同时，他们也随着旅途的不断延伸，为了商业行为迅速融入所达之地，主动接受各种当地行为与风俗的影响，并将其具体表现为万里茶道与河东盐路沿途及周边的山陕会馆的构图和建筑形象，形成当地独具特色的会馆文化的载体。

山陕会馆在显示万里茶道与河东盐路上的山陕商人拥有强大、独特、包容的文化融入力量的同时，彰显了原乡文化在商业线路上渗透散播的顽强韧劲。从茶道盐路沿线现存的山陕会馆信仰文化我们可以看到，山陕会馆呈现出忠诚于原乡信仰，以关帝崇拜为主的多神崇拜的特征。会馆多神信仰的形成，是茶叶和盐的转运方式、途经地方文化信仰与不同行业行帮共同作用的结果，这一结果促进了万里茶道河东盐路沿线地域文化与山陕文化的交流融合。山陕商人通过会馆建筑，对提升沿线地方民族文化丰富性有着重要作用，从而对当地政治、经济、人文教化等方面产生了较为深远的影响。

其中最为瞩目的是，山陕会馆建筑具有接近山陕地区关帝庙的很多形制，以及会馆无不供奉关帝主神的特点。山陕商人的原乡信仰和关帝主神崇拜关系密切，使得关帝庙和山陕会馆在长期的演化过程中，已经极大程度地融为一体。这一点，首先从多个建筑同时用"关帝庙"和"山陕会馆"命名方式便可以证明。其次，关帝庙也是山陕会馆的精神核心，由于祭祀关帝是山陕会馆功能的重要组成部分，绝大部分山陕会馆的主要殿堂的作用，就是为了实现祭拜关帝功能，甚至在一些规模较大的山陕会馆中，还独立设置了形制完整的关帝庙。再次，山陕会馆是关帝庙发展后期的载体，没有山陕商人在各地建立的山陕会馆，关帝的文化和精神不可能大范围地传承开来。最后，通过建筑的空间布局、建筑高度、屋顶形式和装饰细部，山陕会馆着重表现出了关帝崇拜的特点，使关帝信仰给奔走在陕、晋、豫三省乃至全国各地的山陕商人提供了强大的精神力量，因而，他们能在巨大的活动范围内始终保持着强烈的原乡文化认同。

在万里茶道与盐运路线中，便能看到山陕商人对原乡文化的坚守。与此同时，与地域文化的融入，使得沿线山陕会馆建筑呈现出"既保留原乡建筑特色，又兼容本土建筑特点"的与众不同的风格特征。

追随万里茶道与盐运线路上散布各地的山陕会馆，其建筑空间与形式特征，无论是建筑朝向、空间特征、平面与组合形式，还是典型建筑要素、造型与细部，都充分体现出了山陕商人老宅与原乡关帝庙建筑的特点。如：从原乡关帝庙到会馆逐渐完善的空间处理，以及从茶商老宅传承的平面组合方式、长短坡与单坡屋顶形式、叉手与梁架结构、墀头样式等方面，就是能与其他非沿线同类会馆加以区别的典型要素。由此，反映出山陕会馆与山陕商人原乡建筑之间的源流关系。

因此，我们可以认为，茶商与盐商对原乡文化与建筑技艺的传播，是使沿线会馆产生相似性与规律性的重要原因。同时，沿线不同地域的风俗文化、建筑风格，又使沿线会馆建筑呈现出明显的地域差异性。例如，万里茶道上的山陕会馆，由通透灵动逐渐向封闭厚重的建筑风格变化以及穿斗与抬梁式结构的混合运用等，可见会馆对沿线地方文化的吸收与融合。再如河东盐道末端和周边盐区的山陕会馆，其构图和其建筑形象与运城一带河东盐道的中段差异较大，并具有更多不同的地域特征和建筑要素，且建筑中的商业空间增大，而礼神空间缩小。类似的这些发散于行商文化的演变现象，促进了传统的地域建筑的更新与发展，从而进一步推动整个建筑聚落的发展与历史文化的变迁。

万里茶道与河东盐路的线路长达数万里，贯穿中国由南至北的多个省市和地区。作为文化线路，其中所涵盖的建筑遗产十分丰富。山陕会馆作为以山陕商人为主体建设的会馆建筑，其重要性与历史价值突出。然而随着时代的变迁，山陕会馆昔日辉煌已不再，现状堪忧。今天，茶道盐路沿线大多数会馆建筑已经消失，仅仅在历史地图、影像与史籍文献中才能发现其踪迹，如汉口山陕会馆、张家口山西会馆等，甚至被今天的人们完全遗忘。现今，遗存的会馆数量已经非常有限，如万里茶道线路上仅有 10 余个保存完好的会馆建筑。其中，能得到较好保护的山陕会馆，只有处于货物转运枢纽聚落上，被定为各级文物保护单位，或改造成博物馆，或设立专门景区供人游览的部分。更多的会馆，因为商道改线或商人主体的衰退而逐渐消亡，且随着聚落原有的功能退化和社会结构的解体，所在的会馆也被废弃。又因为当地居民保护意识薄弱，会馆长时间得不到修复，木、砖等承重结构风化损毁严重，有的甚至完全失去了原貌。如北舞渡山陕会馆现仅存牌坊、韦集镇山陕会馆仅存大殿及左右配殿等。沿线保存完好的山陕会馆建筑只占历史上沿线山陕会馆数量的 13.5%，对此，会馆的整体性保护与抢救工作已经刻不容缓。

以文化线路的角度来看待沿线山陕会馆建筑，需要建立起一个更为宏观的视角，跳出以往对单个会馆的点状保护策略。以点串线，以线成面，将全线山陕会馆建筑遗珠串联起来，形成一个完整性的保护体系，还原文化线路上商人活动的真实场景，让人们得以更为全面地认识和了解山陕会馆，通过对山陕会馆的深入研究，也能对中国未来的城市发展和建筑走向产生启迪。